# BOAS PRÁTICAS
## DE LABORATÓRIO

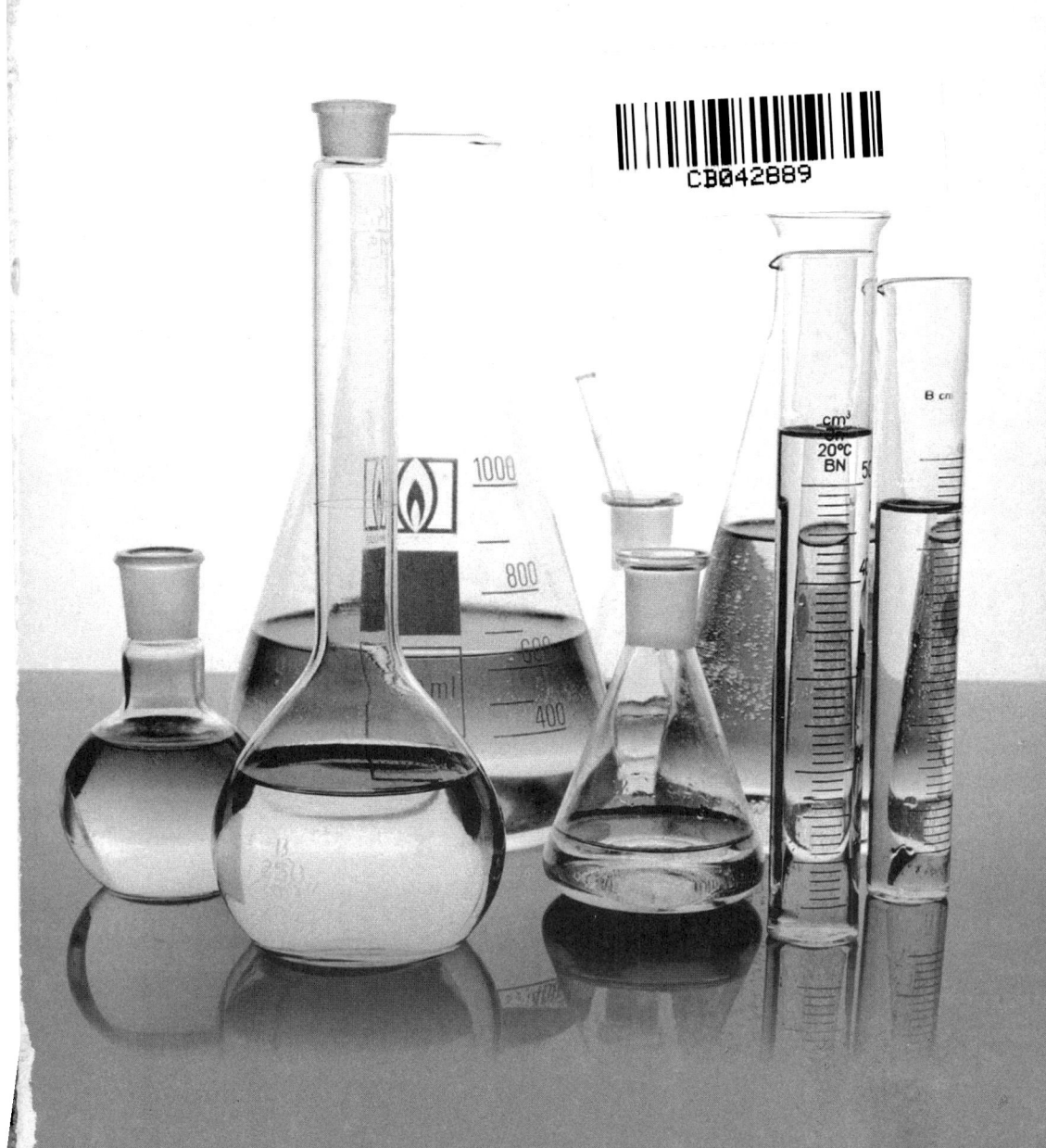

# BOAS PRÁTICAS DE LABORATÓRIO

MARIA DE FÁTIMA DA COSTA ALMEIDA (org.)

**2ª edição**
revista e ampliada

 **Difusão** Editora

 Senac

ISBN: 978-85-7808-139-3

Código: LABOT3E2I1

**Editoras**: Michelle Fernandes Aranha e Karine Fajardo
**Gerente de produção**: Genilda Ferreira Murta
**Coordenador editorial**: Neto Bach
**Assistente editorial**: Karen Abuin
**Revisão**: Ederson Gomes Benedicto e Cláudia Maria de Souza Amorim
**Capa**: Ana Luiza Assumpção
**Projeto gráfico e editoração**: Farol Editorial e Design
**Ilustração**: Silvio Gomes dos Santos

Dados Internacionais de Catalogação na Publicação (CIP)
(Câmara Brasileira do Livro, SP, Brasil)

---

Boas práticas de laboratório / [organizadora] Maria de Fátima da Costa
    Almeida. -- 2. ed. -- São Caetano do Sul, SP: Difusão Editora;
    Rio de Janeiro: Editora Senac Rio de Janeiro, 2013.

    ISBN 978-85-7808-139-3

    1. Animal de laboratório - Aspectos morais e éticos 2. Laboratórios – Administração 3. Laboratórios –
Controle de qualidade 4. Laboratórios - Medidas de segurança 5. Segurança do trabalho 6. Serviço de saúde –
Administração I. Almeida, Maria de Fátima da Costa.

Índices para catálogo sistemático:
1. Laboratórios: Biossegurança: Serviços de saúde 363.15

---

12-1559      CDD-363.15

Impresso no Brasil em dezembro de 2013

SISTEMA FECOMÉRCIO-RJ
SENAC RIO DE JANEIRO
**Presidente do Conselho Regional**: Orlando Diniz
**Diretor-Geral do Senac Rio de Janeiro**: Eduardo Diniz
**Conselho Editorial**: Eduardo Diniz, Ana Paula Alfredo, Marcelo Loureiro, Wilma Freitas, Manuel Vieira e Karine Fajardo

**Editora Senac Rio de Janeiro**
Rua Pompeu Loureiro, 45/11º andar – Copacabana
CEP 22061-000 – Rio de Janeiro – RJ
comercial.editora@rj.senac.br | editora@rj.senac.br
www.rj.senac.br/editora

**Difusão Editora**
Rua José Paolone, 70 – Santa Paula
CEP 09521-370 – São Caetano do Sul – SP
difusao@difusaoeditora.com.br – www.difusaoeditora.com.br
Fone/fax: (11) 4227-9400

**Organizadora**
Maria de Fátima da Costa Almeida

**Autores colaboradores**
Ana Paula Busato
Anderson Miyoshi
Bianca Mendes Souza
Camila Prósperi
Caroline Pereira Domingueti
Clícia Denis Galardo
Evellyn Claudia Wietzikoski
Luzia Bretas Guglielmi Moreira
Maria Aparecida Campana Pereira
Maria Eugênia Ribeiro de Sena
Neuza Antunes Rodrigues
Roberto Moraes Cruz
Rose Marie Siqueira Villar
Sabrina Rodrigues Lima
Shirley Vargas Prudêncio Rebeschini
Vasco Azevedo

*A todas as pessoas que de alguma forma contribuíram
para a realização deste desafio.*

# SUMÁRIO

**CAPÍTULO 5: BOAS PRÁTICAS LABORATORIAIS**

# PREFÁCIO DA PRIMEIRA EDIÇÃO

A preocupação com o ensino, e com o melhor desempenho das atividades em laboratórios, fez com que experientes professores nessa prática se reunissem com o objetivo de oferecer, não só à comunidade acadêmica, mas a todos que atuam nesses espaços, quer de análises, quer de pesquisa, um referencial significativo de conhecimentos.

Sob a organização da professora Maria de Fátima da Costa Almeida, o roteiro construído de *Boas práticas de laboratório* aborda tópicos que certamente contribuirão para a organização e gestão de laboratório, infraestrutura, controle e adequação no que tange a acondicionamento, manuseio, cuidados, descarte e segurança tanto ambiental quanto do trabalhador.

Os autores, com rica vivência de docência de ensino superior em instituições renomadas de Curitiba, visualizaram e tornam real o intento de compartilhar informações e dicas que facilitarão, sobretudo, os iniciantes nesta prática.

Tem o leitor em suas mãos um livro que condensa, amplia e atualiza o conhecimento e o caminho do entendimento e da eficácia de laboratórios.

É gratificante partilhar o êxito de um trabalho de três anos realizado por profissionais altamente comprometidos com a qualidade de seu trabalho e, principalmente, com a responsabilidade de seu papel de educador.

**Profª Dilma Regina Gribogi Kalegari**
*Diretora acadêmica da*
*Faculdade Evangélica do Paraná*

# PREFÁCIO DA SEGUNDA EDIÇÃO

Atendendo ao gentil convite da organizadora, dra. Maria de Fátima da Costa Almeida, sinto-me bastante honrado em escrever o prefácio desta 2ª edição de *Boas práticas de laboratório*, importante obra de consulta para diferentes profissionais e estudantes envolvidos com experimentação laboratorial. A conduta criteriosa e otimizada nesse tipo de ambiente evita a recorrência de erros e gastos desnecessários, favorecendo a obtenção de dados confiáveis em curto espaço de tempo. Além disso, a capacitação do pessoal técnico é um dos fatores mais importantes para o bom andamento dos trabalhos.

Refletindo a grande preocupação com os riscos à saúde humana e ao ambiente, nesta edição revisada foram incluídos novos capítulos referentes à biotecnologia e à evolução da legislação brasileira, ao gerenciamento de resíduos de serviços de saúde e uma completa atualização dos regulamentos sobre biossegurança. Adicionalmente, o capítulo sobre biotérios traz uma nova contribuição sobre insetários e fornece subsídios à profissionalização crescente da pesquisa entomológica multidisciplinar no país.

Parabenizo a organizadora e os demais autores que participaram da elaboração desta nova edição, com seus conhecimentos e experiências acumuladas nas áreas de ensino, pesquisa e gestão de laboratórios, presenteando-os com este trabalho que vem atender às exigências mais imediatas dos profissionais, particularmente daqueles que utilizam a experimentação laboratorial no desenvolvimento de suas atividades.

Esta obra oferece uma fonte de leitura agradável, como material de apoio e consulta, contribuindo para a capacitação de recursos humanos e se tornando referência obrigatória para aqueles que se preocupam com a melhoria e o desenvolvimento nessas áreas.

**Adriano Caldeira de Araújo**
*Diretor do Departamento de Apoio à Produção Científica
e Tecnológica (Depesq), do Departamento da Sub-reitoria de
Pós-graduação e Pesquisa (SR2) da
Universidade do Estado do Rio de Janeiro (Uerj).*

# INTRODUÇÃO

MARIA DE FÁTIMA DA COSTA ALMEIDA

**Maria de Fátima da Costa Almeida**

Doutora em Fisiologia pela Universidade Federal de São Paulo (Unifesp) e mestre em Ciências Biológicas (Biofísica) pelo Instituto de Biofísica Carlos Chagas Filho, da Universidade Federal do Rio de Janeiro (UFRJ), Graduou-se em Ciências Biológicas-Biomedicina pela Universidade do Estado do Rio de Janeiro (Uerj). Professora adjunta da Universidade Federal de Mato Grosso (UFMT), foi instrutora do Senac Curitiba (Paraná) e professora de pós-graduação do Instituto Brasileiro de Pós-graduação e Extensão (IBPEX) e da Faculdade Evangélica do Paraná, instituições nas quais participou da elaboração de cursos de nível médio e de pós-graduação. Participou como membro e coordenadora de Comitês de Ética em Pesquisa e como assessora da Faculdade Evangélica do Paraná (Comissão Própria de Avaliação – CPA), onde também atua como coordenadora de Iniciação Científica. Tem experiência na área de Biofísica e Fisiologia Humana, Bioética e Biossegurança.

# INTRODUÇÃO

## Regras básicas de sobrevivência no laboratório

– Se você tem dúvidas ou perguntas sobre qualquer procedimento, material ou equipamento, fale com pessoas mais experientes, leia os manuais e pesquise antes de executar.

– Em caso de erro, avise imediatamente. Se for possível, ofereça-se para consertar o erro.

– Educação e humildade no relacionamento com todas as pessoas. Trate cada um como se fosse seu cliente mais importante; é regra da área de negócios, mas pode ser aplicada em outros relacionamentos.

– Não suponha nada; tampouco que qualquer outra pessoa esteja *sempre* correta.

– Anote todas as instruções que receber (protocolos e procedimentos).

– Agende, marque hora para que a pessoa possa dedicar o tempo necessário à conversa. Evite interrompê-la durante procedimentos, experimentos.

– Use o material – livros, artigos, manuais – com cuidado e avise ou anote, caso vá retirá-lo do ambiente.

– Não comente resultados de trabalhos de outras pessoas fora do laboratório.

## Normas gerais

– É obrigatório lavar as mãos antes e depois do trabalho no laboratório[1] ou biotério.

---

[1] Anvisa 2012 – Autoavaliação para higienização das mãos (HM) – Instrumento elaborado pela OMS. Disponível em: <http://www.anvisa.gov.br/hotsite/higienizacao_maos/higienizacao.htm>. Acesso em: 20 ago. 2013.

– É obrigatório o uso de avental de algodão. Recomenda-se o emprego de máscaras, luvas, óculos de proteção e toucas em determinados trabalhos. Após períodos prolongados, sempre que possível, tome um banho depois do uso do biotério. Lavagem do rosto e posterior uso de máscaras previnem contaminações existentes que são carreadas pelo ar.

– Algumas regras que, à primeira vista, nos parecem excessivamente rígidas são frutos de observação e pesquisas no decorrer de muitos anos de criação e experimentação de animais. O uso de bijuterias e joias é proibido no biotério, já que não podem ser desinfetadas continuamente.

– Quanto aos cosméticos, também estes devem ter seu uso restrito, pois podem alojar microrganismos. Seu odor pode excitar e confundir os animais.

– É proibido comer ou beber no laboratório, assim como fumar. Qualquer refeição deve ser feita, de preferência, em refeitórios ou em espaços nos quais não se trabalha com material químico ou biológico do laboratório.

– Nunca pipete com a boca.

– É proibido armazenar produtos em frascos/recipientes inadequados e sem rótulo. Um acidente comum: alguém ingeriu formol acondicionado em frasco tipo PET (politereftalato de etila), pensando ser água mineral.

– É proibido armazenar alimentos e bebidas no laboratório.

– É proibido armazenar alimentos e bebidas na geladeira do laboratório.

– Ao sair do laboratório, deve-se trocar de vestuário.

– Limpe imediatamente o material e o local ao finalizar cada tarefa e durante cada parte de um experimento. Não mova ou troque de lugar reagentes, tubos, objetos, frascos. Por exemplo: após o uso da balança, limpe o prato; se for o caso, lave-o. Sempre deixe em condições de uso para a próxima pessoa.

– Nunca ligue ou desligue aparelhos sem antes perguntar.

– Avise em caso de equipamentos quebrados e indique no livro de anotações ou ocorrências.

– Identifique cada material, solução e avise quando estiver em pouca quantidade ou acabar.

## Situações especiais

– Verifique sempre a tensão da tomada na qual deseja ligar o seu equipamento e a voltagem/frequência na qual deve operar.

– Consulte o livro de anotações antes e registre após o uso dos equipamentos.

– Antes de ligá-lo, veja se está realmente em condições de uso; pode ser que esteja danificado. Caso ocorra alguma anormalidade durante o uso, comunique imediatamente ao responsável e coloque um aviso, em local visível, para servir de alerta a outros usuários do equipamento.

– Em caso de dúvida quanto ao funcionamento de um equipamento, procure o responsável por este; não tente adivinhar como funciona. Tenha sempre em mãos os procedimentos básicos de operação do aparelho. De preferência, coloque um lembrete ou as etapas (a sequência) de manipulação junto com as instruções necessárias para uma perfeita utilização.

## Proteção pessoal

– Recomenda-se o uso de avental longo de algodão fechado sobre a roupa, calças compridas e calçado fechado (não deve ser usado material com fio sintético por maior facilidade de combustão ou reação).

– Deve-se evitar o uso de lentes de contato em operações com substâncias químicas.

– Quando se faz a pesagem de produtos em forma de pó (sílica, por exemplo) devem-se usar máscaras absorventes.

– Usam-se luvas isolantes, considerando temperatura, comprimento e material a ser manuseado.

## Problemas mais comuns

Com a experiência adquirida em vários anos exercendo atividades em laboratórios de aulas para cursos de graduação e pós-graduação na área de Saúde, e convivendo com os profissionais responsáveis pelos laboratórios (docentes, técnicos, auxiliares e alunos), observou-se que algumas situações ou incidentes ocorrem com mais frequência e podem acarretar prejuízos à saúde dos indivíduos que trabalham nesse ambiente, assim como consequências para a comunidade em geral. Dentre as ocorrências mais comuns, podemos relatar:

1. Não uso de equipamentos de proteção individual (EPIs) e coletivo, como:
– máscaras adequadas à substância e tipo de atividade (EPIs e EPIs respiratórios);
– luvas;

– vestuário – avental, jaleco, calçado, touca; e
– óculos de proteção.

2. Capela de segurança biológica (CBS). Ver Figura I.1 abaixo.

**Figura I.1** – Cabine de segurança classe 1

A. Abertura frontal
B. Caixilho envidraçado
C. Filtro de exaustão HEPA
D. Exaustão *plenum*

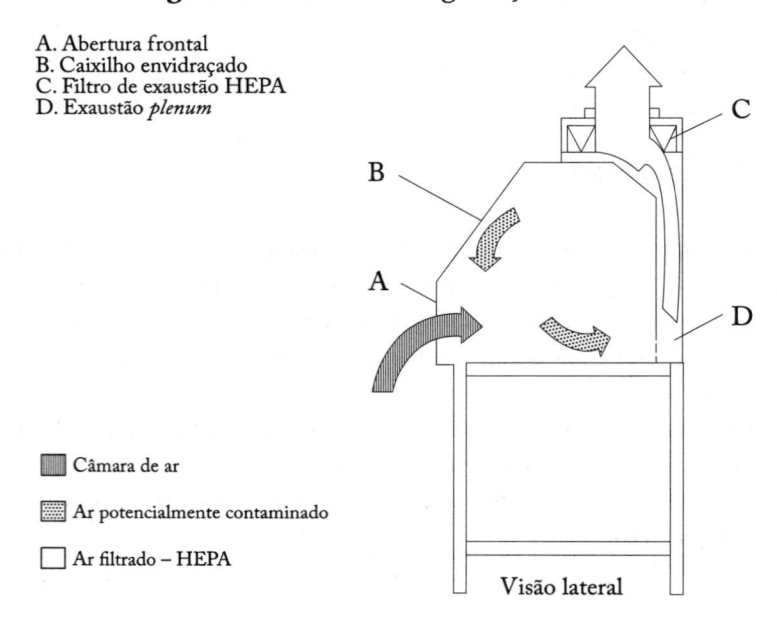

▨ Câmara de ar

▦ Ar potencialmente contaminado

☐ Ar filtrado – HEPA

Visão lateral

Fonte: Adaptada de Fiocruz.[2]

3. Com relação aos cuidados para executar as tarefas ou processos visando à qualidade do produto ou serviço prestado:

– Inadequação da armazenagem de reagentes e soluções.
– Inadequação do local para acondicionar os resíduos que serão descartados.
– Ausência de planejamento do espaço. Não previsão de área para materiais tóxicos; bloqueio de saídas em locais que armazenam resíduos.
– Ventilação inadequada – circulação de ar deficiente.
– Higiene dos materiais.

---

[2] Disponível em: <http://www.fiocruz.br/biosseguranca/Bis/lab_virtual/csb.html>. Acesso em: 25 set. 2013.

– Manutenção dos equipamentos.

– Ausência de provisão para pontos e carga de energia que possam suportar a expansão e crescimento do laboratório.

– Pouco comprometimento com trabalho em equipe.

Os fatores listados interferem na qualidade do trabalho, aumentando o custo com compras e atendimentos de emergência, a licença ou afastamento do profissional, o remanejamento e a interrupção de processos.

É importante assinalar que situações diferentes e inesperadas, como novas tecnologias e oportunidades que possam contribuir para a melhora no desenvolvimento das atividades ou crescimento e aperfeiçoamento do setor, devem ser consideradas e podem estar contempladas no orçamento como provisões para contas a pagar ou investimentos. Entretanto, para que as rotinas e os processos tenham menos prejuízos, não se pode negligenciar a importância de estar atento e comprometido com as boas práticas de laboratório. Isso pode ser esquematizado como se segue:

**Figura I.2** – Diagrama da eficiência e qualidade do trabalho em laboratórios

Fonte: Proposta pela autora.

4. Para a manipulação de animais experimentais, foi observado que as principais causas de acidentes são:

– Não uso de EPIs adequados.

– Falhas de manutenção e planejamento da rede de energia elétrica adequada, incluindo capacidade necessária e reposição ou substituição dos materiais, com revisão periódica.

– Falhas de planejamento e projeto das instalações físicas.

– Controle do estado de saúde dos animais, fator que está relacionado também com a higiene dos profissionais, circulação de pessoas, controle da qualidade do ar (fluxo), higiene das caixas e bebedouros.

5. Com relação à empresa, há a necessidade de promover ou intensificar a capacitação de pessoal, tanto técnico como de higiene do ambiente.

Nos laboratórios que trabalham com fungos (meios de cultura) e material perigoso ou tóxico por aspiração que podem se desenvolver sem que se conheçam a espécie e a patogenicidade para o homem e animais de laboratório, as normas de biossegurança devem ser conhecidas e aplicadas de forma rígida, assim como as regras para descarte de materiais, como, inicialmente submeter à alta temperatura (autoclave) os fungos desconhecidos e, a seguir, proceder ao descarte adequado (ver Capítulos 8 e 9).

6. A gestão do laboratório, outro fator relevante para a qualidade das atividades desenvolvidas, é a postura do responsável pelo setor. Ele deve ter competência, experiência e bom relacionamento interpessoal. Deve estar atento e conhecer os diversos procedimentos e implementar as regras de boas práticas. Também deve coordenar e monitorar a realização dos trabalhos no laboratório, auxiliando e intervindo, quando necessário, para estimular as pessoas, visando à melhoria da qualidade do serviço prestado ou do trabalho.

7. Manipulação de organismos geneticamente modificados (OGMs)

Para atividades que envolvam manipulação de OGMs, devem ser obedecidas as regras gerais, a fim de evitar contaminação e controle do ambiente de trabalho. A utilização de espécies animais para modificações de características anatômicas e fisiológicas, relacionadas à pecuária ou melhoria das taxas de crescimento, produtividade, resistência a doenças específicas, correspondem a atividades de baixo risco. Entretanto, durante a realização dos trabalhos que incorporem ao genoma do animal segmentos de DNA de microrganismos patogênicos, deve-se ter cuidado para evitar:

– escape de animal da área específica;
– contaminação de outras linhagens de animais; e
– contaminação das pessoas envolvidas com estes animais geneticamente modificados (AnGM) (MAJEROWICZ, 2009).[3]

---

[3] MAJEROWICZ, J. Biossegurança de animais de laboratório in: Anais VI Congresso Brasileiro de Biossegurança. Rio de Janeiro, set. 2009.

# PLANEJAMENTO

MARIA DE FÁTIMA DA COSTA ALMEIDA

**Maria de Fátima da Costa Almeida**
Doutora em Fisiologia pela Universidade Federal de São Paulo (Unifesp) e mestre em Ciências Biológicas (Biofísica) pelo Instituto de Biofísica Carlos Chagas Filho, da Universidade Federal do Rio de Janeiro (UFRJ), Graduou-se em Ciências Biológicas-Biomedicina pela Universidade do Estado do Rio de Janeiro (Uerj). Professora adjunta da Universidade Federal de Mato Grosso (UFMT), foi instrutora do Senac Curitiba (Paraná) e professora de pós-graduação do Instituto Brasileiro de Pós-graduação e Extensão (IBPEX) e da Faculdade Evangélica do Paraná, instituições nas quais participou da elaboração de cursos de nível médio e de pós-graduação. Participou como membro e coordenadora de Comitês de Ética em Pesquisa e como assessora da Faculdade Evangélica do Paraná (Comissão Própria de Avaliação – CPA), onde também atua como coordenadora de Iniciação Científica. Tem experiência na área de Biofísica e Fisiologia Humana, Bioética e Biossegurança.

# CAPÍTULO 1

## Planejamento

> *O fundamental numa aventura é o planejamento.*
> **Amir Klink**

### Resumo

Este capítulo aborda o conceito de planejamento, ressaltando tópicos específicos para as atividades de laboratório. Lista etapas e assinala a importância da elaboração de um cronograma para a realização de um projeto ou implantação de processos com definições de metas. O estabelecimento de estratégias, a escolha de recursos materiais, a seleção de pessoal e a possibilidade de realizar ajustes ao longo do desenvolvimento do projeto, num laboratório de uma instituição de ensino superior, de análises (privado) ou de pesquisa, também são abordados. Ao final, contempla a fase de avaliação de um processo ou projeto para adequar as ações previstas.

Na gestão do laboratório, o líder deve desenvolver suas atividades com base num planejamento que visa:
– Adequar-se à infraestrutura física.
– Capacitar pessoas.
– Implantar processo e projetos.
– Realizar avaliações, considerando os benefícios e os resultados, como melhoria da qualidade das aulas, adequação do espaço de trabalho (o contexto da instituição), custos e ganhos em relação ao mercado, ou seja, melhorando a competitividade da instituição.

## 1.1 Conceito

Planejamento ou visão do futuro corresponde à orientação a curto, médio e longo prazos das atividades (SOTO, 2002). Depende da disposição para assumir compromissos de longo prazo com todas as partes envolvidas numa instituição, antecipando-se às tendências do mercado, usando novas tecnologias e definindo estratégias para a mudança. Compreende:

– Avaliação da situação atual e estabelecimento de metas, estratégias e processos para possibilitar as mudanças e os crescimentos previstos para as atividades da instituição ou de cada setor.

– Realização das adequações, escalonamento e priorização das metas, de acordo com a direção da instituição.

– Definição de materiais e equipamentos e dos recursos humanos necessários à implantação do novo setor (laboratório), atividade ou reforma do laboratório.

– Formulação de rotinas.

– Manuais, formulários, material de sinalização, agendamento de atividades, de treinamento, de aperfeiçoamento de pessoas (cursos, palestras etc.).

O estudo longitudinal de Elliot constatou que quanto maior era o período envolvido em *planejamento,* maior a capacidade de um indivíduo realizar determinado trabalho. Concluiu, também, que o tempo e a experiência podem favorecer o desenvolvimento dos indivíduos (OLIVEIRA NETO, 2004).

O diagrama da Figura 1.1 resume essas etapas.

**Figura 1.1** – Diagrama para modelo de planejamento das atividades

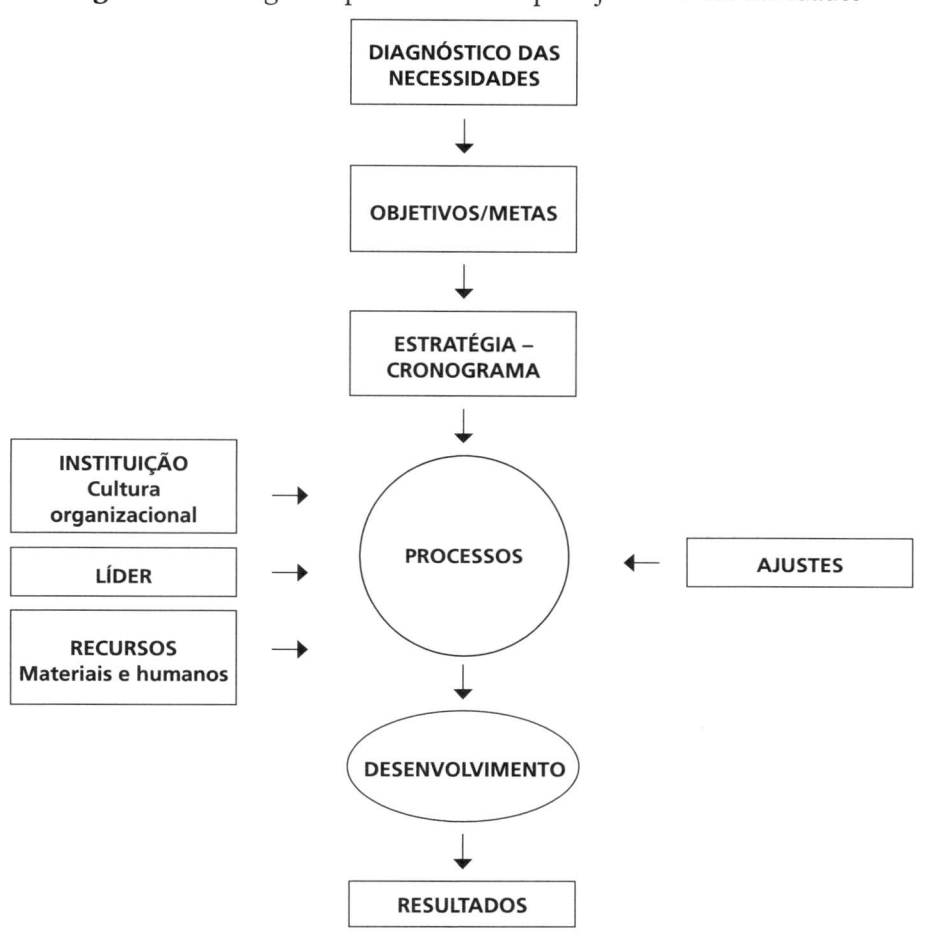

Fonte: Proposta pela autora.

## 1.2 Cronograma

Deve ser estabelecido um cronograma do projeto e, dependendo do tipo de gestão vigente na instituição, devem ser definidas as tarefas por pessoas e grupos ou direcionados os resultados em função das competências da equipe. Devem ser delineados todos os requisitos do projeto, definindo-se etapas do processo, avaliações, ajustes e prazos. O líder deve estar atento às pessoas e ao ambiente de trabalho. O cronograma para execução das atividades deve conter:

– Definição de objetivos, metas e estratégias.
– Definição das equipes.
– Escalonamento das atividades ou definição das prioridades.
– Cálculos de tempo e custos.
– Revisão e adaptação aos cronogramas da instituição.
– Aprovação pela direção.

Durante a execução da tarefa planejada, é importante realizar o controle – ou monitoramento – que depende dos seguintes elementos:

– Definir padrões, ou seja, com base na descrição do plano, tornar possível a avaliação de cada um dos itens identificados em objetivos, estratégias e plano de ação, e fazer os ajustes necessários. Envolver as pessoas.

– Avaliar o desempenho por meio de relatórios formais, conversas informais, reuniões e demais documentos, correios eletrônicos, comunicações internas e, também, ouvir os envolvidos.

– Comparar o desempenho real com o planejado.

– Desencadear ação corretiva ou redirecionar as ações, considerando planejamento e resultados parciais, e fazer revisão onde for necessário.

O esquema da Figura 1.2 representa os pontos apresentados:

**Figura 1.2** – Planejamento e avaliação das atividades

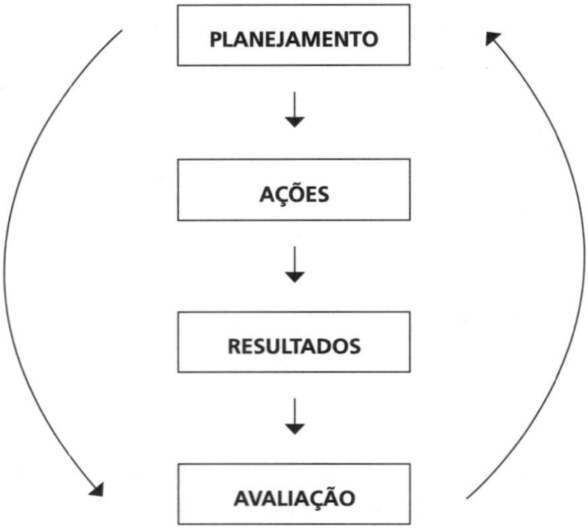

PLANEJAMENTO → AÇÕES → RESULTADOS → AVALIAÇÃO

Fonte: Proposta pela autora.

Contribui para o trabalho um repertório de comportamentos caracterizados por:

1 – Conhecimento.
2 – Capacidade.
3 – Motivos.

Druker (OLIVEIRA NETO, 2004) propôs as questões durante o planejamento:

1 – Onde estão os problemas?
2 – Onde esperar resistência?
3 – Que mudanças processar?
Também se deve considerar que o processo não tem sucesso isoladamente. É necessário o envolvimento da alta direção da organização (OLIVEIRA NETO, 2004).

Segundo o modelo de Gilbert (OLIVEIRA NETO, 2004), contribui para o trabalho um repertório de comportamentos caracterizados por: conhecimento, capacidade e motivos que correspondem aos valores, às crenças e preferências das pessoas. Considera a competência o valor da realização e o custo do comportamento necessário para produzir essa realização, ou seja, produzir o máximo com o menor custo.

Os indivíduos detentores do conhecimento[1] – saberes correspondem a arquivos vivos de informação. Como desafio para a instituição apresenta-se a capacidade de gerir e extrair bons resultados da administração de valores e ideias (REIMAN, 2004), assim como a informação e sua disseminação na instituição.

## 1.3 Avaliação

Para avaliar um processo, é necessário que tenha sido identificada uma situação, um ponto específico ou problema, do qual se irá analisar ou julgar com base em critérios previamente definidos. A avaliação poderá ser usada como estratégia para decidir sobre o problema ou resolvê-lo (TANAKA; MELO, 2001).

A análise – ou o julgamento – pode ocorrer por meio de indicadores (condições e recursos existentes) e de resultados, comparando a alteração no processo ou serviço oferecido por manifestação do usuário – aluno, professor, coordenador de curso e técnico do laboratório e pessoal de apoio.

---

[1] Competência: derivação por extensão de sentido. Soma de conhecimentos ou habilidades (HOUAISS, 2012).

A avaliação também poderá ter o foco em pessoas, materiais e tecnologias empregadas. É importante, ainda, considerar a oportunidade – momento apropriado – e o destino dos resultados.

No processo de implantação de projetos, pode ser realizada uma avaliação econômica. Ela corresponde ao processo pelo qual os custos do projeto são analisados e comparados a alternativas e consequências de sua implantação medidas, o que definirá a implantação ou o cancelamento. Entretanto, o dado mais relevante desse tipo de avaliação não é o custo econômico, e sim os benefícios[2] resultantes de sua implantação, considerando o contexto da instituição com outros processos e a avaliação da posição da empresa no mercado. Como exemplos, podem-se citar:

a) Projeto de criação de animais no biotério central da faculdade *versus* a compra de animais de fornecedor externo.

b) Compra de novo equipamento para laboratório, comparando o custo com retorno ou benefício para sua instalação com possibilidades de aumentar e diversificar o número de aulas – ainda avaliando o tipo de conhecimento que poderá ser acrescentado e disseminado para a clientela (discentes) – *versus* a compra de vídeos, *softwares* usando técnicas alternativas às aulas práticas que utilizam animais experimentais.

c) Ou, ainda, comparar a possibilidade de produção de vídeos ou terceirizar a produção destes.

A avaliação de um projeto para o laboratório pode ser feita por meio de respostas completas a algumas perguntas, visando adquirir conhecimentos em relação ao valor do projeto, antes da implantação e durante o ciclo de vida.

As questões estão de acordo com Cleland & Ireland (2002):
1. O projeto ou processo visa à adequação operacional ou melhoria do serviço oferecido pelo laboratório?
2. Os resultados do projeto vão complementar os pontos fortes da instituição?
3. O projeto possui independência em relação aos pontos fracos da instituição?
4. Os resultados do projeto vão auxiliar a instituição a realizar sua missão e metas?
5. Os resultados do projeto vão agregar alguma vantagem competitiva à instituição?

---

[2] Benefício: lucro, ganho (HOUAISS, 2003).

6. O projeto tem relação com outros projetos ou programas da instituição?
7. A instituição pode assumir os riscos que possam estar associados à implantação deste?
8. Há disponibilidade de recursos organizacionais, como recursos humanos, financeiros e infraestrutura para dar apoio ao projeto? (Esse fato, por ser de maior risco, poderá criar a possibilidade de evasão da empresa.)
9. Como será a manutenção da mudança? Haverá necessidade de capacitação do pessoal?
10. Esse projeto pode ser integrado às iniciativas e estratégias da instituição?
11. Qual seria a consequência, para a organização, se fosse cancelado ou adiado?

Com base nas respostas obtidas, o gestor e os demais envolvidos no planejamento poderão tomar decisões e encontrar as opções adequadas para a solução do problema proposto.

# REFERÊNCIAS

CLELAND, D. I.; IRELAND, L. R. *Gerência de projetos*. Rio de Janeiro: Reichmann & Affonso, 2002.

HOUAISS, A. *Dicionário de sinônimos e antônimos*. 1. São Paulo: Objetiva, 2003.

OLIVEIRA NETO, L. A. *Gestão de pessoas*. Fundação Getulio Vargas. São Paulo: FGV, 2004.

REIMAN, J. *Idéias*. São Paulo: Futura, 2004.

SOTO, E. *Comportamento organizacional*. São Paulo: Thompson, 2002.

TANAKA, O; MELO, C. *Avaliação de programas de saúde do adolescente*: um modo de fazer. São Paulo: Edusp, 2001.

# GESTÃO DE LABORATÓRIOS

**MARIA DE FÁTIMA DA COSTA ALMEIDA**

**Maria de Fátima da Costa Almeida**
Doutora em Fisiologia pela Universidade Federal de São Paulo (Unifesp) e mestre em Ciências Biológicas (Biofísica) pelo Instituto de Biofísica Carlos Chagas Filho, da Universidade Federal do Rio de Janeiro (UFRJ), Graduou-se em Ciências Biológicas-Biomedicina pela Universidade do Estado do Rio de Janeiro (Uerj). Professora adjunta da Universidade Federal de Mato Grosso (UFMT), foi instrutora do Senac Curitiba (Paraná) e professora de pós-graduação do Instituto Brasileiro de Pós-graduação e Extensão (IBPEX) e da Faculdade Evangélica do Paraná, instituições nas quais participou da elaboração de cursos de nível médio e de pós-graduação. Participou como membro e coordenadora de Comitês de Ética em Pesquisa e como assessora da Faculdade Evangélica do Paraná (Comissão Própria de Avaliação – CPA), onde também atua como coordenadora de Iniciação Científica. Tem experiência na área de Biofísica e Fisiologia Humana, Bioética e Biossegurança.

# CAPÍTULO 2

## Gestão de Laboratórios

### Resumo

Este capítulo tem como objetivo descrever as principais características de um gestor, como conhecimento, capacidade de motivação, habilidade numa instituição na qual o capital intelectual e o trabalho em equipe são valorizados. Assinala outros aspectos, como a importância da generosidade e a capacidade de comemorar as conquistas dos colaboradores na gestão de um setor que respeite a formação e a individualidade dos participantes da equipe. Enfatiza a capacidade de delegar do gestor e a perspectiva do desenvolvimento do trinômio pensar, ideias e criatividade; que estimule o crescimento do indivíduo e as mudanças de comportamento necessárias, priorizando, entretanto, a ética profissional e a meta de criar um bom clima organizacional. Aponta como deve, também, definir e selecionar os talentos, pessoas que estarão envolvidas nos processos e projetos. Descreve suas atribuições, tais como: avaliar e fazer os ajustes necessários ao projeto/processo/programa durante o ciclo de vida. Indica que, caso o perfil de algumas pessoas não seja adequado ao processo ou se estas já tiverem realizado suas etapas, poderão ser remanejadas ou participar em outros processos, visando suprir as necessidades e atingir as metas do setor.

## 2.1 Gestor

### 2.1.1 Conhecimento e capacidade

Para Oliveira Neto (2004) o conhecimento e a ação são os componentes do comportamento profissional mais difíceis de avaliar com precisão e realidade.

O conhecimento, no modelo de gestão do conhecimento inovador, apresenta-se como prioridade, pois tem como foco as pessoas. A tecnologia deve servir como ferramenta, mas isoladamente e sem envolvimento, capacitação dos profissionais e motivação não será de grande valia. Os dirigentes devem estimular a criatividade e o aperfeiçoamento dos indivíduos, o que vai determinar o desenvolvimento da empresa (OLIVEIRA NETO, 2004).

Assim, o foco está na competência, que, segundo Lea Depresbiterisf, é a capacidade para aplicar habilidades, conhecimentos e atitudes em tarefas ou combinações de tarefas operativas. Em algumas empresas este conceito é entendido como a possibilidade de converter o conhecimento ou saber em ações. Ou seja, a competência está relacionada à produção de resultados, custos e produtividade. Pode ainda definir o que se espera do profissional em relação ao produto do seu trabalho, sendo prioridade estar atento ao perfil das pessoas, que devem ser autônomas e empreendedoras, com maior participação na empresa e atentas ao seu desenvolvimento profissional.

Com relação à capacidade, embora parte seja inata, o tempo e a experiência podem favorecer o desempenho dos indivíduos (ELLIOT, apud OLIVEIRA NETO, 2004), e também o espaço ocupacional, caso sejam oferecidos maiores desafios para as pessoas mais competentes.

Atualmente, a inteligência humana passou a ter papel significativo e dominante para o homem, para as empresas e para a sociedade. Segundo Oscar Johansen (SOTO, 2002), está ocorrendo uma mudança profunda e a inteligência passa a ocupar lugar de destaque nas organizações. Antigamente, a ênfase era dada à capacidade de desempenhar trabalho braçal, ao fazer, não ao pensar. Há alguns anos, as máquinas vêm substituindo o trabalhador, de quem é exigido e estimulado que tenha ideias (REIMAN, 2004).[1]

---

[1] Conceito de inteligência – do lat. intelligentia s.f.: percepção, apreensão, intelecto. Qualidade ou capacidade de compreender ou adaptar-se facilmente. Psicol. Capacidade de resolver situações problemáticas novas mediante reestruturação dos dados perceptivos. – Daniel Goleman, em estudos na década de 1990, mostrou que a inteligência emocional tem papel relevante e mais significativo no campo de trabalho do que o coeficiente intelectual (QI). Trabalho que foi precursor da valorização atual do conceito de desenvolvimento de habilidades e competências. – Inteligência emocional – descrita como resultante das funções cerebrais e mentais que diz respeito às emoções. Corresponde a um conjunto psíquico denominado com personalidade, caráter, temperamento, condutas, decisões e ideias (SOTO, 2002). – Inteligências múltiplas – Howard Gardner: "as pessoas têm dentro de si todos os tipos de inteligências, mas desenvolvem cada um deles num grau diferente. Tipos: linguística, cinética, lógica, naturalista, musical, intrapessoal e interpessoal" (GARDNER, 2005).

O líder não deve ser o único a pensar. Deve delegar e possibilitar que os colaboradores tenham liberdade e autonomia para atingir as metas e também para escolher a forma de execução das tarefas, as quais podem ser realizadas por equipes. Domenico de Masi (2003) afirmou que a maior parte das criações humanas foi consequência do trabalho de grupos e de coletividades.

Nas organizações, com relação ao ativo humano, o equilíbrio entre P/CP (P= produção de resultados desejados e CP = capacidade de produção ou o meio que produzirá os resultados) é igualmente fundamental e pode ter papel mais importante, pois as pessoas controlam os ativos e financeiros (COVEY, 2005).

Quando o capital humano/pessoas se torna prioridade, a distribuição na comunidade passa a ser mais equitativa. A distribuição da inteligência é mais uniforme nas várias comunidades, o que difere da época em que os fatores da produção eram definidos como trabalho, recursos naturais e capital, na qual desigualdade era mais evidente.

> *A inteligência pode ser conceituada como a capacidade do indivíduo em aplicar de maneira adequada os conhecimentos que possui* (JOHANSEN, 2002, p. 19).

## 2.1.2 Motivação

A motivação pode ser compreendida como algo intrínseco ao ser humano, a satisfação pelo trabalho que realiza, devendo ser consideradas, também, as diferenças individuais e culturais. Os motivos são os energizadores que dinamizam as atitudes.

Os líderes devem estar atentos ao capital intelectual da empresa, tanto na fase de seleção como no aperfeiçoamento. O modelo tradicional de gestão não valoriza o profissional. No modelo que valoriza as pessoas, o líder deve se utilizar do *empowerment*, que compreende a delegação, automotivação, o desenvolvimento integral e a criatividade do profissional em todos os níveis, e também procurar estratégias para obter maior participação do pessoal e integração na organização.

Para a implantação de um modelo de gestão que valorize as pessoas, os líderes devem possuir grande sensibilidade interpessoal, pois os colaboradores devem visualizar neles a figura de alguém capaz de identificar suas qualidades, potencialidades e desejos.

Os profissionais devem ter *liberdade* e *autonomia* para definir a metodologia para atingir as metas e isso se opõe ao modelo de gestão tradicional, no qual os objetivos e a forma de execução são estabelecidos pelos gestores.

Durante a execução das atividades o planejamento é importante para alcançar as metas propostas, utilizando o trinômio:

**Figura 2.1** – Trinômio: pensar, ideias e criatividade

Fonte: Proposta pela autora.

Isso viabiliza o desenvolvimento das tarefas com qualidade e obtenção dos resultados.

Diferente do modelo de gestão tradicional, a instituição deve considerar que as pessoas não se comprometem quando as atividades são impostas, ou seja, não se envolvem com atividades que não tenham significado para elas mesmas. A motivação específica para o trabalho depende ainda do sentido que a pessoa lhe dá.

A motivação depende da liberação de neurotransmissores pelos neurônios do sistema nervoso: a alta está relacionada à serotonina. Quando o indivíduo apresenta estresse, que pode ser causado por repetição de uma experiência desagradável ou falta de motivação, isso pode culminar em depressão ou frustração (que corresponde ao bloqueio que a pessoa sofre diante de uma meta, podendo ter origem interna ou externa).

A pessoa com frustração apresenta algumas características de conduta, como agressão, resignação, negação, sublimação, fantasia etc. (SOTO, 2002). Bergamini afirma que as necessidades não satisfeitas geram desequilíbrio e causam ameaças à integridade, podendo ter repercussões no campo tanto físico quanto mental (OLIVEIRA NETO, 2004).

Entretanto, se as pessoas têm competência, habilidade e não estão dispostas a fazer, não será possível obter resultados. Os processos dependem das pessoas, e para obter resultados é necessário ter liderança e estratégias e realizar os processos. Em uma empresa, é importante ainda motivar alguns e neutralizar aqueles que se opuserem aos processos de mudança.

Considerando que num ambiente de trabalho, na área da saúde como laboratório, hospital etc., a função do gestor é orientar, supervisionar (controle) e tomar decisões visando o respeito as boas práticas, em uma situação em que a pessoa não está disposta a fazer o trabalho, vai comprometer o resultado. Isso é a função do gestor, identificar e tomar decisões, ou seja, é necessário conhecer as diversas situações e pessoas e garantir o resultado.

Desde tempos remotos, a ética ou seu conceito vêm sendo discutidos. Sócrates, que questionava as pessoas sobre a base e origem de seus valores de certo e errado, acreditava que a capacidade de diferenciar o que é certo do que é errado estava na razão (interior) e não na sociedade. Mais recentemente, quando se discute o significado do que é ético, é importante posicionar a situação no tempo, pois esse conceito sofre modificações de acordo com o contexto histórico (SELLETI; ALMEIDA, 2004).

A avaliação de um aspecto do processo de gestão do conhecimento – a competência dos profissionais, nível de entrega e de agregação de valor dos indivíduos – pode ser obtida por meio da *complexidade*, cuja expectativa difere em relação ao nível exigido. Elliot (OLIVEIRA NETO, 2004) identificou sete níveis de complexidade, ligados à dimensão temporal. Esses níveis devem estar relacionados com a cultura, características da empresa e elementos relevantes do mercado (OLIVEIRA NETO, 2004).

O profissional nem sempre avalia que ao liberar seu potencial dá a organização uma boa oportunidade de criação de valor. Por meio desse trabalho é que o conhecimento, enquanto informação, inteligência e *expertise*, constrói a base tecnológica e a aplica (COVEY, 2005)

A avaliação do processo de gestão do conhecimento, pode ser realizada por meio da taxa de retenção dos clientes, registros de novas patentes e pela criação de práticas inovadoras de trabalho, número de matrículas ou candidatos no vestibular em uma IES – instituição de ensino superior.

A gestão do conhecimento poderá ser eficiente se ele for compartilhado ou disseminado. Algumas empresas mostram que esse processo colaborativo corresponde à administração do produto de comunidades ou grupos, ligados por objetivos e interesses comuns, considerando o ambiente interno e externo e tendo como meta os novos desafios e a melhora da competitividade.

Como obstáculos para a transferência de conhecimento podem-se considerar os inibidores culturais, a inabilidade política dos líderes e profissionais, a forma de seleção e retenção dos profissionais capacitados. A principal tarefa do líder é reformular o contexto e isso corresponde ao indicador da qualidade de seu desempenho.

Para favorecer o clima organizacional, a política da organização deve estar clara e se caracterizar por quatro fatores, segundo Ghosal e Bartlettestes (apud OLIVEIRA NETO, 2004), que estudaram durante seis anos algumas empresas: disciplina (todo o prometido será cumprido), apoio, confiança e distendimento, características que induzem as pessoas a procurarem objetivos mais ambiciosos (OLIVEIRA NETO, 2004).

# REFERÊNCIAS

COVEY, S. R. *O 8º hábito*: da eficácia à grandeza. São Paulo: Campus, 2005.

_____. *Os 7 hábitos das pessoas altamente eficazes*. 22. ed. Rio de Janeiro: Best Seller, 2005.

CLELAND, D. I.; IRELAND, L. R. *Gerência de Projetos*. Rio de Janeiro: Reichmann & Affonso, 2002.

De MASI, D. *Criatividade e Grupos Criativos*. Rio de Janeiro: Sextante, 2003.

FERREIRA, A. B. H. *Novo Dicionário da Língua Portuguesa*. 2. ed. São Paulo: Nova Fronteira, 1986. 16ª impressão.

FPNQ – FUNDAÇÃO PARA O PRÊMIO NACIONAL DA QUALI-DADE. *Primeiros Passos para a Excelência*: critérios para o bom desempenho e diagnóstico da organização. São Paulo: FPNQ, 2004.

GARDNER, H. *Mentes que mudam*. Porto Alegre: Artmed, 2005.

GOLEMAN, D. *Inteligência Emocional*. 5. ed. São Paulo: Objetiva, 1995.

GOMES, M. T. Quem alcança sempre espera. *Revista Exame*, p. 20-21, 10 jan. 2001.

JOHANSEN, O. *Prefácio*. In: SOTO, E. *Comportamento Organizacional*. São Paulo: Thompson, 2002.

OLIVEIRA NETO, L. A. *Gestão de pessoas*. Fundação Getulio Vargas. São Paulo: FGV, 2004.

REIMAN, J. *Ideias*. São Paulo: Futura, 2004.

SELLETI, J. C.; ALMEIDA, M. F. C. *Ética no ensino e na pesquisa*. Curitiba: Maio, 2004.

SOTO, E. *Comportamento Organizacional*. São Paulo: Thompson, 2002.

TANAKA, O.; MELO, C. *Avaliação de programas de saúde do adolescente:* um modo de fazer. São Paulo: Edusp, 2001.

# INFRAESTRUTURA DOS LABORATÓRIOS E CUIDADOS NO ARMAZENAMENTO E ROTULAGEM DE PRODUTOS QUÍMICOS

LUZIA BRETAS GUGLIELMI MOREIRA

**Luzia Bretas Guglielmi Moreira**
Química pela Universidade Estadual de Londrina (UEL), no Paraná, mestre em Tecnologia Química (Alimentos) pela UEL e doutoranda em Tecnologia dos Alimentos pela Universidade Estadual do Paraná (UFPR). Trabalhou em áreas de Controle de Qualidade, Laboratórios de Análises Físico-químicas e Bromatológicas e Análise Instrumental e atuou em Pesquisa e Desenvolvimento de Produtos Alimentícios para pessoas com doenças crônico-degenerativas (alimentos funcionais). Instrutora do Senac Curitiba (Paraná), ministrou palestras, cursos técnicos e consultorias em Segurança em Laboratórios e Biossegurança e, também, na área de Nutrição.

# Infraestrutura dos Laboratórios e Cuidados no Armazenamento e Rotulagem de Produtos Químicos

## Resumo

Este capítulo descreve e propõe as corretas condições ambientais de umidade, temperatura, qualidade do ar e ergonomia no local de trabalho, além das medidas estruturais, como o espaço físico, a instalação elétrica, as proteções passivas frente ao risco de incêndio, as saídas de emergências, as instalações de água para as duchas de segurança e lava-olhos de emergência, equipamentos de ventilação, capelas, instalações de cilindros de gás comprimido, extintores de incêndio, armazenamento dos produtos químicos, sinalizações de riscos, as vias de evacuação, vestuários, adsorventes e neutralizadores para derrames, rotulagem das embalagens e recipientes de produtos químicos, bem como os equipamentos de proteção individual que devem ser previstos. Considera e orienta a *escolha dos materiais* (da instalação elétrica, da construção, da disposição e armazenagem dos produtos químicos e de descarte, dos equipamentos de segurança, capelas de exaustão) e *o espaço físico* (fachadas, janelas, pisos, teto, estantes de armazenagem, bancadas, ventilação, tubulações de gases etc.) que seja adequado às atividades previstas no laboratório.

## 3.1 A arquitetura da infraestrutura dos laboratórios

Ao estudar as estratégias necessárias para equipar-se um laboratório com meios de prevenção de riscos e equipamentos de emergência que garantam a segurança do laboratório, devem-se considerar, em primeiro lugar, as características estruturais. Geralmente, no *design* e na distribuição de laboratórios e anexos, prevalecem a funcionalidade do trabalho a ser efetuado e a segurança.

O planejamento e a construção das instalações devem contribuir para proteção da equipe de trabalho no laboratório ou no hospital, proporcionando uma barreira de proteção para as pessoas que se encontram fora do laboratório e para pessoas ou animais da comunidade contra agentes infecciosos que podem ser liberados por acidente. A gestão do ambiente de trabalho deve verificar e controlar para que as instalações estejam de acordo com o funcionamento do mesmo e com a classificação do nível de Biossegurança do setor e com a legislação em várias instâncias para construção ou reforma de um laboratório (SIMONETTE; SIMONETTE, 2009; ABDALLA GOMES, 2009).

Riscos químicos podem ser minimizados significativamente pela substituição de produtos químicos, controles de engenharia, controles administrativos, equipamentos de proteção individual e controles das práticas de trabalho.

São poucas as oportunidades para se construir um laboratório que atenda às normas e recomendações de segurança, portanto, devem-se realizar as reformas necessárias, a fim de adequá-lo a tais normas. Na maioria das vezes, pequenas estratégias melhoram muito a segurança. Devem-se estudar e prever as condições corretas ambientais de umidade, temperatura, qualidade do ar e ergonomia no local de trabalho. Além do mais, as medidas estruturais, como a instalação elétrica, proteções passivas diante do risco de incêndio, saídas de emergências, instalações de água para duchas de segurança e lava-olhos de emergência, equipamentos de ventilação, capelas, instalações de cilindros de gás comprimido, extintores de incêndio, armazenamento dos produtos químicos, sinalizações de riscos, vias de evacuação, vestuários, adsorventes e neutralizadores para derrames, rotulagem das embalagens e recipientes de produtos químicos, gestão dos resíduos e os equipamentos de proteção individual devem ser previstos. Boas práticas de construção preferem o uso de materiais não inflamáveis, além de construção dos laboratórios separados dos escritórios ou salas de ensino, quando for o caso.

A escolha adequada dos elementos construtivos e dos materiais que serão utilizados na construção de laboratórios é de grande valor para superação de um sinistro; se aliada a uma boa escolha do mobiliário e da decoração no sentido amplo, as chances de controle são potencializadas. As consequências mais diretas são a redução da carga de incêndio, a minimização da velocidade de propagação das chamas e a restrição da propagação de fumaça em caso de incêndio.

Laboratórios que envolvem a manipulação de produtos químicos e biológicos devem ser implementados com critérios que ofereçam segurança. Para tanto, é necessário considerar a *escolha dos materiais* (da instalação elétrica, da construção, da disposição e armazenagem dos produtos químicos e de descarte, dos equipamentos de segurança) e o *espaço físico*.

Os controles de engenharia necessários consistem nas medidas de redução de riscos e controle dos pontos críticos, por exemplo, a substituição de produtos químicos perigosos por outros; quando possível, o isolamento de operações químicas particulares que tenham riscos potenciais ou utilização de locais de exaustão para produtos tóxicos. Os controles de engenharia funcionam para redução ou eliminação do perigo, antes de ser criado, por isso devem ser o primeiro passo no controle de perigos químicos dentro do laboratório.

## 3.2 Espaço físico e seleção dos materiais

Geralmente, no desenho e na distribuição dos laboratórios e seus anexos, prevalece a funcionalidade do trabalho a ser efetuado e as considerações de segurança. Neste sentido, serão mencionados certos aspectos que devem ser levados em conta no momento da construção ou incluídos ao laboratório já construído.

Para a construção ou reforma de um laboratório, é importante selecionar parâmetros como: localização, tipo e tamanho do laboratório, materiais de construção, os elementos arquitetônicos: fachadas, paredes, pisos, janelas e portas.

O projeto deve considerar: segurança, funcionalidade e custo, bem como a quantidade de laboratórios que serão necessários, a funcionalidade de cada espaço, o número de pessoas que possam trabalhar com segurança neste ambiente, a quantidade de produtos químicos que serão utilizados e armazenados, seus riscos e incompatibilidade, as necessidades específicas de ventilação, iluminação, eletricidade, gases, água, vácuo etc. É necessário prever as possibilidades de modificações num período de cinco a dez anos.

A *localização* dos laboratórios deve ser separada por áreas de risco de diferentes magnitudes, com restrição de acesso às de maior risco. As instalações elétrica, hidráulica e de gases devem ser centralizadas, para facilitar a detecção, ação e fuga em caso de emergência, dificultando a propagação de incêndios.

A doutora Mary Santiago Silva, do Instituto de Química da Unesp (Araraquara) sugere que os prédios de laboratórios tenham dois ou três andares, com acesso por diferentes pontos e isolados de outras construções com menor risco. É importante que os bombeiros possam chegar ao laboratório em menos de 15 minutos em caso de incêndio, e que os depósitos de produtos químicos estejam em local separado.

Recomenda-se que o *tamanho* dos laboratórios seja dimensionado com bastante espaço para aulas práticas, pelo menos $10m^2$/pessoa, para prevenir que acidentes possam afetar uma grande área, gerando dificuldade das ações necessárias, devido ao grande número geralmente de presentes. Os laboratórios pequenos devem ter idealmente entre 40 e $50m^2$, recomendando-se que não sejam menores do que $15m^2$. A norma NFPA-45 (Quadro 3.1) recomenda uma resistência mínima ao fogo (RF) que as paredes externas dos prédios de laboratório devam ter:

**Quadro 3.1** – Resistência mínima ao fogo (NFPA-45)[1]

|  |  |  |
|---|---|---|
|  | $< 190m^2$ | RF-60 |
| Risco alto | $190 - 460m^2$ | RF-120 |
|  | $> 460m^2$ | Não permitido |
| Risco médio | $< 1900m^2$ | RF-60 |
|  | $> 1900m^2$ | Não permitido |
| Risco baixo |  | RF-60 |

Fonte: Proposto pela autora.

As *fachadas* devem dispor de aberturas que facilitem o acesso externo a cada um dos andares/laboratórios. Devem ter uma altura mínima de 1,20m e largura superior a 80cm e não devem ser obstruídas por cartazes, faixas etc. A distância entre as janelas, de um para outro andar, deve ser de no mínimo 1,80m para evitar a propagação de incêndio.

As paredes *divisórias* devem ter RF > 120 para edifícios com laboratórios de pesquisa e RF > 180 para edifícios com laboratórios didáticos. Devem-se evitar divisórias parcial ou totalmente envidraçadas, já que a resistência ao fogo deste material (vidro comum) é mínima, rompendo-se facilmente pelo aumento de temperatura.

O *teto* deve ser construído com materiais de elevada resistência mecânica e pintado ou revestido com materiais que possam ser facilmente limpos. Deve ser pintado preferencialmente de branco, para melhorar o desempenho do sistema de iluminação, sendo recomendável pé-direito de 3m. Teto, paredes e mobiliário devem ser pintados de cores claras, preferencialmente

---

[1] NFPA (U.S.A.). Código elétrico nacional disponível em: www.nfpa.gov. Promove a segurança e prevenção por meio de programas educacionais.

brancas e creme, para facilitar a visualização de cartazes com indicações de segurança e não promover fatiga visual.

As *janelas* devem permitir a saída de emergência e a entrada dos bombeiros e equipamentos para combate a incêndio; as esquadrias devem ser construídas em material incombustível, evitando-se cortinas (se forem indispensáveis, devem ser confeccionadas em material incombustível, como fibra de vidro, por exemplo).

Os *pisos* devem ter resistência mínima de 300kg/m². Se houver possibilidade de utilização de equipamentos pesados, o piso deverá estar adequadamente preparado para suportar os mesmos. Devem ter base rígida e pouco elástica para evitar vibrações. O adequado revestimento do solo varia de acordo com as atividades que serão desenvolvidas no laboratório, portanto, devem-se considerar na escolha do revestimento do piso (Quadro 3.2) a resistência a produtos químicos, a resistência mecânica, a capacidade antiderrapante (mesmo molhado), não acarretar eletricidade estática, facilidade de limpeza e descontaminação, condutividade elétrica, facilidade de manutenção, durabilidade, preço e a estética. Deve prever drenagem para caixa de contenção.

**Quadro 3.2** – Características de alguns revestimentos para piso

| | Madeira | Emborrachado | PVC | Cerâmica vitrificada | Pedra | Cimento |
|---|---|---|---|---|---|---|
| Acetona, éter | M | M | R | B | B | B |
| Solventes clorados | R | M | R | B | B | M |
| Água | M | B | B | B | B | B |
| Álcool | M | B | B | B | B | B |
| Ácidos fortes | R | R | B | B | R | R |
| Bases fortes | R | R | B | B | R | R |
| $H_2O_2$ 10% | R | B | B | M | B | R |
| Óleos | R | B | B | B | M | M |
| Facilidade de descontaminação | R | R | M | B | R | R |

B= bom, M= médio, R= ruim

Fonte: Proposto pela autora.

Para laboratórios com risco médio/alto, com risco baixo e mais de 100m²; ou onde se trabalha com gases sob pressão, pelo menos duas portas são necessárias, com dimensões mínimas de 2m de altura e largura de 90cm com RF 30, no mínimo, para laboratórios de baixo risco (portas comuns têm RF de 5 a 8 minutos). As portas que abrem para corredores não devem ser tipo vaivém, não devem ter maçanetas nem corrediças e devem ter um visor na altura dos olhos, de pelo menos 40x20cm. Todas as portas externas do prédio devem abrir para fora. Para laboratórios em que não sejam utilizados produtos inflamáveis, explosivos ou tóxicos, as portas poderão abrir para dentro. Para facilitar a entrada e saída com as mãos ocupadas, deve ser possível abri-las com o cotovelo ou o pé. Também devem ser providas com sistema antipânico.

Para as *bancadas*, são recomendadas alturas entre 80 e 90cm, prevendo-se pelo menos 90cm de bancada por pessoa, com espaço para as pernas. O tampo deve ser resistente aos produtos químicos que serão utilizados e ao calor, quando estiver previsto o uso de bicos de gás no mesmo. Os materiais mais indicados na maioria dos casos são granito e inox. As bancadas de uso bilateral devem estar desencostadas da parede nas duas extremidades, com espaço de pelo menos 1m. As cadeiras devem ser ergonômicas, sendo os banquinhos indicados para uso esporádico.

Cada laboratório deverá ter o seu sistema de *controle de temperatura e umidade*, para evitar a "socialização do risco" por todo o prédio. Este sistema deverá considerar as fontes de calor, a movimentação de pessoas no local e a existência de sistemas exaustores, como coifas e capelas. Deve ser instalado longe das capelas e o fluxo de ar não deve incidir diretamente sobre as superfícies de trabalho.

A *ventilação* geral deve ser suficiente para não acumular vapores no trabalho normal. É conveniente dispor de ventilação suplementar para os casos de emergência. É imprescindível dispor de uma ducha de disparo rápido, que pode ser instalada no centro do laboratório, no ponto de maior espaço ou de frente para a porta. Também é necessária uma fonte lava-olhos (Figura 3.1).

**Figura 3.1 –** Modelos de ducha e fonte lava-olhos

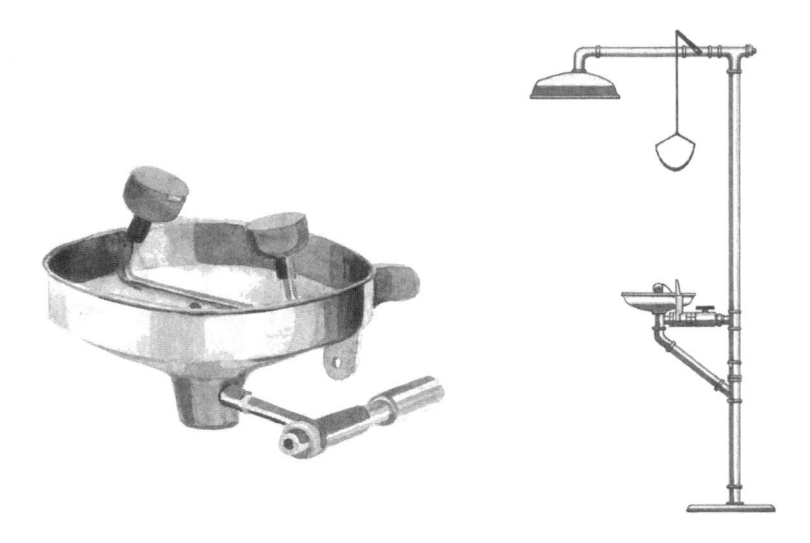

## 3.3 Instalações elétricas

No projeto do laboratório, a *parte elétrica* deve estar dimensionada para as necessidades imediatas e futuras, para um horizonte de cinco a dez anos. As redes de serviços, especialmente de gás, eletricidade e seus aparatos correspondentes, devem estar protegidas convenientemente, dos riscos potenciais do próprio laboratório. A instalação elétrica e a iluminação devem ser antideflagrantes ou dotadas de segurança intrínseca. No laboratório, não devem ser negligenciados os procedimentos de manutenção preventiva, devendo-se atentar para alguns pontos fundamentais como a frequência de desarme de disjuntores, aquecimento e conservação de tomadas e *plugs*, existência de fio-terra em todos os equipamentos e monitoramento de sua medição. É importante que o pessoal de laboratório saiba a localização dos interruptores e disjuntores que acionam ou protegem os equipamentos/circuitos do laboratório ou em suas proximidades, de modo que a eletricidade possa ser rapidamente cortada, em caso de incêndio ou qualquer outro acidente. Os painéis elétricos e disjuntores não devem ser obstruídos, devendo ser claramente identificados para indicarem quais os equipamentos que terão interrompidos o seu acionamento em caso de algum acidente.

Ferimentos sérios ou morte por eletrocussão são possíveis quando não é dada a devida atenção pela engenharia ou manutenção aos equipamentos elétricos e às práticas de trabalho pessoal em equipamentos elétricos. O mau funcionamento dos equipamentos pode causar incêndios por eletricidade. Tomando-se algumas precauções, os riscos elétricos podem ser minimizados.

## 3.4 Tubulações de gases

A instalação das *tubulações de gases* deve ser feita por uma empresa especializada. Os reguladores de pressão são construídos de forma a serem compatíveis apenas com um grupo de gases, com propriedades semelhantes, para evitar acidentes causados por incompatibilidades. Além disso, alguns cuidados devem ser tomados, como: limpar perfeitamente as conexões antes do uso, não utilizar graxas ou óleos nas junções ou conexões, não forçar ou golpear ao efetuar-se uma conexão. As tubulações de gases deverão ser construídas em material que não seja atacado pelo gás ou pelas condições ambientais (umidade e calor, especialmente). Os materiais mais utilizados são cobre e aço inox. As tubulações devem ser testadas em uma condição de pressão pelo menos 1,5 vez maior que a pressão máxima de trabalho e deverão ser utilizadas apenas para os gases para os quais foram testadas. As instalações para acetileno e hidrogênio devem merecer cuidados especiais.

## 3.5 Armazenamento de produtos em laboratório químico

A problemática do *armazenamento* seguro dos produtos químicos nos laboratórios pode limitar-se a cobrir as necessidades do uso diário de um laboratório, ao estoque de reserva do mesmo, ou de um almoxarifado de reagentes químicos mais ou menos centralizado para uso de diversos laboratórios. O ideal é uma "central de materiais, equipamentos e produtos químicos", que possa ser controlada por pessoal devidamente habilitado, minimizando assim os custos e melhorando o aproveitamento dos recursos.

O laboratório deve ter um sistema ágil de controle de estoque, integrado aos demais laboratórios do Departamento e da Instituição. Preferencialmente as compras de reagentes devem ser segundo as necessidades, proporcionando menores riscos, devido ao estoque mínimo.

A estabilidade das substâncias químicas está relacionada com:
– Facilidade de degradação exotérmica.
– Reatividade com água.

– Reatividade com oxigênio (ar).

– Incompatibilidades.

O conhecimento das propriedades químicas e de armazenamento é essencial para um trabalho seguro. Armazenamentos inapropriados de produtos químicos incompatíveis podem levar a incêndios espontâneos e explosões com a associação de liberação de gases tóxicos. Para minimizar estes riscos, os produtos químicos devem ser segregados adequadamente.

Os procedimentos de armazenamento relacionados a seguir não são específicos, ou incluem todos os procedimentos, por isso é importante pesquisar, para cada produto do laboratório, os bancos de dados para cuidados e manipulações com produtos químicos, que podem ser obtidos nos links sugeridos ao final deste capítulo.

O armazenamento dos produtos deve considerar os grupos de produtos químicos, conforme o tipo de risco e reatividade:

– Líquidos combustíveis/inflamáveis, instáveis (sensíveis ao choque e explosivos).

– Sólidos inflamáveis, carcinogênicos, tóxicos ou venenosos.

– Ácidos inorgânicos.

– Ácidos orgânicos.

– Não tóxicos.

– Bases cáusticas.

– Gases tóxicos, oxidantes, inertes, corrosivos e inflamáveis.

– Ácido perclórico.

– Reativos ao ar ou higroscópicos.

Os compostos devem ser guardados segundo as classes de reatividade (inflamáveis com inflamáveis, oxidantes com oxidantes etc.). É importante deixar disponível uma lista de compostos compatíveis e incompatíveis para consulta, e os compostos incompatíveis devem estar separados uns dos outros durante a armazenagem (ASSUMPÇÃO, 1998).

Quando um produto apresenta vários riscos, deve-se realizar uma estimativa da severidade de cada um, tendo em conta quantidades totais armazenadas, o material e o tamanho dos recipientes.

Um local para armazenagem de cada produto deve ser definido e, após ser utilizado, o produto químico deve retornar ao seu local de armazenamento.

Os recipientes de armazenagem devem estar em boas condições antes de serem estocados, portanto devem ser revisados periodicamente.

Dos reagentes e produtos químicos que habitualmente se utilizam no laboratório, somente se armazenam as quantidades mínimas necessárias. Deverá haver um local para armazenamento, fresco, ventilado e que evite os possíveis acúmulos de vapores.

O laboratório deve possuir um sistema de identificação das substâncias armazenadas, por exemplo, um sistema de fichas, contendo informações a respeito da natureza das substâncias, volume, incompatibilidade química, entre outras.

Para o caso de *armazenamento em almoxarifado*, este deve ser construído com pelo menos uma de suas paredes voltadas para o exterior, com janelas e porta para o acesso do Corpo de Bombeiros. Deve possuir saída de emergência bem localizada e sinalizada, sistema de exaustão – ao nível do teto para retirada de vapores leves e ao nível do solo para retirada dos vapores mais pesados – refrigeração ambiental, caso a temperatura ambiente ultrapasse 38ºC, deve ser bem iluminado, com lâmpadas à prova de explosão, presença de extintores de incêndio com borrifadores e vasos de areia, prateleiras espaçadas, com trave no limite frontal para evitar a queda dos frascos.

As áreas de armazenagem de produtos químicos devem estar devidamente identificadas e em condições de segurança; acessíveis somente a pessoas devidamente autorizadas; e não deve ser permitido fumar ou usar aquecimento ou misturar e transferir produtos químicos. As vias de evacuação precisam sempre estar desimpedidas.

Produtos químicos que necessitem de *refrigeração* poderão ser refrigerados em geladeiras domésticas, exceto para armazenamento de produtos voláteis como éter etílico e outros solventes, pois somente refrigeradores à prova de explosão ou próprio para laboratórios devem ser utilizados para armazenar líquidos voláteis altamente inflamáveis. As câmaras frias devem ter ventilação exaustora e iluminação à prova de explosão com comandos externos.

As *estantes* com prateleiras ou gavetas de metal (com fio-terra) ou alvenaria, com no máximo 2m de altura e fixadas (solo, teto e paredes) com um anteparo para evitar transbordamento para outra prateleira no caso de derramamento, são indicadas para a maioria dos produtos, exceto para corrosivos, que requerem armários especiais.

Os compostos deverão conter as datas de compra, de abertura e o prazo de validade. Os armários com produtos químicos devem estar afastados da área operacional. Nas prateleiras superiores do armário, guardam-se as substâncias sólidas e líquidas e sólidos inflamáveis (mas não corrosivas), e nas prateleiras inferiores, os ácidos, pois essa disposição impede que os vapores ácidos entrem em contato com os sólidos e possam causar reações indesejáveis, dando origem a incêndios e explosões. A ventilação nos armários é feita simplesmente com pequenos orifícios na parte inferior do móvel (DUX; STALZER, 1988).

Os frascos e recipientes maiores devem estar armazenados a menos de 60cm do chão e os frascos de produtos químicos corrosivos devem ficar em local baixo. Não deve haver recipientes vazios nas prateleiras e deve existir espaço suficiente para que os compostos não estejam uns sobre os outros. As prateleiras precisam ser estáveis, resistentes e devidamente presas às paredes, devem estar limpas, livres de poeiras e de contaminação dos produtos químicos.

Como os produtos químicos devem ser mantidos distantes, barreiras físicas, tais como gabinetes de armazenamento ou recipientes secundários para armazenagem, podem ser usadas para impedir o contato de produtos incompatíveis. Os recipientes secundários são altamente recomendados para a armazenagem de líquidos químicos. Eles devem ser feitos de um material compatível com o produto químico que será mantido dentro dele, e deverá ser de tamanho suficiente para conter a outra embalagem. Produtos químicos líquidos não devem ser armazenados acima dos outros, a menos que recebam um recipiente secundário para sua armazenagem. Deve-se evitar o armazenamento de reagentes em lugares altos e de difícil acesso e estocar líquidos voláteis em locais que recebem luz.

Éteres, parafinas e olefinas formam peróxidos quando expostos ao ar. Não devem ser estocados por tempo demasiado e devem ser manipulados com cuidado.

Os produtos químicos líquidos devem ser armazenados abaixo do nível dos olhos para evitar derramamentos acidentais; não devem ser armazenados em áreas onde possam ser quebrados acidentalmente ou derramados, tais como o chão ou a borda de um banco; além disso, não devem estar em áreas que obstruam a circulação, saídas e equipamentos de emergência.

O perigo de incêndio é o principal risco de armazenagem de reagentes químicos. Os incêndios podem começar por diversas causas, tais como: pontos de ignição (chamas, calor, fagulhas etc.) ou por causa de determinadas reações químicas (por mistura, decomposição, incidência de luz solar etc.). Pelos efeitos destrutivos do fogo, é interessante armazenarem-se compostos inflamáveis em locais diferentes dos não inflamáveis.

*Armários para armazenagem de inflamáveis e corrosivos* devem ser usados quando possível. Os líquidos inflamáveis em quantidades que excedam a dez galões, em cada laboratório, devem ser mantidos em armários apropriados para produtos inflamáveis.

Armários especiais para inflamáveis, com prateleiras com barreira de contenção, "aterrados" (fio-terra), adequadamente sinalizados, com rede corta-chamas e exaustão e com portas com três pontos de fechamento, devem ter RF-15 (resistência ao fogo), pelo menos. "RF-15" significa que demora 15 minutos para o fogo atravessar para o outro lado.

A armazenagem de *cilindros de gás* deve ser prevista e eles devem ser acondicionados por tipo. Os seus capacetes devem ser mantidos em posição compacta, dispostos verticalmente e amarrados com correntes. Os cilindros com combustíveis (hidrogênio, acetileno) devem ser separados dos cilindros contendo oxidantes (ex. oxigênio) à distância mínima de seis a oito metros.

Os cilindros de gases incompatíveis devem estar separados por distâncias consideráveis. Quando o cilindro não estiver sendo utilizado, a tampa de segurança deve estar colocada. Os cilindros cheios devem ser separados dos vazios, e os sinais de identificação dos cilindros (rótulos, adesivos, etiquetas, marcas de fabricação e testes) não devem ser removidos.

Os gases inflamáveis e tóxicos devem estar armazenados ao nível do chão. Na área de armazenamento de cilindro, não deve ser permitido fumar, sendo necessária a utilização de placas indicadoras. Não é adequado o manuseio dos cilindros por pessoal sem prática. Deve-se mantê-los em local arejado, em áreas externas, cobertos e secos, longe de fontes de calor e ignição. Em situações excepcionais e temporárias, os cilindros poderão ser instalados no interior do laboratório. Nesse caso, devem ser mantidos longe de fontes de calor direto e ignição, em local fresco e seco, longe de vapores corrosivos ou de compostos químicos, e de substâncias altamente inflamáveis, passagens ou aparelhos de ar condicionado. Não é recomendável guardá-los no subsolo, sendo aconselhável manterem-se equipamentos de segurança próximos da área de estocagem.

Ao utilizar cilindros de gases, estes devem ser transportados em carrinhos apropriados. Durante o seu uso ou estocagem, devem ser mantidos presos à bancada ou parede de modo a evitar quedas. Cilindros com as válvulas emperradas ou defeituosas devem ser devolvidos ao fornecedor.

### 3.5.1 Armazenamento de produtos químicos reagentes

Reagentes são substâncias que têm um potencial para vigorosa polimerização, decomposição, condensação, ou que se tornam eles próprios reativos devido a choque, pressão, temperatura, luz, ou contato com outro material. Envolvem: explosivos, peróxidos orgânicos, reagentes com água (higroscópicos) e os pirofóricos. O perigo destes produtos é que, nestas situações, envolvem a liberação de energia numa quantidade muito grande, ocasionando efeitos destrutivos.

A armazenagem de explosivos deve considerar: incompatibilidade química, mudanças de temperatura, conhecimento de suas propriedades etc. Sempre se devem manter armazenadas as quantidades mínimas necessárias para o procedimento. Se houver chance de explosão, devem-se usar barreiras de proteção, tal como manipulação em capela, ou outros métodos para isolamento dos materiais e processos. O armazenamento deve ser em ambiente refrigerado, seco e em área protegida. Devem ser separados de outros materiais que possam criar sérios riscos à vida ou causar acidentes sérios. Os explosivos expirados devem ser descartados prontamente.

Os peróxidos orgânicos são bastante reativos devido à ligação. São instáveis a choque, fricção ou calor. Alguns compostos como os éteres, tetraidrofurano e dioxano podem reagir com o oxigênio do ar formando peróxidos instáveis. A formação de peróxidos pode ocorrer sob condições normais de armazenamento, quando os compostos se tornam concentrados por evaporação, ou quando são misturados com outros compostos.

As embalagens desses produtos devem ser marcadas com as datas de recebimento e de abertura. Os materiais não abertos devem ser descartados dentro de um ano, e os abertos, em seis meses.

Os frascos com os produtos devem ser mantidos em ambiente fresco, seco e longe de luz direta, bem como separados dos produtos químicos incompatíveis. Não devem ser armazenados em baixa temperatura que possa congelar ou precipitar, pois nessa forma são sensíveis ao choque. Nunca se deve armazenar éter dietil em refrigerador ou *freezer*.

Os peróxidos não utilizados não devem retornar ao frasco original. Uma contaminação com metal em soluções de peróxidos pode causar decomposição explosiva; por isso espátulas de metal não podem ser utilizadas com estes produtos, mas somente aquelas de cerâmica ou plástica.

Fricção e todas as formas de impacto, especialmente com peróxidos orgânicos sólidos, devem ser evitadas. Também devem ser evitadas embalagens de vidro, ou tampas de vidro com peróxidos, somente embalagens plásticas. Os recipientes com óbvia formação de cristais ao redor da tampa ou líquido viscoso ao redor do recipiente que contém o peróxido não deverão ser abertos ou movidos.

Os reagentes higroscópicos reagem com água ou umidade do ar, desprendendo calor, gás tóxico ou inflamando-se. Os exemplos incluem os metais alcalinos, os alcalinos terrosos, hidretos, cloretos inorgânicos, nitritos, peróxidos e fosfitos.

Esses produtos devem ser mantidos em óleo mineral em local fresco e seco, isolado de outros produtos químicos. Não podem ser armazenados próximos de água, álcoois, e outros compostos contendo OH. No caso de incêndio, manter a água afastada e usar extintores apropriados (tipo "D") (ver Anexo, Capítulo 6).

Os pirofóricos entram em ignição espontânea a 54°C. Frequentemente a chama é visível. Os exemplos de materiais pirofóricos incluem silanos, silicone, tetracloreto, fósforo branco e amarelo, sódio, potássio, a parte tetraetil dos compostos, carbonil níquel e césio. Devem ser usados e armazenados em ambientes inertes; no caso de incêndio, usar extintores apropriados.

Os *produtos químicos* (incluindo água) devem ser separados e armazenados de acordo com seu grupo de risco e incompatibilidade química específica. Produtos químicos dentro do mesmo grupo de risco podem ser incompatíveis e, portanto, é importante rever o rótulo químico e base de dados específicas para o produto, que especifiquem os possíveis requerimentos para armazenagem e possibilidades de incompatibilidades. Deve-se consultar a bibliografia indicada para obter informações sobre a estocagem de produtos químicos, assegurando que reagentes incompatíveis sejam estocados separadamente.

Uma atenção especial deve ser dada à armazenagem de produtos químicos que possam ser classificados em dois ou mais grupos de risco. Por exemplo: o ácido acético e anidrido acético são ambos corrosivos e inflamáveis. O ácido perclórico é tanto fortemente oxidante quanto corrosivo; portanto, as bases de dados para estes produtos devem ser consultadas para uma armazenagem adequada.

Os ácidos oxidantes devem estar separados dos ácidos orgânicos e de materiais combustíveis e inflamáveis Os ácidos devem estar separados das bases, de metais reativos como o sódio, magnésio e potássio e devem estar afastados dos compostos com os quais podem gerar gases tóxicos por contato, tais como o sódio, o cianeto etc. Devem estar disponíveis soluções para neutralizar os ácidos e bases derramados.

As soluções de hidróxidos inorgânicos devem estar armazenadas em frascos de plástico (polietileno) e os compostos inflamáveis devem estar armazenados longe de qualquer fonte de ignição. Os compostos que formem peróxidos devem estar armazenados em recipientes que não deixem entrar o ar e luz, num local fresco e seco, e precisam ser destruídos adequadamente antes da data do prazo de validade. Os compostos higroscópicos devem estar armazenados em local seco e fresco. Já os oxidantes, armazenados longe de agentes redutores, compostos inflamáveis ou combustíveis e guardados ao abrigo do ar. Os compostos tóxicos devem estar armazenados de acordo com a natureza do composto. O armário especial para venenos, como cianetos ou compostos de arsênico etc., deve ser mantido fechado a chave, a qual deve ficar em poder do responsável pelo laboratório.

Os compostos precisam ser guardados ao abrigo do ar, em frascos fechados, em especial o mercúrio, que dever estar bem fechado. As tampas devem ser de fácil remoção. Os compostos químicos não podem estar expostos à luz direta do sol ou do calor, e os compostos corrosivos devem estar em frascos capazes de conter as fugas, caso existam.

Os produtos devem ser armazenados, se possível, em seus recipientes e embalagens originais, nas estantes metálicas, separando-se as substâncias inflamáveis, as corrosivas, as tóxicas e as oxidantes. Para reforçar esta separação, podem-se intercalar produtos não perigosos entre cada um dos setores de periculosidade existentes. A colocação nas estantes deverá ser efetuada de modo que cada periculosidade das substâncias consideradas "compatíveis" ocupe uma estante em toda sua carga vertical. Com isto, pretende-se que uma possível queda ou ruptura de embalagem somente afete os produtos de igual periculosidade, e não reagentes. A altura livre de armazenamento de produtos inflamáveis deverá ser de um metro entre a parte superior da carga e o teto do local. Deve-se usar armário de segurança para produtos de maior risco de inflamabilidade, corrosivos e tóxicos. Recomendam-se os recipientes de segurança, geralmente de aço inox, para os solventes inflamáveis.

### 3.5.2 Armazenagem de produtos químicos corrosivos

Os recipientes usados para estocagem e processamento de materiais corrosivos devem ser resistentes à corrosão. Preferencialmente devem ser armazenados em gabinetes, próximos do chão, para evitar que caiam de lugares altos.

Os corrosivos ácidos devem ser guardados separados dos básicos, inclusive se necessário poderão ser armazenados num mesmo armário, desde que em recipientes secundários (dupla embalagem) para armazenamento.

Os ácidos inorgânicos devem ser separados dos ácidos orgânicos e material combustível ou inflamável, pois os ácidos inorgânicos são particularmente reativos com estes materiais.

Os ácidos devem ser segregados dos metais ativos (como sódio, potássio e magnésio) e dos produtos químicos que podem gerar gases tóxicos (como cianeto de sódio e sulfeto de ferro).

Os armários de segurança para corrosivos (ácidos, álcalis, base etc.), são confeccionados em PRFV (plástico reforçado de fibra de vidro) obedecendo a características de segurança como:
- Sistema de travamento de portas com fechadura e duas chaves.
- Sistema de ventilação para gases pesados e gases leves.
- Sistema de contenção na parte inferior do armário e em cada prateleira.
- Possuir descritivo: "ARMÁRIO DE SEGURANÇA – CUIDADO CORROSIVOS" (na cor branca na parte superior externa das portas).

Este armário obedece às regulamentações da NFPA[2] e OSHA[3] quanto às questões de segurança e meio ambiente.

### 3.5.3 Armazenamento de líquidos combustíveis e inflamáveis

Os líquidos combustíveis ou inflamáveis em quantidades excedentes a 38 litros dentro do laboratório devem ser armazenados em armários próprios para produtos inflamáveis, e somente quantidades mínimas necessárias para a realização dos trabalhos devem ser armazenadas fora destes. Cabe observar que armários para mais de 19 litros não devem ser mantidos nos laboratórios e que recipientes de vidro não devem conter mais que 3,8 litros destes produtos.

Somente equipamentos de refrigeração apropriados para laboratório ou à prova de explosão podem ser utilizados por produtos desta natureza.

É bom ressaltar também que estes produtos não podem ser armazenados em escadarias ou obstruindo saídas, nem próximos de oxidantes, corrosivos, materiais combustíveis ou perto de fontes de calor. Deve-se ter certeza de que todos os produtos químicos estão armazenados próximos de substâncias compatíveis, e os resíduos devem ser armazenados em recipientes apropriados.

### 3.5.4 Armazenamento de substâncias oxidantes

São exemplos de substâncias oxidantes os:
– Gases: flúor, cloro, ozônio, óxido nitroso, oxigênio.
– Líquidos: peróxido de hidrogênio, ácido nítrico, ácido perclórico, ácido sulfúrico, bromo.
– Sólidos: nitritos, nitratos, percloratos, peróxidos, cromatos, dicromatos, picratos, permanganatos, hipocloritos, bromatos, iodatos, cloretos, cloratos, persulfatos.

Os oxidantes devem ser mantidos em ambiente fresco e local seco, separados dos materiais orgânicos, inflamáveis, combustíveis e agentes redutores fortes tais como o zinco, metais alcalinos e ácido fórmico.

Oxidantes como o ácido perclórico e ácido nítrico devem ser armazenados separadamente em recipientes secundários compatíveis, longe de outros ácidos.

---

[2] NFPA – National Fire Protection Association (Associação Nacional de Proteção contra Incêndios).
[3] OSHA – Occupational Safety and Health Administration (Administração de Segurança e Saúde Ocupacional).

### 3.5.5 Armazenamento de produtos químicos carcinogênicos, mutagênicos e teratogênicos

Estes materiais devem ser armazenados em áreas designadas por *Substâncias particularmente perigosas*, sinalizadas com placas. Todos os frascos contendo estes materiais devem ser rotulados com o nome do produto químico ou mistura de componentes e conter as informações apropriadas do risco. As áreas de armazenamento devem ser seguras para evitar derramamento ou quebra dos frascos. As áreas de armazenagem no laboratório devem ser chaveadas pelo responsável pelo laboratório.

### 3.5.6 Sugestões de armazenamento de produtos químicos inorgânicos por grupamentos e disposição nos armários de armazenagem

| | |
|---|---|
| Arsênicos<br>Sulfurosos<br>Fosforosos<br>Pentóxidos fosforosos | Arsenatos<br>Cianetos<br>Cianidas |
| Sulfatos<br>Sulfitos<br>Tiossulfatos<br>Fosfatos<br>Halogênios<br>Acetatos | Sulfitos<br>Selenitos<br>Fosfitos<br>Nitritos |
| Amidas<br>Nitratos (exceto nitrato de amônia)<br>Nitritos<br>Azidas | Boratos<br>Cromatos<br>Manganatos<br>Permanganatos |
| Metais e Hidretos (longe de água)<br>Sólidos inflamáveis em armário<br>para inflamáveis. | Cloratos<br>Percloratos<br>Cloritos<br>Ácido perclórico<br>Peróxidos<br>Hipocloritos<br>Peróxido de hidrogênio |

*continua...*

*continuação*

| | |
|---|---|
| Hidróxidos | Miscelâneasa |
| Óxidos | |
| Silicatos | |
| Carbonatos | |
| Carbono | |

**Armário dos ácidos:**

Ácidos inorgânicos (exceto ácido nítrico):

A armazenagem do ácido nítrico sempre deverá ser separada, a menos que a cabine venha com um compartimento especial para ácido nítrico.

Os ácidos são mais bem armazenados em armários resistentes à corrosão.

## 3.5.7 Sugestões de armazenagem de produtos orgânicos nas prateleiras do armário de armazenagem

| | |
|---|---|
| Álcoois | Fenol |
| Glicóis | Cresóis |
| Aminas | |
| Amidas | |
| Imidas | |
| Iminas | |
| Hidrocarbonetos | Peróxidos |
| Ésteres | Azidas |
| Aldeídos | Hidroxiperóxidos |
| Éter | Ácidos |
| Cetona | Anidridos |
| Hidrocarbonetos halogenados | Perácidos |
| Óxido etileno | |
| Compostos epóxi-isocianatos | Miscelâneas |
| Sulfitos | Miscelâneas |
| Polissulfitos | |
| Etc. | |

| **Armário dos inflamáveis:** |
|---|
| Álcoois, glicóis etc. |
| Hidrocarbonetos, ésteres etc. |
| Éteres, cetonas etc. |
| Líquidos orgânicos com *point flash* menor 37,8ºC |

Tanto na armazenagem quanto durante o trabalho laboratorial não se deve esquecer de manter o mais afastado possível as substâncias incompatíveis.

Um aspecto importante são os *derivados de reações químicas perigosas* que se podem produzir de forma imprevisível, fortuita ou acidentalmente. Pela imprevisibilidade, diversos tipos de acidentes podem ocorrer: uns de tipo pessoal, outros por envolverem os produtos químicos situados mais ou menos perto do ponto de origem do acidente. Neste último caso, cabe destacar os que provocam incêndios.

Nesse sentido, será enfatizada uma *série de incompatibilidade*, do tipo geral e outras particulares, enfocadas, ante a uma correta disposição dos produtos, seja no armazenamento ou no próprio laboratório.

Para efeito de armazenamento, devem-se levar em consideração as seguintes incompatibilidades:

- Explosivos com: ácidos fortes, oxidantes fortes, bases fortes, aminas, material combustível.
- Oxidantes com: derivados halogenados, compostos halogenados, redutores, inflamáveis, ácidos fortes, metais.
- Ácidos com: oxidantes, bases fortes, metais.
- Bases e sais básicos com: ácidos, derivados halogenados, metais.
- Metais ativos com: água, ácidos, derivados halogenados.

São metais ativos: o sódio, potássio, zinco, magnésio, bário, lítio, alumínio em pó e titânio quente. Alguns produtos apresentam reação violenta com a água, liberando hidrogênio inflamável. Exemplos:

- Os metais: sódio, potássio, lítio, cálcio, magnésio e zinco.
- Os hidretos: que na reação liberam o hidrogênio inflamável.

Os comburentes formam acetileno, ou metano, inflamáveis, ou seja, $C_2Ca$ ou $C_3A_{14}$. Os fósforos originam a fosfina (tóxica e inflamável). Os silícios desprendem os silanos ($SiH_4$ ou $Si_2H_6$), inflamáveis. Os boretos formam os boranos ($B_2H_3$ $B_2H_6$), inflamáveis. Os nitritos liberam amoníaco de caráter irritante e tóxico. Algumas substâncias têm reações particularmente violentas quando acidentalmente interagem: O ácido acético com ácidos crômicos e nítricos formam compostos explosivos, como o tetranitrometano. O ácido fórmico com o ar forma misturas explosivas.

A peroxidação é uma reação com o oxigênio do ar, que conduz a um produto instável de caráter explosivo; sua formação tem lugar dentro da própria embalagem que o contém, sobretudo durante longos períodos de armazenamento. Sua periculosidade deriva de sua instabilidade, sensibilidade ao choque, à fricção e ao calor. As explosões são violentas e imprevisíveis. Os compostos mais susceptíveis a formar peróxidos perigosos são os éteres, por exemplo, 1,4-dioxano, éter dietílico, tetrahidrofurano, éter di-isopropilicom etc. Estes produtos devem ser mantidos em embalagens bem fechadas, longe de luz direta e calor. Em todos os produtos susceptíveis a sofrer peroxidação, é absolutamente necessário controlar periodicamente a presença de peróxidos.

Os recipientes devem ser inspecionados periodicamente para verificar o estado de corrosão e fugas. Os recipientes sem condições devem ser removidos ou reparados imediatamente.

## 3.6 Procedimento para rotulagem apropriada

Os rótulos dos produtos químicos nunca devem ser removidos ou desfigurados até serem completamente utilizados. Todos os produtos químicos e recipientes de resíduos devem ser rotulados claramente com o nome químico do produto (não abreviar ou colocar somente a fórmula), bem como com as informações apropriadas dos riscos. Recipientes pequenos que forem difíceis de rotular, tais como tubos-teste de 1 a 10ml podem ser rotulados em grupos e armazenados juntos. Béqueres e outras vidrarias de laboratório que contenham produtos químicos usados durante um experimento devem ser rotulados com o nome químico completo.

Todos os produtos químicos devem ser rotulados com a data de recebimento e a data em que foram abertos. Todos os recipientes de resíduos perigosos devem ser rotulados com as palavras: *resíduos perigosos*, e serem marcados com a data de acumulação (data que o recipiente torna-se cheio, ou seja, 90% da sua capacidade), quando devem ser dispostos prontamente.

Os rótulos devem conter informações confiáveis e claras a respeito do conteúdo do recipiente ao qual estão aderidos. O ideal é ter um rótulo padrão para produtos do laboratório, que permita a uniformização da apresentação dos dados e a sua normatização.

O rótulo deve conter, segundo o Instituto de Biociências, Letras e Ciências Exatas (Ibilce) da Unesp:

1. Nome da substância com suas características de concentração, fator de correção, pH.
2. Nome de quem preparou e padronizou a solução.
3. Data da preparação e da padronização.
4. Validade.
5. Observações (exemplos: guardar em geladeira, guardar em local escuro etc.).
6. Riscos (inflamável, corrosivo, tóxico, carcinogênico, reativo etc.).
7. EPIs: capela, luvas de butila, óculos de proteção, jaleco de algodão com mangas compridas.
8. Código de informações para primeiros socorros.

O rótulo deve ser colado no frasco de modo que não descole com o tempo, podendo ser protegido com filme plástico adesivo. Todas as áreas de armazenamento, tais como gabinetes, armários e refrigeradores, devem ser rotuladas para identificação da natureza perigosa dos produtos armazenados (inflamáveis, corrosivos, oxidantes, higroscópicos com água, tóxicos e carcinogênicos). Todos os sinais devem ser legíveis e colocados visivelmente.

Os rótulos devem conter sempre informações necessárias para a perfeita caracterização dos reagentes, bem como indicações de riscos, medidas de prevenção para o manuseio e instruções para o caso de eventuais acidentes, tais como: contato ou exposição, antídotos e informações para profissionais de saúde; instruções em caso de fogo, derrame ou vazamento, manuseio e armazenamento de recipientes.

Para a indicação de riscos mais agressivos deve ser usada a simbologia adequada, reconhecida internacionalmente e de rápida identificação visual. Dentre algumas informações que aparecem em rótulos de produtos comerciais ou na própria rotulagem dos frascos de produtos químicos utilizados nos laboratórios temos:

a) Frases (Comunidade Europeia): são frases de riscos e de segurança que podem ser encontradas nos rótulos de insumos químicos e/ou nas folhas de dados de segurança (MSDS).[4]
b) Códigos NFPA (EUA).
c) Codificação das Nações Unidas (UN).

---

[4] MSDS – General: OSH answers. Disponível em: <http://www.ccohs.ca/oshanswers/legisl/msdss. html>. Acesso em: 30 ago. 2013.

d) Símbolos pictográficos.

"R": identificam risco[5]
"S": são recomendações de Segurança[6]

**Quadro 3.3 –** Significado dos códigos das frases de risco:
(67 simples + 36 compostas)

| |
|---|
| – R1: Explosivo quando seco. |
| – R2: Risco de explosão por fricção, fogo, choque e outras fontes de ignição. |
| – R3: Extremo risco de explosão por choque, fricção, fogo ou outras fontes de ignição. |
| – R4: Forma compostos metálicos explosivos muito sensíveis. |
| – R5: Aquecimento pode causar explosão. |
| – R6: Explosão com ou sem contato com o ar. |
| – R7: Pode causar incêndio. |
| – R8: Contato com materiais combustíveis pode causar incêndio. |
| – R9: Explosivo quando misturado com materiais combustíveis. |
| – R10: Inflamáveis. |
| – R11: Altamente inflamáveis. |
| – R12: Extremamente inflamável. |
| – R13: Extremamente inflamável, gás liquefeito. |
| – R14: Reagem violentamente com água. |
| – R15: Contato com água libera gás extremamente inflamável. |
| – R16: Explosivo quando misturado com substâncias oxidantes. |
| – R17: Espontaneamente inflamável no ar. |
| – R18: Em uso, pode formar inflamáveis/explosivo misturados com vapor-ar. |
| – R19: Pode formar peróxidos explosivos. |

*continua...*

---

[5] Risco-conceito, ver Capítulo 10.
[6] Site sugerido para pesquisa: <http://www.chem.kuleuven.ac.be/safety/liab13.htm>.

*continuação*

| |
|---|
| – R20: Nocivo por inalação. |
| – R21: Nocivo em contato com a pele. |
| – R22: Nocivo se ingerido. |
| – R23: Tóxico por inalação. |
| – R24: Tóxico em contato com a pele. |
| – R25: Tóxico se ingerido. |
| – R26: Muito tóxico por inalação. |
| – R27: Muito tóxico em contato com a pele. |
| – R28: Muito tóxico se ingerido. |
| – R29: Contato com água libera gás tóxico. |
| – R30: Pode tornar-se altamente inflamável em uso. |
| – R31: Contato com ácido libera gás tóxico. |
| – R32: Contato com ácido libera gás muito tóxico. |
| – R33: Perigo de efeitos acumulativos. |
| – R34: Causa queimadura. |
| – R35: Causa severas queimaduras. |
| – R36: Irritante para os olhos. |
| – R37: Irritante para o sistema respiratório. |
| – R38: Irritante para a pele. |
| – R39: Perigo de efeitos irreversíveis muito sérios. |
| – R40: Possíveis riscos de efeitos irreversíveis. |
| – R41: Riscos de sério prejuízo para os olhos. |
| – R42: Pode causar sensibilização por inalação. |
| – R43: Pode causar sensibilização pelo contato com a pele. |
| – R44: Risco de explosão se armazenado em alta temperatura. |
| – R45: Pode causar câncer. |
| – R46: Pode causar prejuízo hereditário. |

*continua...*

*continuação*

| |
|---|
| – R47: Pode causar defeitos ao feto. |
| – R48: Perigo de sérios prejuízos para saúde por exposição prolongada. |
| – R49: Pode causar câncer por inalação. |
| – R50: Muito tóxico para organismos aquáticos. |
| – R51: Tóxico para organismos aquáticos. |
| – R52: Nocivos para organismos aquáticos. |
| – R53: Pode causar por longo período efeito negativo no ambiente aquático. |
| – R54: Tóxico para a flora. |
| – R55: Tóxico para a fauna. |
| – R56: Tóxico para organismos no solo. |
| – R57: Tóxico para abelhas. |
| – R58: Pode causar longos períodos de efeitos negativos no ambiente. |
| – R59: Perigosos para a camada de ozônio. |
| – R60: Pode prejudicar a fertilidade. |
| – R61: Pode causar danos em recém-nascidos. |
| – R62: Risco de prejudicar a fertilidade. |
| – R63: Possível risco de dano para recém-nascido. |
| – R64: Pode causar dano para crianças em aleitamento. |
| – R65: Nocivo, pode causar prejuízo para o pulmão se inalado. |
| – R66: A exposição repetida pode causar pele seca e rachada. |
| – R67: Vapores podem causar tontura e sonolência. |
| – R26/28: Muito tóxico se inalado ou ingerido. |
| – R27/28: Muito tóxico em contato com a pele e ingerido. |
| – R36/37: Irritante aos olhos e sistema respiratório. |
| – R36/37/38: Irritante aos olhos, sistema respiratório e pele. |
| – R48/23/24/25: Perigo de sérios danos à saúde por exposição prolongada por inalação, contato com a pele ou ingestão. |

e) Os códigos das frases de segurança são: (64 simples + 21 compostas).

| |
|---|
| – S1: Manter trancado. |
| – S2: Manter fora do alcance de crianças. |
| – S3: Manter em lugar fresco. |
| – S4: Manter à distância de quartos (alojamentos). |
| – S5: Manter o conteúdo imerso em... (seguido pelo nome do líquido). |
| – S6: Manter em atmosfera de... (seguido pelo nome do gás inerte). |
| – S7: Manter o recipiente rigorosamente fechado. |
| – S8: Manter o recipiente seco. |
| – S9: Manter o recipiente em um lugar bem ventilado. |
| – S12: Manter o recipiente selado. |
| – S13: Manter à distância de alimentos, bebidas e animais (gêneros alimentícios). |
| – S14: Manter à distância de... (uma lista de materiais incompatíveis deverá ser seguida). |
| – S15: Manter à distância de fontes de calor. |
| – S16: Manter à distância de fontes de ignição. |
| – S17: Manter à distância de material combustível. |
| – S18: Manusear e abrir o recipiente com cuidado. |
| – S20: Quando estiver usando, não comer ou beber. |
| – S21: Quando estiver usando, não fumar. |
| – S22: Não respirar o pó. |
| – S23: Não respirar o vapor. |
| – S24: Evitar contato com a pele. |
| – S25: Evitar contato com os olhos. |
| – S26: Em caso de contato com os olhos, lavar imediatamente com água corrente e procurar um médico. |
| – S27: Tirar imediatamente todo o vestuário contaminado. |

*continua...*

*continuação*

| |
|---|
| – S28: Depois do contato com a pele, lavar imediatamente com bastante espuma de sabão. |
| – S29: Não jogar no esgoto. |
| – S30: Nunca adicionar água neste produto. |
| – S33: Tomar precauções contra descargas estáticas. |
| – S35: Este material e recipiente devem ser colocados em lugar seguro. |
| – S36: Usar vestuário adequado de proteção. |
| – S37: Usar luvas apropriadas. |
| – S38: Em caso de ventilação insuficiente, usar equipamento respiratório adequado. |
| – S39: Usar óculos ou máscara de proteção. |
| – S40: Para limpar o chão e todos os objetos contaminados com este material, use... (material de limpeza adequado). |
| – S41: Em caso de fogo ou explosão, não respirar a fumaça. |
| – S42: Durante a pulverização, usar um equipamento respiratório adequado. |
| – S43: Em caso de fogo, usar... (um equipamento adequado deve ser usado para combater o fogo). |
| – S45: Em caso de acidente ou se você não está se sentindo bem, procurar orientação de um médico imediatamente (mostrar a etiqueta do produto se possível). |
| – S46: Se ingeriu, procurar orientação de um médico imediatamente e mostrar o produto ingerido ou a etiqueta. |
| – S47: Manter a temperatura abaixo de... |
| – S48: Deve ser mantido em local úmido (seguido do nome do material). |
| – S49: Manter apenas no recipiente original. |
| – S50: Não misturar com... |
| – S51: Usar apenas em áreas bem ventiladas. |
| – S52: Não recomendado para o interior (usar sobre áreas de grande superfície). |
| – S53: Evitar exposição – obter instrução especial antes do uso. |

*continua...*

*continuação*

| |
|---|
| – S56: Este material e seu recipiente devem ser colocados com os materiais perigosos ou com uma coleção especial de resíduos. |
| – S57: Usar recipiente apropriado para evitar contaminação do meio ambiente. |
| – S59: Recorrer para o fabricante ou fornecedor para informações sobre recuperação e reciclagem. |
| – S60: Este material e seu recipiente devem ser colocados com os resíduos perigosos. |
| – S61: Evitar a liberação no meio ambiente. Recorrer para instruções especiais ou dados de segurança. |
| – S62: Se ingerido, o vômito deve ser induzido; procurar orientação médica imediatamente. |
| – S7/8: Manter o frasco hermeticamente fechado e seco. |
| – S7/9: Manter o frasco hermeticamente fechado e em local bem ventilado. |
| – S7/47: Manter o frasco hermeticamente fechado e à temperatura inferior a... °C. |
| – S36/37/39: Usar roupas de proteção adequadas, luvas e proteção facial/ocular. |

f) Códigos NFPA (EUA) (Associação Nacional de Proteção contra Incêndios dos Estados Unidos).[7]

A simbologia proposta pela NFPA (NFPA 704-11) tem sido adotada para representar clara e diretamente os riscos envolvidos na manipulação de insumos químicos, por isso ela é sugerida para rotulagem de identificação de produtos químicos nos laboratórios (PORTO et al., 2011).

O diamante (Figura 3.2) colorido representa os riscos em termos de inflamabilidade (vermelho), riscos à saúde (azul), reatividade (amarelo) e informações especiais em branco. Os riscos são classificados de 0 a 4, segundo os critérios a seguir descritos.

---

[7] NFPA. Código elétrico nacional. Promove segurança e prevenção por meio de programas educacionais. Disponível em: <www.nfpa.org>. Acesso em 27 nov. 2013.

### Figura 3.2 – Diamante da NPFA

**Azul** --> toxicidade
4 = Pode ser fatal em exposição curta.
3 = Corrosivo ou tóxico. Evitar contato com a pele ou inalação.
2 = Pode ser nocivo se inalado ou absorvido pela pele.
1 = Pode ser irritante.
0 = Nenhum risco específico.

**Vermelho** --> inflamabilidade
4 = Extremamente inflamável.
3 = Líquido inflamável, *flash point* < 38°C.
2 = Líquido inflamável, 38°C < *flash point* < 98°C.
1 = Combustível, se aquecido.
0 = Não inflamável.

**Amarelo** --> reatividade
4 = Material explosivo à temperatura ambiente.
3 = Sensível a choque, calor ou água.
2 = Instável ou reage violentamente com água.
1 = Pode reagir se aquecido ou misturado com água, mas não violentamente.
0 = Estável

**Branco** --> informações especiais
W ou W̶ = reage com água.
Air ou Ai̶r = reage com ar.
Oxy = oxidante.
P = polimerizável.
PO = peroxidável.

# 3.7 – Guia para os códigos da NFPA (Associação Nacional de Proteção contra Incêndios dos Estados Unidos)

**Quadro 3.4** – Guia para os códigos da NFPA
(Associação Nacional de Proteção contra Incêndios dos Estados Unidos).

| |
|---|
| RISCO À SAÚDE OU TOXICIDADE (CINZA-ESCURO) |
| 4. Substâncias que são capazes de produzir a morte ou danos sérios ou sequelas sérias em exposição muito curta. |
| *Exemplos: acrilonitrila, cianogênio, dimetil sulfato, cianeto de hidrogênio etc.* |
| 3. Substâncias que são capazes de produzir danos físicos sérios temporários ou sequelas. |
| *Exemplos: ácido acrílico, amônia (gás), azidas, cianetos, sódio e amálgama de sódio, ácido sulfúrico, fósforo branco etc.* |
| 2. Substâncias que em exposição intensa ou contínua, mas não crônica, podem causar incapacidade temporária ou possível sequela. |
| *Exemplos: anidrido acético, benzeno, tetracloreto de carbono, éter dietílico, clorofórmio etc.* |
| 1. Substâncias que podem causar irritação, mas sequelas menores. |
| *Exemplos: acetileno, nitrato de amônio, dimetilformamida, fósforo vermelho etc.* |
| 0. Substâncias que em incêndios não oferecem risco maior, além do representado pelo material combustível comum. |
| RISCO DE INFLAMABILIDADE (PRETO) |
| 4. Substâncias que podem vaporizar rápida ou completamente à pressão e temperatura ambiente, ou que são rapidamente dispersas no ar e queimam com facilidade. |
| *Exemplos: acetileno, peróxido de benzoíla, tert-butil hidroperóxido, cianogênio, éter dietílico, formaldeído (gás), cianeto de hidrogênio, sulfeto de hidrogênio, triclorosilano, cloreto de vinila, ácido pícrico, fósforo branco etc.* |
| 3. Líquidos e sólidos que podem sofrer ignição na maioria das condições de temperatura ambiental. |
| *Exemplos: acrilonitrila, acroleína, benzeno, éter dibutílico, éter diisopropílico, dioxano, metanol, metil-hidrazina, potássio, piridina, tetraidrofurano, xilol (xileno), sódio e amálgama de sódio etc.* |

*continua...*

*continuação*

2. Substâncias que devem ser aquecidas com moderação ou expostas a temperaturas relativamente altas para sofrerem ignição.

*Exemplos: anidrido acético, ácido acético glacial, anilina, azidas, dimetil sulfato, solução de formaldeído, solução de hidrazina, nitrobenzeno, fenol, azida sódica, nitrito de sódio etc.*

1. Substâncias que devem ser preaquecidas antes de ocorrer a ignição.

*Exemplos: dicromato de amônio, solução ou gás de amônia, cádmio, diclorometano, dietil sulfato, anidrido maléico, 1-naftilamina e sais, fenantreno, resorcinol, fósforo vermelho etc.*

0. Materiais não combustíveis.

REATIVIDADE (CINZA-CLARO)

4. Substâncias que são intrinsecamente capazes de detonação ou decomposição explosiva ou reação em condições normais de temperatura e pressão.

*Exemplos: peróxido de benzoíla, tert-butil hidroperóxido, ácido peracético, ácido pícrico etc.*

3. Substâncias que são intrinsecamente capazes de sofrer detonação ou decomposição explosiva ou reação, mas requerem uma fonte para essa reação acontecer, ou que devem ser aquecidas em confinamento antes da reação, ou que reagem explosivamente com a água.

*Exemplos: acetileno, acroleína, nitrato de amônio, diborano, peróxido de hidrogênio (> 52%), 2-nitropropano, silano, ácido sulfâmico etc.*

2. Substâncias que sofrem mudanças químicas violentas em temperaturas e pressões elevadas ou que reagem violentamente com a água, ou que podem formar misturas explosivas com a água.

*Exemplos: bromo ou cloreto de acetila, ácido acrílico, acrilonitrila, azidas, ácido clorosulfônico, cianogênio, lítio, metil-hidrazina, percloratos, fosfina, potássio, sódio e amálgama de sódio, hidrosulfito de sódio, ácido sulfúrico, cloreto de vinila etc.*

1. Substâncias que são normalmente estáveis, mas podem se tornar instáveis quando submetidas a temperaturas e pressões elevadas.

*Exemplos: anidrido acético, dicromato de amônio, bromo de cianogênio, éter dibutílico, éter dietílico, éter diisopropílico, 1,1-dimetil-hidrazina, dioxano, perclorato de Mg, magnésio, anidrido maléico, fósforo vermelho, hidróxidos de Na e de K, tetraidrofurano etc.*

0. Substâncias estáveis ainda em condições de incêndio, e que não são reativas com a água.

Fonte: Adaptado de Armour (1996).

a) Codificação das Nações Unidas (UN)

É usada para transporte de insumos químicos e pode ser afixada nos ca-
minhões, bem como os bombeiros utilizam para escolher o procedimento em
caso de acidentes envolvendo produtos químicos (SAVARIZ, 1994).

| |
|---|
| Classe 1 – Explosivo |
| Classe 2 – Gases |
| Classe 3.1 – Líquidos inflamáveis, ponto de fulgor abaixo de -18°C |
| Classe 3.2 – Líquidos inflamáveis, ponto de fulgor entre -18°C e 23°C |
| Classe 3.3 – Líquidos inflamáveis, ponto de fulgor entre 23°C e 61°C |
| Classe 4.1 – Sólidos inflamáveis |
| Classe 4.2 – Substâncias que podem sofrer combustão espontânea |
| Classe 4.3 – Substâncias que, em contato com água, liberam gases inflamáveis |
| Classe 5.1 – Agentes oxidantes |
| Classe 5.2 – Peróxidos orgânicos |
| Classe 6.1 – Substâncias tóxicas |
| Classe 6.2 – Substâncias infecciosas |
| Classe 7 – Substâncias radioativas |
| Classe 8 – Substâncias corrosivas |
| Classe 9 – Substâncias perigosas variadas |
| NR – Não reguladas |

Fonte: Adaptada de Savariz (1994).

b) Símbolos pictográficos

O sistema Internacional padronizado de pictogramas reúne gráficos, aceitos no mundo inteiro, fáceis de reconhecer, para comunicar perigos e ações
sem uso de palavras, facilitando a compreensão e memorização. Atendem às
normas ISO e ABNT. Estão divididos em três séries na qual S-8100 oferece
os pictogramas com uma cor, S-8200 os de duas cores e S-8300 com três cores.

A sinalização de segurança e de saúde se refere a um objeto, atividade ou situações determinadas, que proporcionem uma indicação de obrigação relativa à segurança ou à saúde do trabalho, mediante um sinal na forma de papel, uma cor, um sinal luminoso ou acústico, uma comunicação verbal, ou uma senha gestual, conforme se proceda. Os pictogramas são imagens que descrevem uma situação ou obrigação a um determinado comportamento utilizado sobre a forma de papel ou sobre uma superfície luminosa. Os requisitos para sua utilização são:

– A altura dos sinais deve levar em conta a sua relação com o ângulo de visão.

– Lugar de emplacamento do sinal deve estar iluminado, ser acessível, e facilmente visível.

– Os sinais devem ser retirados quando deixa de existir a situação que os justifica.

Os sinais são classificados em:

– *Sinais de advertência*: pictograma triangular, preto sob fundo amarelo com bordas pretas.

– *Sinais de proibição*: pictograma redondo, preto sobre fundo branco e bordas vermelhas.

– *Sinais de obrigação:* pictograma redondo, branco sobre fundo azul.

– *Sinais relativos aos equipamentos contra incêndios*: pictograma retangular ou quadrado, branco sobre fundo vermelho.

– *Sinais de salvamento ou socorro*: pictograma retangular ou quadrado, branco sobre fundo verde.

Tipos de pictogramas:

### Perigo:

Indicados para situações em que há risco de vida ou acidentes graves, alertando e informando seus funcionários, reduzindo o número de acidentes. A Sinalização de Perigo é regulamentada e produzida dentro das normas nacionais e internacionais, e atende às recomendações da Medicina do Trabalho. Símbolos gráficos (pictogramas) internacionais de fácil reconhecimento.

**Figura 3.3** – Proibida a entrada de pessoas portadoras de
implantes metálicos ou marca-passos

Fonte: STFC (2008).

*Cuidado*:
Indicados para locais e situações em que há risco de acidentes, mantendo seus funcionários informados sobre as normas de segurança, prevenindo e evitando acidentes em áreas de risco. A Sinalização de Cuidado é regulamentada e produzida dentro das normas nacionais e internacionais, bem como recomendada pela CIPA. Símbolos gráficos (pictogramas) facilitam a compreensão e memorização.

*Segurança*:
Indicados para orientar os funcionários quanto aos procedimentos de segurança, informando a localização de equipamentos em caso de emergência, mantendo a segurança do ambiente de trabalho. Usa símbolos gráficos para facilitar a compreensão da mensagem.

*Aviso*:
Indicados para sinalização de riscos diretos ou indiretos relacionados com a segurança pessoal e patrimonial, orientando os funcionários sobre os procedimentos da empresa. Utiliza símbolos gráficos para facilitar a compreensão da mensagem.

*Atenção:*
Indicados para transmitir informações através de textos de fácil compreensão, alertando os funcionários sobre procedimentos de segurança no ambiente de trabalho.

### Incêndio:

Informa sobre a presença de equipamentos de combate a incêndios, sendo regulamentados de acordo com as normas da ABNT e exigência nos certificados do Corpo de Bombeiros. Emprega símbolos gráficos de fácil reconhecimento. A série S-6100 é referente a setas para extintores e hidrantes e também adesivos para os equipamentos de incêndio.

### Saída:

Sinalização de orientação que atende às normas NBR 13.434, 49.077 e 13.437 da ABNT. Estão disponíveis também em vinil fosforescente, conforme NBR 13.435 (ABNT) (o vinil fosforescente assegura que sua sinalização seja eficaz mesmo quando houver falta de energia elétrica). Usa símbolos gráficos para facilitar a compreensão da mensagem.

### Fumo:

Delimita locais onde se é permitido ou proibido fumar de acordo com a lei federal e as leis municipais. Informa os funcionários sobre a política de sua empresa. Utiliza símbolos gráficos que facilitam a compreensão e memorização.

### Transporte de risco:

As Placas para Transporte de Risco são simbologias internacionalmente conhecidas para identificação da classe do material contido em tambores, cilindros e veículos de transporte (Dec. nº 88.821 Conf. Norma ABNT – NR 7.500-7.502).

### Produtos recicláveis:

Indicados para sinalizar seu sistema de coleta seletiva para lixo reciclável. As Placas de Produtos Recicláveis ajudam a promover a consciência ecológica.

### Símbolos de alerta:

Pictogramas triangulares de fácil reconhecimento na cor amarela que alertam locais de perigo, como radiação, eletricidade, explosão, entre outros.

## 3.8 Modelos de diversos pictogramas colocados em locais de trabalho[8]

**Figura 3.4** – Sinalização de combate a incêndio para extintores e hidrantes

**Figura 3.5** – Transporte de produtos perigosos: explosivos

**Figura 3.6** – Transporte de produtos perigosos: substância infectante, corrosivo, radioativo, gás inflamável

---

[8] As figuras que ilustram o item 3.8 fazem parte do Anexo VI da NR 29. Disponível em: <http://portal.mte.gov.br/data/files/8A7C812D311909DC013147E76FC20A2A/nr_29.pdf>. Acesso em: 28 nov. 2013.

**Figura 3.7** – Transporte de produtos perigosos: gás tóxico, sólido inflamável, oxidante, combustão espontânea

**Figura 3.8** – Modelos de diversos pictogramas em locais de trabalho

**Quadro 3.5** – Classificação de risco de produtos químicos

| Risco de vida | Risco de fogo | Reação | Risco específico |
|---|---|---|---|
| 4. Mortal | 4. Abaixo de 22°C | 4. Pode detonar | OXY – Oxidante |
| 3. Extremamente perigoso | 3. Abaixo de 38°C | 3. Choque e calor podem detonar | ACID – Ácido |
| 2. Perigoso | 2. Abaixo de 94°C | 2. Reação química violenta | ALK – Álcalis |
| 1. Pequeno risco | 1. Acima de 94°C | 1. Instável com caloria | COR – Corrosivo |
| 0. Material normal | 0. Não inflamável | 0. Estável | W – Não use água |
| | | | – Radioativo |

**Figura 3.9** – Símbolos de alerta

**Figura 3.10** – Pictogramas

Diversos rótulos contêm informações de risco na forma gráfica. Os símbolos ou pictogramas oferecem informações sobre os riscos de segurança envolvidos no uso de produtos químicos e seus significados devem ser previamente identificados pelos usuários do laboratório de química. Nas figuras a seguir, são representados os seguintes riscos:

**Figura 3.11** – Corrosivo

Substância que causa ataque químico local e destruição de superfície e tecidos atingidos. Evite contato com a pele.

**Figura 3.12 –** Tóxico

Substância que perturba ou destrói as funções do organismo. A inalação, ingestão e contato com uma substância tóxica ou seus vapores podem resultar em distúrbios no organismo, queimaduras, ferimentos graves e até a morte. Evite inalar, ingerir ou o contato com a pele.

**Figura 3.13 –** Explosivo

Substância ou mistura de substâncias capazes de reagir e sofrer reações em cadeia de grande velocidade, liberando calor e ocasionando um repentino aumento de pressão, acompanhadas normalmente de forte ruído e de ações destruidoras nos arredores.

**Figura 3.14 –** Oxidante

Substância com elevada capacidade de oxidar outra. Acelera a combustão e pode se decompor explosivamente quando aquecida. Evite manipular substâncias oxidantes próximas de fontes de calor.

**Figura 3.15** – Inflamável

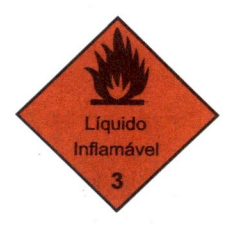

Substância combustível. Seus vapores formam misturas explosivas com o ar, podendo provocar inclusive o retrocesso de chamas. Evite manipular substâncias inflamáveis próximas de fonte de calor.

**Figura 3.16** – Radioativa

Substância que possui a propriedade de emitir espontaneamente partículas ou radiação eletromagnética perigosa, devido ao seu elevado poder de penetração e de ionização. Nunca manipule substâncias radioativas sem estar devidamente protegido.

**Figura 3.17** – Facilmente inflamável (F)

Classificação: determinados peróxidos orgânicos; líquidos com pontos de inflamação inferior a 21°C, substâncias sólidas que são fáceis de inflamar, de continuar queimando por si só; liberam substâncias facilmente inflamáveis por ação de umidade.

Precaução: evitar contato com o ar, a formação de misturas inflamáveis gás-ar e manter afastadas de fontes de ignição.

**Figura 3.18** – Extremamente inflamável (F+)

Classificação: líquidos com ponto de inflamabilidade inferior a 0°C e o ponto máximo de ebulição 35°C; gases, misturas de gases (que estão presentes em forma líquida) que com o ar e a pressão normal podem se inflamar facilmente.

Precauções: manter longe de chamas abertas e fontes de ignição.

**Figura 3.19** – Tóxico (T)

Classificação: a inalação, a ingestão ou a absorção através da pele provocam danos à saúde na maior parte das vezes, muito graves ou mesmo a morte. Precaução: evitar qualquer contato com o corpo humano e observar cuidados especiais com produtos cancerígenos, teratogênicos ou mutagênicos.

**Figura 3.20** – Muito tóxico (T+)

Classificação: a inalação, ingestão ou absorção através da pele provocam danos à saúde na maior parte das vezes, muito graves ou mesmo a morte.

Precaução: evitar qualquer contato com o corpo humano e observar cuidados especiais com produtos cancerígenos, teratogênicos ou mutagênicos.

**Figura 3.21** – Corrosivo (C)

Classificação: por contato, estes produtos químicos destroem o tecido vivo, bem como vestuário.

Precaução: não inalar os vapores e evitar o contato com a pele, os olhos e vestuário.

**Figura 3.22** – Oxidantes (O)

Classificação: substâncias comburentes podem inflamar substâncias combustíveis ou acelerar a propagação de incêndio.

Precaução: evitar qualquer contato com substâncias combustíveis. Perigo de incêndio. O incêndio pode ser favorecido dificultando a sua extinção.

**Figura 3.23** – Nocivo (Xn)

Classificação: em casos de intoxicação aguda (oral, dermal ou por inalação), pode causar danos irreversíveis à saúde.

Precaução: evitar qualquer contato com o corpo humano, e observar cuidados especiais com produtos cancerígenos.

**Figura 3.24** – Irritante (Xi)

Classificação: este símbolo indica substâncias que podem desenvolver uma ação irritante sobre a pele, os olhos e as vias respiratórias.

Precaução: não inalar os vapores e evitar o contato com a pele e os olhos.

**Figura 3.25** – Explosivo (E)

Classificação: este símbolo indica substâncias que podem explodir sob determinadas condições.

Precaução: evitar atrito, choque, fricção, formação de faísca e ação do calor.

## 3.9 Conclusão

Toda a parte de infraestrutura de laboratórios em instituições de ensino e pesquisa pode vir a ter inúmeros problemas em segurança química se houver um número e uma quantidade cada vez maior de substâncias utilizadas, e forem utilizados procedimentos quase sempre incorretos de uso, armazenamento e disposição de resíduos.

Também a carência de profissionais com conhecimentos para equacionar estes problemas, a falta de treinamento do pessoal técnico e a falta de cobrança de uma "atuação responsável" dos pesquisadores, alunos, professores e demais profissionais e de suas instituições podem pôr em risco toda esta infraestrutura.

É preciso, acima de tudo, conscientização, disciplina, investimento e treinamento para que haja segurança no ambiente laboratorial.

# REFERÊNCIAS

ABDALLA GOMES, M. R. *Aspectos importantes na elaboração de projetos de laboratórios com interface na biossegurança.* In: Anais do VI Congresso Brasileiro de Biossegurança. Rio de Janeiro, 2009, p. 80.

Armazenamento de produtos químicos. Fiocruz. Disponivel em: <http://www.fiocruz.br/biosseguranca/Bis/lab_virtual/armazenamento_de_produtos_quimicos.html>. Acesso em: 30 ago. 2013.

ASSUMPÇÃO, J. C. Manipulação e Estocagem de Produtos Químicos e Materiais Radioativos. In: ODA, L. M.; AVILA, S. M. (orgs.). *Biossegurança em Laboratórios de Saúde Pública.* Ministério da Saúde, 1998, p. 77-103.

ARMOUR, M. A. *Hazardous laboratory chemicals disposal guide.* CRC Press, 1996.

DUX, J. P.; STALZER, R. F. *Managing Safety in the Chemical Laboratory.* New York: Van Nostrand Reinhold, 1988.

MSDS. *Material Safety Data Sheet.* Disponível em: <http://www.ilpi.com/msds/index.html>. Acesso em: 10 mar. 2004.

MSDSs – General: OSH answers. Disponível em: <http://www.ccohs.ca/oshanswers/legisl/msdss.html>. Acesso em: 30 ago. 2013.

Normas de rotulagem. Disponível em: <http://www.ebah.com.br/content/ABAAAAwIcAB/normas-rotulagem>. Acesso em: 30 ago. 2013

SAVARIZ, M. C. *Manual de produtos perigosos*: emergência e transporte. 2. ed. Porto Alegre: Sagra DC Luzzatto, 1994.

Segurança química em laboratório. Disponível em: <www.rbi.fmrp.usp.br/seguranca/segquim/apostlia.doc>. Acesso em: 30 ago. 2013.

SILVA, M. S. *Segurança Química em Laboratórios.* Araraquara: UNESP/Instituto de Química, 2002.

SIMONETTI, J. P.; SIMONETTI, B. R. *Unidade de Contenção para Isolamento de pacientes em epidemas.* In: Anais do VI Congresso Brasileiro de Biossegurança. Rio de Janeiro, 2009, p. 70.

STFC – Safety, Health and Envoironment. Disponível em: <http://www.stfc.ac.uk/SHE/Codes/STFC/SC23+EMFs/20914.aspx#pgContent.> Acesso em: 10 out. 13.

UNESP. Tabela Básica de Produtos Químicos Incompatíveis. Disponível em: <www.rc.unesp.br/comsupervig/cea/lsi.doc>. Acesso em: 31 jan. 2013

# ANEXO I

## TABELA BÁSICA DE
## PRODUTOS QUÍMICOS INCOMPATÍVEIS

| Substâncias | Incompatível com |
|---|---|
| Acetileno | Cloro, bromo, flúor, cobre, prata, mercúrio. |
| Acetona | Bromo, cloro, ácido nítrico e ácido sulfúrico. |
| Ácido acético | Etileno glicol, compostos contendo hidroxilas, óxido de cromo IV, ácido nítrico, ácido perclórico, peroxidios, permanganatos e peróxidos, permanganatos e peroxidios, ácido acético, anilina, líquidos e gases combustíveis. |
| Ácido cianídrico | Álcalis e ácido nítrico. |
| Ácido crômico [Cr (VI)] | Ácido acético glacial, anidrido acético, álcoois, matéria combustível, líquidos, glicerina, naftaleno, ácido nítrico, éter de petróleo, hidrazina. |
| Ácido fluorídrico | Amônia, (anidra ou aquosa). |
| Ácido fórmico | Metais em pó, agentes oxidantes. |
| Ácido nítrico | Álcoois e outras substâncias orgânicas oxidáveis, ácido iodídrico, magnésio e outros metais, fósforo e etilfeno, ácido acético, anilina óxido Cr (IV), ácido cianídrico. |
| Ácido nítrico (concentrado) | Ácido acético, anilina, ácido crômico, líquido e gases inflamáveis, gás cianídrico, substâncias nitráveis. |
| Ácido oxálico | Prata, sais de mercúrio prata, agentes oxidantes. |
| Ácido perclórico | Anidrido acético, álcoois, bismuto e suas ligas, papel, graxas, madeira, óleos ou qualquer matéria orgânica, clorato de potássio, perclorato de potássio, agentes redutores. |
| Ácido pícrico | Amônia aquecida com óxidos ou sais de metais pesados e fricção com agentes oxidantes. |
| Ácido sulfídrico | Ácido nítrico fumegante ou ácidos oxidantes, cloratos, percloratos e permanganatos de potássio. |

*continua...*

*continuação*

| Substâncias | Incompatível com |
|---|---|
| Água | Cloreto de acetilo, metais alcalinos terrosos seus hidretos e óxidos, peróxido de bário, carbonetos, ácido crômico, oxicloreto de fósforo, pentacloreto de fósforo, pentóxido de fósforo, ácido sulfúrico e trióxido de enxofre etc. |
| Alumínio e suas ligas (principalmente em pó) | Soluções ácidas ou alcalinas, persulfato de amônio e água, cloratos, compostos clorados nitratos, Hg, Cl, hipoclorito de Ca, $I_2$, $Br_2$ e HF. |
| Amônia | Bromo, hipoclorito de cálcio, cloro, ácido fluorídrico, iodo, mercúrio e prata, metais em pó, ácido fluorídrico. |
| Amônio nitrato | Ácidos, metais em pó, substâncias orgânicas ou combustíveis finamente divididos. |
| Anilina | Ácido nítrico, peróxido de hidrogênio, nitrometano e agentes oxidantes. |
| Bismuto e suas ligas | Ácido perclórico. |
| Bromo | Acetileno, amônia, butadieno, butano e outros gases de petróleo, hidrogênio, metais finamente divididos, carbetos de sódio e terebentina. |
| Carbeto de cálcio ou de sódio | Umidade (no ar ou água). |
| Carvão ativo | Hipoclorito de cálcio, oxidantes. |
| Cianetos | Ácidos e álcalis, agentes oxidante, nitritos Hg (IV) nitratos. |
| Cloratos e percloratos | Ácidos, alumínio, sais de amônio, cianetos, ácidos, metais em pó, enxofre, fósforo, substâncias orgânicas oxidáveis ou combustíveis, açúcar e sulfetos. |
| Cloratos de sódio | Ácidos, sais de amônio, matéria oxidável, metais em pó, anidrido acético, bismuto, álcool pentóxido, de fósforo, papel, madeira. |
| Cloratos ou percloratos de potássio | Ácidos ou seus vapores, matéria combustível, (especialmente solventes orgânicos), fósforo e enxofre. |

*continua...*

*continuação*

| Substâncias | Incompatível com |
| --- | --- |
| Cloreto de zinco | Ácidos ou matéria orgânica. |
| Cloro | Acetona, acetileno, amônia, benzeno, butadieno, butano e outros gases de petróleo, hidrogênio, metais em pó, carboneto de sódio e terebentina. |
| Cobre | Acetileno, peróxido de hidrogênio. |
| Cromo IV Óxido | Ácido acético, naftaleno, glicerina, líquidos combustíveis. |
| Dióxido de cloro | Amônia, sulfeto de hidrogênio, metano e fosfina. |
| Flúor | Maioria das substâncias (armazenar separado) |
| Enxofre | Qualquer matéria oxidante. |
| Fósforo | Cloratos e percloratos, nitratos e ácido nítrico, enxofre. |
| Fósforo branco | Ar (oxigênio) ou qualquer matéria oxidante. |
| Fósforo vermelho | Matéria oxidante. |
| Hidreto de lítio e alumínio | Ar, hidrocarbonetos cloráveis, dióxido de carbono, acetato de etila e água. |
| Hidrocarbonetos (benzeno, butano, gasolina, propano, terebintina etc.) | Flúor, cloro, bromo, peróxido de sódio, ácido crômico, peróxido de hidrogênio. |
| Hidrogênio peróxido | Cobre, cromo, ferro, álcoois, acetonas, substâncias combustíveis. |
| Hidroperóxido de cumeno | Ácidos (minerais ou orgânicos). |
| Hipoclorito de cálcio | Amônia ou carvão ativo. |
| Iodo | Acetileno, amônia, (anidra ou aquosa) e hidrogênio. |
| Líquidos inflamáveis | Nitrato de amônio, peróxido de hidrogênio, ácido nítrico, peróxido de sódio, halogênios. |
| Lítio | Ácidos, umidade no ar e água. |

*continua...*

*continuação*

| Substâncias | Incompatível com |
|---|---|
| Magnésio (principal/em pó) | Carbonatos, cloratos, óxidos ou oxalatos de metais pesados (nitratos, percloratos, peróxidos fosfatos e sulfatos). |
| Mercúrio | Acetileno, amônia, metais alcalinos, ácido nítrico com etanol, ácido oxálico. |
| Metais alcalinos e alcalinos terrosos (Ca, Ce, Li, Mg, K, Na) | Dióxido de carbono, tetracloreto de carbono, halogênios, hidrocarbonetos clorados e água. |
| Nitrato | Matéria combustível, ésteres, fósforo, acetato de sódio, cloreto estagnoso, água e zinco em pó. |
| Nitrato de amônio | Ácidos, cloratos, cloretos, chumbo, nitratos metálicos, metais em pó, compostos orgânicos, metais em pó, compostos orgânicos combustíveis finamente divididos, enxofre e zinco. |
| Nitrito | Cianeto de sódio ou potássio. |
| Nitrito de sódio | Compostos de amônio, nitratos de amônio ou outros sais de amônio. |
| Nitroparafinas | Álcoois inorgânicos. |
| Óxido de mercúrio | Enxofre. |
| Oxigênio (líquido ou ar enriquecido com $O_2$) | Gases inflamáveis, líquidos ou sólidos como acetona, acetileno, graxas, hidrogênio, óleos, fósforo. |
| Pentóxido de fósforo | Compostos orgânicos, água. |
| Perclorato de amônio, permanganato ou persulfato | Materiais combustíveis, materiais oxidantes tais como ácidos, cloratos e nitratos. |
| Peróxidos | Metais pesados, substâncias oxidáveis, carvão ativado, amoníaco, aminas, hidrazina, metais alcalinos. |
| Peróxidos (orgânicos) | Ácido (mineral ou orgânico). |
| Permanganato de potássio | Benzaldeído, glicerina, etilenoglicol, ácido sulfúrico, enxofre, piridina, dimetilformamida, ácido clorídrico, substâncias oxidáveis |

*continua...*

*continuação*

| Substâncias | Incompatível com |
|---|---|
| Peróxido de bário | Compostos orgânicos combustíveis, matéria oxidável e água. |
| Peróxido de hidrogênio 3% | Crômio, cobre, ferro, com a maioria dos metais ou seus sais, álcoois, acetona, substância orgânica. |
| Peróxido de sódio | Ácido acético glacial, anidrido acético, álcoois benzaldeído, dissulfeto de carbono, acetato de etila, etileno glicol, furfural, glicerina, acetato de etila e outras substâncias oxidáveis, metanol, etanol. |
| Potássio | Ar (unidade e/ou oxigênio) ou água. |
| Prata | Acetileno, compostos de amônia, ácido nítrico com etanol, ácido oxálico e tartárico. |
| Zinco em pó | Ácidos ou água. |
| Zircônio (principal/em pó) | Tetracloreto de carbono e outros carbetos, pralogenados, peróxidos, bicarbonato de sódio e água |

Fonte: Adaptada de Unesp (2013).

# ANEXO II

## FONTES DE INFORMAÇÃO SOBRE PRODUTOS QUÍMICOS

1. Rótulo do produto
   Merck, Baker, Aldrich, Mallinkrodt: frases de segurança CE
   Fisher e alguns Aldrich: códigos NFPA.
2. The Merck index.
3. Internet: vários sites com MSDS (*Material Safety Data Sheets*):
   Folhas de Segurança sobre Produtos Químicos:
   http://ecdin.etomep.net/
   http://msds.pdc.cornell.edu/msds/hazcom/
   http://www.ilpi.com/msds/index.chtml/
   http://www.ilpi.com/msds/index.html
   http://www.ilo.org/public/spanish/protection/safework/cis/
   products/icsc/ (espanhol)
   http://physchem.ox.ac.uk/MSDS/www.camd.lsu.edu/msds/
   http://msds.pdc.cornell.edu/msdssrch.asp
   http://www.stanford.edu/dept/EHS/prod/MSDS/
   http://www.osha.gov (OSHA regulations & guidance)
   http://www.acs.org (American Chemical Society)
   http://www.aiha.org (American Industrial Hygiene Association)
   http://oshweb.me.tut.fi/index.html (Index of health & safety resources on net)
   http://www.artswire.org (Center for Safety in the Arts)
   http://www.ABIH.org (American Board of Industrial Hygiene)
   http://www.chem.kuleuven.ac.be/safety/liab13.htm
   http://www.unifesp.br/reditoria/residuos/download/seguranca%20.pdf
   http://www.anvisa.gov.br/reblas/oficinas/ghs/GHS_ferramenta.ppt
   http://www.desenvolvimento.gov.br/portalmdic/arquivos/
   dwnl_1197389060.pdf
   http://www.crp4.org.br/downloads/GHS_Fundacentro.ppt

# BIOTÉRIO

MARIA DE FÁTIMA DA COSTA ALMEIDA
CLÍCIA DENIS GALARDO

**Maria de Fátima da Costa Almeida**
Doutora em Fisiologia pela Universidade Federal de São Paulo (Unifesp) e mestre em Ciências Biológicas (Biofísica) pelo Instituto de Biofísica Carlos Chagas Filho, da Universidade Federal do Rio de Janeiro (UFRJ), Graduou-se em Ciências Biológicas-Biomedicina pela Universidade do Estado do Rio de Janeiro (Uerj). Professora adjunta da Universidade Federal de Mato Grosso (UFMT), foi instrutora do Senac Curitiba (Paraná) e professora de pós-graduação do Instituto Brasileiro de Pós-graduação e Extensão (IBPEX) e da Faculdade Evangélica do Paraná, instituições nas quais participou da elaboração de cursos de nível médio e de pós-graduação. Participou como membro e coordenadora de Comitês de Ética em Pesquisa e como assessora da Faculdade Evangélica do Paraná (Comissão Própria de Avaliação – CPA), onde também atua como coordenadora de Iniciação Científica. Tem experiência na área de Biofísica e Fisiologia Humana, Bioética e Biossegurança.


**Clícia Denis Galardo**
Mestranda em Ciências Biológicas com ênfase em Doenças Parasitárias pela Universidade Autônoma de Assunção, Paraguai, com especialização em Epidemiologia pela Universidade Federal do Amapá (Unifap). Especialista em Biossegurança pela Faculdade Internacional de Curitiba – Fatec e graduada em Ciências Biológicas pela Universidade de Nova Iguaçu (Unig). Bióloga do Instituto de Pesquisas Científicas e Tecnológicas do Estado do Amapá (Iepa), é responsável técnica do insetário de vetores de malária e dengue, bem como colaboradora de instituições de pesquisa e consultora técnica da AC Consultoria em Saúde Pública Ltda. (Amapá), da Probiota Paisagismo e Consultoria Ambiental Ltda. (Minas Gerais e Rondônia) e da Ferreira Gomes Energia S.A. (Amapá).

# Biotério

## Resumo

Neste capítulo, a proposta é descrever a importância do biotério e da utilização de animais experimentais em laboratórios de ensino, pesquisa e, mesmo, os prestadores de serviço, acentuando sua relevância para a sociedade. Pontua, de forma breve, as questões éticas e o histórico da pesquisa com animais, incluindo o surgimento de normas e legislações sobre o uso de animais em experimentos em diferentes países. Também, ressalta a importância e os benefícios de os experimentos que envolvem animais realizarem testes farmacológicos, produzirem vacinas, hormônios, efetuarem testes imunológicos ou com drogas novas. Apresenta, mais recentemente, o uso de animais geneticamente modificados para estudar doenças crônicas, como diabetes, obesidade, hipertensão etc., e assinala a evolução do pensamento e do comportamento da sociedade frente às novas descobertas, enfatizando questões que estão sendo discutidas na atualidade. Descreve as necessidades básicas para implantação do biotério e do caso específico de insetários, como: estrutura física, recursos materiais e capacitação do profissional para esta atividade. Contém a descrição sobre o cuidado com os animais, enfatizando os roedores, e as formas de controle das condições físicas, ambientais e de saúde dos mesmos. Também aborda os cuidados pessoais do profissional deste setor e com os animais mantidos em biotérios. São citados leis, projetos de leis e decretos que regulamentam as atividades relacionadas aos trabalhos com animais experimentais.

## Histórico

## 4.1 Princípios éticos da pesquisa envolvendo animais

Desde tempos remotos, já são discutidas as questões relacionadas com a presença de alma nos animais, da capacidade de autoconsciência (GOLDIM; RAYMUNDO, 2004).

Pitágoras (582-500 a.C.) afirmava que a cordialidade com as criaturas não humanas era um dever. Hipócrates (450 a.C.), pai da medicina preventiva, já estudava o aspecto dos órgãos humanos doentes com aqueles de animais, tendo um objetivo meramente didático. Alguns anatomistas antigos – Alcmaeon (500 a.C.), Herophilus (330-250 a.C.) e Erasistratus (350-240 a.C.) – fizeram estudos com vivissecções animais. Claudius Galenus (129-210 d.C.), médico e atleta, escreveu em torno de oitenta tratados e ensaios sobre fisiologia e anatomia humanas. Provavelmente, foi o primeiro a realizar vivissecções em vários tipos de animais com objetivos experimentais, descrevendo, comparando e estudando seus resultados. Escreveu, também, sobre "as leis da saúde", defendendo o benefício dos exercícios em contraposição à vida sedentária e sua relação com doenças (MCARDLE e cols., 2011).

René Descartes, no século 17 (1596-1650 d.C.) estudava a natureza do ponto de vista filosófico desenvolvendo suas ideias sobre o mecanicismo.[1] Considerava que os processos de pensamento e sensibilidade dependiam da alma e que os animais dela eram desprovidos, logo não sentiam dor. Nessa época, os animais eram considerados ferramentas de trabalho.

Na Inglaterra, também no século 17, foi iniciada a defesa da experimentação animal por parte de Francis Bacon e, em 1638, William Harvey apresentou os resultados de estudos de dissecção em animais e seres humanos sobre o sistema cardiovascular (MADDOX, 2002). O filósofo inglês Jeremy Benthan,

---

[1] Doutrina filosófica, também adotada como princípio heurístico na pesquisa científica, que concebe a natureza como uma máquina, obedecendo a relações de causalidade necessárias, automáticas e previsíveis, constituídas pelo movimento e interação de corpos materiais no espaço [A física do século 20, especialmente a teoria quântica, tornou o mecanicismo ultrapassado no âmbito científico].

Demócrito (460-370 a.C.), doutrina que atribui o surgimento de almas e mundos ao choque, agregação e desagregação mecânica dos átomos, sem qualquer intervenção divina.

Nas origens da ciência moderna, com Galileu (1564-1642), Newton (1642-1727) e Descartes (1596-1650), doutrina que considera todos os fenômenos naturais passíveis de quantificação e geometrização, em decorrência de sua organização em leis universais de causalidade mecânica utilitarista. (HOUAISS, 2003).

1789, fundador da corrente utilitarista, retomando às ideias vigentes na Grécia antiga, formulou as questões com relação aos animais: Podem raciocinar? Podem falar? Mas, podem sofrer. Tais pensamentos se opõem às ideias cartesianas vigentes dois a três séculos antes.[2]

Claude Bernard (1865), o pai da fisiologia, defendia que os experimentos deviam ser realizados tanto em humanos quanto em animais. E considerava que os resultados obtidos em animais poderiam ser todos conclusivos para o homem. Atualmente, é necessário cuidado em vários testes, em seguida à obtenção de resultados experimentais, ao se tentar extrapolar os dados obtidos de experimentos em animais para o homem.

No Brasil, a legislação do Comissão Nacional de Ética em Pesquisa (Conep), Resolução nº 196/1996, definiu a criação dos comitês de ética em pesquisa envolvendo seres humanos (BRASIL, 2012), mas outras resoluções e decretos visam normatizar os trabalhos que envolvem animais experimentais.

No Reino Unido (1876) surgiu a primeira lei para regulamentar o uso de animais em pesquisa pelo British Cruelty to Animal Act, que anteriormente havia proposto a Lei Anticrueldade, aplicável apenas a animais domésticos de grande porte (1822).

Ainda no século 19, surgiram as primeiras sociedades de proteção para os animais. Em 1824, foi criada na Inglaterra a primeira sociedade para proteção dos animais. Seguiram-se mais criações em outros países da Europa e também nos Estados Unidos.

Em 1909, ocorreu a primeira publicação norte-americana sobre ética em experimentos com animais, que foi proposta pela Associação Médica Americana. Naquele período vários experimentos foram realizados e muito contribuíram para o desenvolvimento de vacinas, tratamento e soluções para melhoria da saúde da população (STEFFENS, 2004).

---

[2] Corrente filosófica surgida no século 18, na Inglaterra, que afirma a utilidade como o valor máximo no qual a elaboração de uma ética deve fundamentar-se. Jeremy Bentham criou, na primeira metade do século 19, o termo *utilitarian*, como uma designação do conteúdo central de sua doutrina. Contudo, foi Stuart Mill quem, pela primeira vez, empregou o termo *utilitarianism*, ao propor a fundação de uma *Sociedade Utilitarista (Utilitarian Society)*. O utilitarismo é então uma forma de consequencialismo, ou seja, ele avalia uma ação (ou regra) unicamente em função de suas consequências. Filosoficamente, pode-se resumir a doutrina utilitarista pela frase: "Agir sempre de forma a produzir a maior quantidade de bem-estar" *(princípio do bem-estar máximo)*. Ela se define então como uma moral eudemonista, mas que ao contrário do egoísmo, insiste no fato de que devemos considerar o bem-estar de todos e não o **bem-estar** de uma única pessoa. Antes de quaisquer outros, foram Jeremy Bentham (1748-1832) e John Stuart Mill (1806-1873) que sistematizaram o princípio da utilidade, e conseguiram aplicá-lo às questões concretas – sistema político, legislação, Justiça, política econômica, liberdade sexual, emancipação das mulheres etc.

Em 1926, foi criada a UFAW (Universities Federation of Animal Care) na Universidade de Londres, por Charles Hume, com objetivo de usar o conhecimento científico e estabelecer normas para cuidados dos animais domésticos, em zoológicos, laboratórios, fazendas, e para animais selvagens com os quais os seres humanos interagem. Também financia pesquisas, simpósios e publicações.

Na década de 1950, o zoologista William M.S, Russel e o microbiologista Rex L. Burch estabeleceram Princípio dos 3Rs da pesquisa com animais, uma síntese do principio humanitário da experimentação animal em três palavras: *replacement, reduction* e *refinement* (ANDRADE e cols., 2002):

- *Replacement* – alternativas –, técnicas substitutivas em lugar de animais vivos, como material sem sensibilidade, culturas de tecidos ou modelos de computador.
- *Reduction* – redução –, o protocolo experimental deve ser elaborado, planejado, usando outras ferramentas como o auxílio de estatísticos para possibilitar o uso do menor número de animais.
- *Refinement* – aprimoramento –, está relacionado ao emprego de técnicas menos invasivas e também à execução do projeto por pessoas treinadas com o objetivo de evitar ou diminuir o sofrimento e o desconforto para o animal.

Várias instituições de pesquisa e ensino vêm fazendo tentativas para desenvolver técnicas para substituir animais durante os experimentos. Entretanto, é sabido que em pesquisas de comportamento, dor, cirurgia experimental, ação de drogas e produção de vacinas não há possibilidade de excluir o uso de animais.

Em 1969, foi criado o FRAME,[3] um fundo para alternativas ao uso de animais em experimentação que é uma associação para promover os 3Rs no experimento animal.

A partir da década de 1960 algumas questões vêm gerando discussão, como o pensamento do biólogo e geneticista Jon Beckwick, de Harvard, que questiona o impacto social da ciência, em particular da engenharia genética, quando afirma: "o aumento de informações genéticas sobre as pessoas e grupos cria a possibilidade de que possa vir a ser utilizada para discriminar e estigmatizar pessoas". Isso tem exacerbando a ira de alguns pesquisadores, mas deve ser ressaltado que a prevenção do mau uso da ciência deverá fazer parte das metas da comunidade científica (BECKWICK, 2003).

Outra polêmica com relação aos animais tem sido causada pelas afirmações do filósofo australiano Peter Singer, que ganhou notoriedade quando afirmou que: "o homem e os animais possuem o mesmo status moral, ou seja, que o homem não deve ser considerado superior". Ou seja, é um defensor dos direitos dos animais.

---

[3] Fund for the Replacement of Animals in Medical Experiments (www.frame.org.br).

Sua teoria ficou conhecida como "especismo", e descarta a possibilidade que pressupõe serem os membros de sua raça mais importantes do que aqueles de outras, o que pode ser considerado uma forma de racismo. Singer discute, também, os tipos de práticas executadas em relação aos fins desejados (STEFFENS, 2004).

## 4.2 Importância

O questionamento com relação à validade da pesquisa envolvendo animais deve considerar que esse uso pode ser visto como um privilégio (ANDERSEN et al., 2004), pois desde Galeno, Harvey, Descartes e Claude Bernard, a compreensão do organismo humano e de outras espécies animais, assim como o tratamento para doenças e a prevenção de doenças com produção de vacinas é inviável quando não se lança mão desse recurso – *a pesquisa com animais experimentais* – mesmo algumas tentativas de substituição com métodos alternativos como cultura de células (*in vitro*) e de biologia computacional. Entretanto, essas técnicas deixam a desejar, pois não é possível reproduzir a complexidade ou prever todas as possibilidades e interações em organismos complexos. Assim não permitem a obtenção de dados confiáveis, quando se deseja transportá-los ou validá-los para o ser humano. Ou seja, os experimentos realizados com células isoladas, em condições diferentes das fisiológicas, devem ser analisados cuidadosamente. São necessários mais dados para se elaborar conclusões, principalmente testes *in vivo*. É necessário ressaltar que o avanço do conhecimento e o desenvolvimento de novas tecnologias devem ser aplicados para reduzir ou abolir o sofrimento de animais humanos ou não. Logo, sob esta ótica seria pouco ético privar os seres vivos (animais) desta possibilidade. Além disso, após o advento da biologia molecular ficou demonstrado que há muitas semelhanças entre os organismos de animais usados para testes, o que pode ser valorizado em contraposição ao argumento de que há diferenças anatômicas, fisiológicas e metabólicas.

O Código de Nuremberg, elaborado em 1947, após a Segunda Guerra Mundial, estabeleceu que "qualquer experimento com seres humanos deve ser planejado e baseado em resultados obtidos com a experimentação em animais". A Declaração de Helsinki, revisada em 1999, estabelece que a pesquisa médica em seres humanos deva ser precedida por experimentos laboratoriais e com animais. A Declaração Universal dos Direitos dos Animais, proclamada em Bruxelas na Assembleia da Unesco, em 1978, nos seus catorze artigos procura garantir o bem-estar e os direitos dos animais.

No Brasil, a Resolução nº 196/1996 do Conep estabelece que para realizar experimentos com drogas novas serão necessários testes com animais na fase 3, antes de serem realizados testes em humanos (SELETTI; ALMEIDA, 2004).

No Brasil, tramita no Congresso um projeto de lei elaborado em 1995. Em 1997 e foi apresentado o Projeto de Lei nº 3.964/97 para regulamentar a pesquisa em animais, que ainda deverá passar no Senado (COBEA, 2008). Entretanto, alguns Comitês de Ética em Pesquisa já avaliam tanto projetos de pesquisa envolvendo seres humanos quanto aqueles em que serão realizados em não humanos.

Ao se tentar descrever a relevância do biotério para área biomédica ou de saúde, podemos relacionar inicialmente suas aplicações para:

– estudos de toxicidade;
– bacteriologia;
– virologia;
– parasitologia;
– imunologia;
– transplante;
– imunopatologia;
– drogas imunossupressoras; e
– animais definidos para genética e com controle sanitário adequado, como isogênicos, mutantes e *knockout*.[4]

Nos trabalhos de pesquisa coordenados por Peter Agree, que recebeu o Prêmio Nobel de Medicina em 2003, o uso de animais *knockout* permitiu esclarecer dados importantes sobre o canal de água em membranas biológicas, o que deverá contribuir para a redução de sequelas de acidente vascular cerebral, por exemplo (Congresso Ibero-Americano de Biofísica – RJ – 2003). Assim, o valor da utilização de animais experimentais para desenvolvimento de novas técnicas de tratamento clínico e cirúrgico e como perspectiva para melhorar a qualidade de vida não deve ser questionado ou subdimensionado.

E, ainda, não se deve excluir a possibilidade do aprendizado para alunos de cursos de graduação e pós-graduação em algumas disciplinas como Biofísica, Fisiologia, Bioquímica, Experimentação Cirúrgica, Farmacologia, que podem analisar o animal *in vivo*, ou daquelas disciplinas cujo ensino pode ser complementado usando partes do mesmo material biológico, como cultura de células, lâminas histológicas, modelos de tumores, patologia etc.

---

[4] Animais produzidos por manipulação genética que tiverem **genes** adicionados, retirados ou modificados (*Knockout in*; *out*; condicional).

Outro ponto a ser considerado é que o fato de presenciar ou participar da manipulação do animal junto com o professor orientador possibilitará ao aluno, também, que se familiarize com os procedimentos éticos para cuidados com animais. Este tipo de experiência é difícil de ser transmitido simplesmente em CD ou vídeo – o que, entretanto, pode ter validade em algumas situações como método alternativo.

## 4.3 Legislação para normatizar o uso de animais em pesquisas e no ensino

No Brasil, a legislação ainda é precária, embora o uso de animais tenha se constituído numa prática corrente em universidades e institutos de pesquisa. Em alguns países, já existem legislação e órgãos reguladores de experimentos que envolvem animais, considerando que quando utilizados em pesquisa os animais devem ser tratados de modo a não sofrerem principalmente estresse ou não serem submetidos a procedimentos dolorosos de qualquer natureza, com exceção dos casos em que o objetivo do estudo seja a dor. A prática didático-científica em animais foi normatizada pela Lei nº 6.638/79 e os crimes ambientais foram abordados na Lei nº 9.605/98, enquanto a proteção dos animais já era objeto do Decreto nº 24.645 de 1934, que foi complementado pelo Decreto nº 3.688, sobre omissão de cautela na guarda ou condução dos animais (BRASIL, 2008).

Assim, o Decreto nº 24.645, de 10 de julho de 1934, estabeleceu medidas de proteção aos animais e, pela primeira vez, o Estado reconheceu como tutelados todos os animais existentes no País (art. 1º). A lei busca ser abrangente e, no seu artigo 3º, várias alíneas consideram como maus tratos as seguintes condutas:

> I – praticar ato de abuso ou crueldade em qualquer animal;
>
> II – manter animais em lugares anti-higiênicos ou que lhes impeçam a respiração, o movimento ou descanso, ou os privem de ar ou luz;
>
> IV – golpear, ferir ou mutilar, voluntariamente, qualquer órgão ou tecido de economia, exceto a castração, só para animais domésticos, ou operações outras praticadas em benefício exclusivo do animal e as exigidas para defesa do homem ou no interesse da ciência;
>
> V – abandonar animal doente, ferido, extenuado ou mutilado, bem como deixar de ministrar-lhe tudo o que humanitariamente se lhe possa prover, inclusive assistência médica veterinária;
>
> VI – não dar morte rápida, livre de sofrimentos prolongados, a todo animal cujo extermínio seja necessário para consumo ou não;

XX – encerrar em curral ou outros lugares animais em número tal que não lhes seja possível moverem-se livremente, ou deixá-los sem água e alimento mais de 12 horas;

XXVI – despelar ou depenar animais vivos ou entregá-los vivos à alimentação de outros;

XXVII – ministrar ensino a animais com maus-tratos físicos (http://www.ccs.ufpb.br/animal.htm).

Segue-se a esse decreto outro, o de nº 3.688, de 1941, sobre as contravenções penais e a Lei nº 5.517, de 23 de outubro de 1968, que dispõe sobre o exercício da profissão de médico veterinário e cria os Conselhos Federal e Regionais de Medicina Veterinária.

Em maio de 1979, surgiu a primeira tentativa de se estabelecer normas para a prática didático-científica da vivissecção de animais, e a Lei nº 6.638 entrou em vigor. Porém, esta tentativa resultou frustrada: a referida lei não encontrou regulamentação e perdeu sua "força de lei" já que não há formas de se penalizar quem a desrespeite.

A Constituição Brasileira de 1988 reafirma a necessidade de preservação das espécies animais e de seu bem-estar, quando em seu artigo 225, § 1º, alínea VII, incumbe ao Poder Público de *proteger a fauna e a flora, vedadas, na forma da lei, as práticas que coloquem em risco sua função ecológica, provoquem a extinção de espécies ou submetam os animais à crueldade.*

A Portaria nº 016, de 4 de março de 1994, do Instituto Brasileiro do Meio Ambiente e dos Recursos Naturais Renováveis (Ibama), entre outras medidas, dispõe sobre:

a) Tempo de manutenção dos animais em cativeiro.

b) Local para a manutenção (viveiros, terrários, gaiolas, tanques, caixas, recintos, outros), incluindo suas dimensões.

c) Forma de obtenção dos animais.

d) Aspectos sanitários e de manejo (água, alimentação/nutrição, limpeza, profilaxia, outros).

e) Destino dos animais após a conclusão das pesquisas (SAÚDE ANIMAL, 2008).

Outra medida de grande importância foi a Resolução nº 592, de 26 de junho de 1992, criada no Conselho Federal de Medicina Veterinária, e que estabelece em seu art. 1º que: "Estão obrigadas a registro na Autarquia: Conselho Federal e Conselhos Regionais de Medicina Veterinária... jardins zoológicos e biotérios"; o que gerou outros preceitos legais de ordem estadual e/ou municipal, visando um controle e fiscalização dos biotérios nacionais (COBEA, 2008).

No Brasil, o Conselho Nacional de Saúde, por meio da Resolução nº 251, de 7 de agosto de 1997 (BRASIL, 2008), definiu as normas de pesquisa envolvendo seres humanos para a área temática de pesquisas com novos fármacos, medicamentos, vacinas e testes diagnósticos, complementando ou detalhando a Resolução 196/96, que criou dos comitês de ética em pesquisa envolvendo seres humanos.

Nessa Resolução, o item III. 3 enuncia, entre as exigências para pesquisa em qualquer área do conhecimento, alínea "b": "estar fundamentada na experimentação prévia realizada em laboratório, animais ou em outros fatos científicos".

Em 25 de junho de 2003, foi aprovada na Câmara dos Deputados a Lei Arouca, sobre pesquisa em animais, que define ou regulariza os trabalhos em aulas e pesquisas em laboratórios.

Anteriormente, na Declaração de Helsinki I, adotada na 18ª Assembleia Médica Mundial, na Finlândia (1964), o item no. 1 dos Princípios Básicos enunciou que: "A pesquisa clínica deve adaptar-se aos princípios morais e científicos que justificam a pesquisa clínica e deve ser baseada em experiências de laboratório com animais".

Goldenberg (2000) relata que das 139 revistas estudadas, 110 (79,1%) não fazem referências a aspectos éticos da pesquisa com animais.

No dia 25 de agosto de 2005, foi aprovada em São Paulo a Lei nº 11.977, que restringe o uso de animais em pesquisas e determina que se dê prioridade a métodos alternativos, que substituam os mesmos. Instituiu o Código de Proteção aos Animais do Estado e também, define que o número de animais a serem utilizados para a execução de um projeto e que o tempo de duração de cada experimento deverá ser o mínimo indispensável para produzir o resultado, sem especificar uma quantidade máxima (SÃO PAULO, 2005).

Seu artigo 31 diz: "fica proibida a utilização de animais vivos provenientes dos órgãos de controle de zoonoses ou canis municipais, ou similares públicos ou privados, terceirizados ou não, nos procedimentos de experimentação animal".

A lei determina ainda a criação de comissões de ética nas instituições que utilizam animais em pesquisas. Na época, (2005), o governador a vetou, mas seu veto foi derrubado. Agora, o governo estadual precisa definir uma série de pontos da lei. Segundo seu autor, o código cria uma linha de conduta para tratar os animais e foi amplamente negociado. Contudo, de acordo com o professor de direito ambiental da PUC-SP, Márcio Cammarosano, como é impossível determinar o número mínimo de animais a serem usados em cada experimento, já que cada pesquisa é sempre diferente da outra, devem-se usar racionalidade e bom senso para determinar a quantidade necessária, inclusive delineando o projeto em colaboração de outros profissionais de outras áreas, como da Estatística.

No final de 2007 e primeiro semestre de 2008, novas discussões foram iniciadas no Brasil com a finalidade de priorizar a aprovação da Lei Arouca, já proposta para orientar pesquisas com animais experimentais.

Em maio de 2008, o Plenário da Câmara aprovou por unanimidade o Projeto de Lei 1153/95 (PL), do ex-deputado Sérgio Arouca, que estabelece regras para o uso de animais em pesquisas, atividades de ensino e experimentação em todo o País e teve como relator o deputado Fernando Gabeira. A matéria seguiu para votação no Senado. O texto desta lei trata ainda da criação do Conselho Nacional de Controle de Experimentação Animal (Concea). De acordo com o Projeto de Lei, o uso de animais em atividades educacionais somente será permitido nos cursos técnicos de ensino médio da área biomédica e nos estabelecimentos de ensino superior.

Além disso, o animal deverá receber cuidados especiais antes, durante e depois do experimento. A eutanásia será feita quando ocorrer intenso sofrimento, ou for tecnicamente recomendada. Experimentos que possam causar dor ou angústia devem ocorrer sob sedação, analgesia ou anestesia.

Sempre que forem empregados procedimentos considerados traumáticos, para fins de ensino, eles poderão ser realizados em um único animal, desde que todos sejam executados durante a vigência de um único anestésico e que o animal seja sacrificado antes de recobrar a consciência.

A utilização de animais em experiências e no ensino é questão polêmica em vários locais. No ensino, segundo alguns docentes, hoje em dia poucos animais vivos são usados. "São usados vídeos ou *softwares*, ratos mecânicos e cadáveres preservados, culturas de células para que os alunos possam aprender de outras formas" (SÃO PAULO, 2005).

A escolha dos modelos animais para pesquisa ou mesmo aulas deve considerar vários aspectos e características dos animais como foi descrito por Ana Lúcia Brunialti Godard (2007) e, também, é importante considerar que há uma revolução genética, nos estágios iniciais, que está acelerando o andamento das descobertas. Para que a revolução genética forneça os avanços esperados para se progredir na condição humana, é necessária a existência de animais experimentais adequados.

Humberto P. Oliveira, professor da Escola de Veterinária da UFMG, diz que o uso de animais em pesquisas sempre se fez presente na história da ciência, mas não se pode precisar uma data. Contudo, a necessidade cada vez mais crescente de se pesquisar sobre o mecanismo de fenômenos relacionados principalmente com a estrutura e a fisiologia, para melhor entendimento dos diferentes órgãos, bem como da etiopatogenia[5] e tratamento das enfermidades, determinou que a utilização de animais em pesquisas fosse cada vez maior nos dois últimos séculos. Os benefícios advindos da pesquisa com animais são incontáveis e ocorreram de forma acelerada pelo encadeamento dos resultados obtidos em diferentes instituições de ensino e de pesquisa mundiais (CORDEIRO, 2007).

Florianópolis foi a primeira cidade brasileira a regulamentar o uso de animais em pesquisas científicas. Depois da omissão do Executivo da Capital, que, em dezembro de 2007, perdeu o prazo para se manifestar sobre o projeto de lei aprovado na Câmara que estabelecia a proibição da prática, ambientalistas e pesquisadores chegaram a um consenso. O decreto de regulamentação, assinado dia 16 de dezembro de 2007 pelo prefeito da Capital, permite a continuidade dos trabalhos que dependem da utilização de cobaias para o desenvolvimento de remédios e vacinas (CORDEIRO, 2008).

Em seguida à aprovação dessa lei, o prefeito de Florianópolis decidiu recorrer ao STF (Supremo Tribunal Federal) para anular a lei que proíbe o uso de animais de laboratório na cidade. Segundo o secretário de Comunicação: "se de fato entra em vigor do modo como foi aprovada, ficaria proibido em Florianópolis o uso de todos os animais com finalidades pedagógicas, industriais, comerciais etc." (CORDEIRO, 2008).

Entre as mudanças propostas ao projeto de lei inicial – Lei Arouca – consta que a determinação do uso de animais em pesquisas científicas só pode ser executada após a aprovação de uma Comissão de Ética no Uso de Animais (norma que algumas instituições de pesquisa e ensino já vêm seguindo). Essa lei municipal provocou polêmica entre a comunidade científica de Santa Catarina e os defensores dos animais (CORDEIRO, 2008).

Também no município do Rio de Janeiro, um projeto de lei tem levado a debates acirrados. O texto, que proíbe o uso de animais em pesquisas científicas, foi aprovado em março de 2008 pela Câmara de Vereadores, mas vetado no mês seguinte pelo prefeito, que o considerou inconstitucional.

A utilização de animais em pesquisas, segundo Goldim & Raymundo (2003), deve se guiar por alguns princípios orientadores, tais como:

– Que os seres humanos são mais importantes que os animais, mas os animais também têm importância, diferenciada de acordo com a espécie considerada.

– Que nem tudo o que é tecnicamente possível de ser realizado deve ser permitido.

---

[5] Etiopatogenia – sf (etio+patogenia). Med.: Estudo das causas das doenças ou do seu desenvolvimento. Disponível em: <www.hostdime.com.br/dicionario/etiopatogenia.html>. Acesso em: 09 jul. 2008.

– Que nem todo o conhecimento gerado em pesquisas com animais é plenamente aplicável ao ser humano.

– Que o conflito entre o bem dos seres humanos e o bem dos animais deve ser evitado sempre que possível.

Dessa forma, a utilização de animais em projetos de pesquisa deve ser uma alternativa ao uso de seres humanos e ser indispensável, imperativa ou requerida (GOLDIM; RAYMUNDO, 2003).

Em outros países, como nos Estados Unidos, vigora uma lei sobre bem--estar animal (Animal Welfare Act, 1966), lei sobre animais utilizados em pesquisa médica (HEALTH RESERCH EXTENSION ACT, 1985), uma Política de Cuidado Humano e Uso de Animais de Laboratório (Public Health Service Policy on Humane Care and Use of Laboratory Animals, 1986), além de regulamentações no âmbito do Departamento de Agricultura e dos Institutos Nacionais de Saúde (National Institutes of Health). Na Austrália, há o Código de Prática no Cuidado e Uso para Propósitos Científicos (Australian Code of Pratice for the Care and Use of Animals for Scientific Purposes), que é de 1969, já sofreu várias atualizações, a última em 1997.

Ainda com relação ao uso de animais de laboratório para a realização de testes de cosméticos, apesar de esse tipo de iniciativa fazer parte da filosofia de algumas indústrias de produtos de beleza, não existe no Brasil nenhuma lei sobre o uso de animais nesses testes. Alguns empresários do setor têm procurado alternativas em outros países, como Anita Roddick (CMGB, 2008).

A União Europeia, no entanto, aprovou o banimento dos testes de cosméticos em animais e exigiu que as indústrias os eliminassem por completo até 2009 (CERQUEIRA, 2008). Para Geraque (2008), o Brasil, ao contrário da União Europeia, apresenta pouca preocupação com os animais usados em testes de segurança de cosméticos.

Ainda de acordo com a SBPC – Sociedade Brasileira para o Progresso da Ciência –, a experimentação animal visa ao bem-estar do homem e do próprio animal, assim considera que a crítica ao uso de animais em pesquisa não é científica (FRADA, 2013).

> Em julho de 2010 o MCT1 lançou campanha para defender uso de animais em pesquisas científicas. Segundo seu coordenador, o professor Marcelo Morales (Universidade Federal do Rio de Janeiro – UFRJ), presidente da Federação Latino-americana de Biofísica, as pessoas precisam compreender a necessidade da experimentação animal. E há necessidade escla-

recimento para o cidadão comum de que a maioria dos tratamentos só é possível graças a esse tipo de pesquisa. Ou seja, a ideia é conscientizar a população sobre a importância do uso de cobaias para o desenvolvimento de medicamentos e tratamentos. Já os opositores do método criticam duramente o "desprezo ao sofrimento" das cobaias. Entretanto persiste o dilema: é ético utilizar cobaias em pesquisas científicas? Pelo menos para boa parte da comunidade científica, a resposta é sim (BRASIL, 2010).

Em outubro de 2013, ativistas defensores dos animais retiraram cães de um instituto de pesquisas em São Roque – SP, alegando maus-tratos aos animais. As autoridades afirmaram que do ponto de vista legal houve invasão, destruição de equipamentos e o que os animais foram acordados por estranhos que os transportaram de maneira inadequada e as pessoas que os receberam também deverão responder pelo ato de receber material que foi retirado sem consentimento.

Várias questões devem consideradas nesta situação:
– As pesquisas com animais estão fundamentadas na legislação vigente (ver Quadro 4.1).
– A empresa trabalhava de forma legal.
– Houve danos ao seu patrimônio e invasão com subtração de material.
– A interrupção das pesquisas implica prejuízo financeiro para os envolvidos.
– E, segundo as normas do Conselho Nacional de Controle de Experimentação Animal (Concea), órgão do MCT (Ministério da Ciência e Tecnologia), a doação de animais usados em testes está prevista e regulamentada, como afirmou um representante do Instituto Royal, caso os animais sejam recuperados (INDEPENDENTE, 2013).

Essa discussão que é antiquíssima, em 2010 voltou à cena depois que foi sancionada, no fim de 2008, a Lei no 11.794, conhecida como Lei Arouca. Entretanto, para a comunidade científica, há necessidade de uma campanha que esclareça ao cidadão comum que a maioria dos tratamentos só é possível graças a esse tipo de pesquisa (NEVES et al., 2013). Após o episódio de São Roque, o professor da Universidade Federal do Rio de Janeiro (UFRJ) e presidente da Federação Latino-Americana de Biofísica, Marcelo Morales, afirmou que, como previsto na regulamentação para o uso de animais em pesquisas que contemplam a ética, "é importante que os animais não sofram, devem estar saudáveis, sem estresse e alojados em boa condições (biotério) para que os resultados obtidos possam ser confiáveis" (NEVES et al., 2013).

A pesquisa envolvendo animais tem ao longo dos tempos gerado debates e polêmicas, porém aqueles que se posicionam contra o uso dos animais têm apresentado defesa inconsistente e frágil e não estão em sintonia com a realidade e sem foco nas necessidades da sociedade. Em posição antagônica, o grupo a favor da realização de pesquisas com animais de laboratório tem apresentado argumentos fortes e que encontram repercussão, considerando o seu objetivo, de melhorar a qualidade de vida dos seres humanos e também dos animais não racionais.

Em algum momento pode-se questionar se a prioridade do experimento está relacionada a interesses pessoais ou mesmo institucionais; se o benefício atingirá a maior parte da população; ou se o experimento visa a outros interesses ou desconhecimento de ética na realização ou delineamento do projeto. No entanto, os bons resultados difundidos e consagrados ao longo de vários anos têm contribuído para obtenção de conhecimento que possibilitam a melhora da saúde da população.

## 4.4 Benefícios para a sociedade

O ganho para a comunidade em geral, considerando os parágrafos anteriores torna inadequados os gastos de energia e de tempo com questionamentos sobre a validade do uso de animais em experimentos. Entretanto, deve ser ressaltado que esta questão contém na sua essência a ideia da ética, conforto, saúde e bons cuidados com animais experimentais. Os profissionais que trabalham com animais de laboratório devem realizar a imunoprofilaxia (ver Capítulo 6).

## 4.5 Objetivos do biotério

Correspondem à instalação idealizada para criação ou manutenção dos animais com condições de bem-estar e saúde, para se desenvolver, reproduzir e responder aos testes aplicados.

## 4.6 Tipos de biotério

Os critérios de classificação dos biotérios podem ser (ANDRADE e col., 2002) de acordo com finalidade a que se destinam:
– À existência ou não de uma rotina de controle microbiológico (condição sanitária).
– À rotina de métodos de acasalamento.

Com relação ao objetivo, podem ser:

– *Biotério de criação*: para que as respostas esperadas de um protocolo experimental sejam confiáveis e semelhantes, evitando problemas, há necessidade de minimizar ou controlar as variáveis. Nesse caso, os animais deverão estar submetidos a controle das condições do ambiente como: iluminação, umidade, temperatura e espaço físico. E, também, estado de saúde do animal; carga genética, pois que depende do método de acasalamento (ANDRADE e col., 2002); manuseio do animal; tipo de alimentação; outros fatores como estresse e ruídos e controle de acesso de pessoas. Também é necessário ter pessoal capacitado e rotinas de trabalho e processos bem definidos. Este tipo de biotério deve ter edificação própria para evitar risco de contaminação (ver Capítulo 3).

– *Biotério de manutenção*: neste caso os objetivos correspondem à recuperação de animais de diferentes origens (captura, fuga, fornecimento para produtores e granjas). Dependem da adaptação do animal ao cativeiro. O objetivo é de produção de material biológico – sangue animal e órgãos, meios de cultura, fixação de complemento, desenvolvimento e treinamento de técnicas cirúrgicas, em transplantes e outras na área biomédica. Neste caso, podem ocorrer perdas por várias causas: transporte, adaptação inadequada, estado de saúde, transmissão de doenças para animal e para homem. Os animais devem passar por período de quarentena, para observação, caso não apresentem doenças e alterações de comportamento, adaptação e aclimatação.

– *Biotério de experimentação*: neste tipo de biotério, as condições físicas, alimentação e de suporte técnico (pessoal e rotinas) devem ser rigorosamente controladas e adaptadas ao experimento específico. Dentre os fatores que podem influenciar o conforto e saúde dos animais e das pessoas que nele trabalham estão: circulação de pessoas, sua capacitação e atualização. Além da infraestrutura adequada, com ventilação, exaustão, temperatura, controle da temperatura, controle do fluxo de pessoas, área de higiene (lava-pés, banheiros, chuveiros).

### 4.6.1 Insetários

### 4.6.1.1 Conceito

São ambientes com instalações adequadas à criação e à manutenção de colônias de insetos principalmente aqueles que têm importância epidemiológica e em saúde pública.

Este texto inclui informações que visam orientar às instituições de ensino e pesquisa e aos profissionais e estudantes quanto às adequações básicas e necessárias à atividade de rotina de um insetário para criação e colonização de culicídeos, insetos pertencentes à ordem Diptera, subordem Nematocera, importantes na transmissão de doenças ao homem e a outros vertebrados.

Em 2012, a Organização Mundial de Saúde (OMS) confirma que cerca de 1 milhão de pessoas morrem ao ano em decorrência da malária, doença transmitida pela por mosquitos infectados com o *Plasmodium sp*. De uma forma geral, todos que estão em áreas endêmicas estariam expostos ao risco de contrair a doença. Entretanto, crianças, particularmente na África, estariam sob o maior risco, chegando ao óbito uma criança a cada 30 segundos.

Atualmente, as instituições de pesquisas e ensino vêm aumentando a percepção sobre a importância de aprofundar o conhecimento a respeito da biologia de mosquitos de importância médica, transmissores de doenças para o homem, principalmente os vetores de malária e da dengue, anofelinos e aedinos. Considerando essa necessidade, a adequação física e estrutural para o desenvolvimento de pesquisas com níveis de biossegurança adequados, tanto visando aos pesquisadores envolvidos nos experimentos, quanto para todo ao corpo técnico e pessoal que trabalha neste ambiente.

Os riscos inerentes à rotina do insetário de vetores de malária e da dengue se relacionam com a possibilidade de contrair a doença, através da picada acidental de um mosquito infectado, ou seja, durante a manipulação das colônias, ou em casos de fuga repentina dos espécimes acondicionados nas gaiolas de criação.

De acordo com a Instrução Normativa nº 7/97 (BRASIL, 1997), do Catálogo de Biossegurança da Fundação Oswaldo Cruz, (CT/BIO-FIOCRUZ, 1998) e do Center for Disease Control and Prevention de Atlanta (CDC-NIH, 2008), os laboratórios de pesquisa são classificados em quatro níveis de biossegurança sendo eles: NB-1, NB-2, NB-3 e NB-4, em função da patogenicidade do agente biológico para causar a doença, em que a classificação quanto aos riscos individuais ou coletivos envolvidos na manipulação dos organismos está em conformidade com a OMS, CDC-NIH e mais recentemente com a Portaria do MS/GM nº 1.914, de 9 de agosto de 2011, classes de risco 1, 2, 3 e 4.

### 4.6.1.2 Biossegurança em Insetários de vetores de malária e dengue

Os insetários são considerados um tipo especial de laboratório. Dessa forma, utilizam parâmetros que seguem os níveis de biossegurança já conhecidos. É necessário, portanto, que o manipulador tenha conhecimento sobre os riscos inerente à atividade a ser desenvolvida, e de forma geral, sobre a Legislação Brasileira de Biossegurança. A biologia dos vetores que serão manipulados, bem como dos agentes etiológicos transmitidos por estes, deve ser amplamente estudada pelos profissionais e o uso de EPI é obrigatório (ver Capítulo 10).

A CTNBio, na Resolução Normativa nº 2, de 27 de novembro de 2006, define os insetários como instalações físicas projetadas e utilizadas para criação, manutenção e manipulação de insetos. São classificados, como Classe de Risco 2 (moderado risco individual e limitado risco para a comunidade): inclui os agentes biológicos que provocam infecções no homem ou nos animais, cujo potencial de propagação na comunidade e de disseminação no meio ambiente é limitado, e para os quais existem medidas terapêuticas e profiláticas eficazes, nível de contenção necessário para permitir as atividades de forma segura e com risco mínimo individual e coletivo, raramente causa doenças graves. O tratamento geralmente é eficiente e as medidas preventivas devem ser avaliadas (CTNBio; FIOCRUZ 1998; NIH, 2000; CTBio; FIOCRUZ, 2005; NR 32/2005).

Os insetários são considerados um ambiente confinado. As normas brasileiras caracterizam o ambiente confinado como: qualquer ambiente ou área não planejada para a ocupação contínua do ser humano, com entradas e saídas limitadas (ou mesmo restritas) e onde a ventilação existente é suficiente para remover substâncias tóxicas, inflamáveis e até mesmo explosivas, ou onde possa existir deficiência ou enriquecimento de oxigênio (ABNT – NBR 14.787/2001; NR 33/2006).

Os estudos sobre ambientes confinados e controlados de pesquisa apontam que as construções devem obedecer às recomendações de projetos próprias, de acordo com o perfil de cada pesquisa realizada dentro destes espaços. O delineamento do espaço físico, os parâmetros de conforto ambiental e o grau de biossegurança serão definidos de acordo com o tipo de estudo a ser realizado (ADEGAS, 2004).

Deve-se assim, ter critérios para a construção ou adaptações desses espaços. Priorizar itens que auxiliem as condições seguras de utilização. Assim, o uso de EPI, o (sugestão) acesso restrito e controlado, a higienização do ambiente, capacitação do pessoal técnico e o acompanhamento contínuo dessas ações são importantes para que este ambiente seja considerado seguro do ponto de vista da Biossegurança.

### 4.6.1.3 Instalações

Para a instalação deste tipo de insetário, a instituição de ensino ou pesquisa deve possuir um espaço capaz de abrigar uma sala para criação das formas imaturas, uma para a criação das formas adultas, área destinada à lavagem de material e outra para identificação, de forma que propicie o controle de fluxo de pessoal, criação e manutenção das colônias, guarda de materiais e barreira impeditiva da soltura dos insetos para o ambiente alheio ao confinado.

### 4.6.1.4 Adaptações físicas

São consideradas primordiais; a organização do espaço, qualidade da tinta para pintura das paredes, tipo de piso, posicionamento e a telagem de janelas, sinalização, adequações das portas de acesso, entre outros itens, formam um conjunto essencial à proteção da saúde do profissional como também à proteção contra a fuga dos insetos.

• Sala de insetos imaturos e adultos

As salas de imaturos e de adultos devem ser separadas, já que entre essas duas fases ocorre especificidade quanto à exigência de temperatura e umidade relativa do ar controlada. As paredes devem ser em alvenaria e possuir divisórias internas em gesso acartonado com isolamento térmico e fechamento até o teto.

a) As paredes de um insetário devem receber emassamento com os cuidados a eliminar reentrâncias; pintura acrílica deve ser em cor clara, preferencialmente branca, tanto na alvenaria, quanto no gesso. Segundo Adegas e Alvahydo (1997), a escolha da cor melhora a visualização de insetos em fuga facilitando sua captura. Além disso, facilita a limpeza, que se não for feita adequadamente se torna campo fértil para a proliferação de fungos, e outros microrganismos presentes no ar, uma vez que a elevada Umidade Relativa do Ar (URA) e a temperatura atuam como agentes do desenvolvimento de organismos oportunistas. As divisórias em gesso acartonado permitem boa circulação de ar e pouca variação na URA, o que facilita também o controle de temperatura ambiente.

b) O piso deve ser impermeável, lavável, de acabamento liso, antiderrapante em cores claras e neutras.

c) As janelas devem possuir os vidros fixos e serem teladas na área externa com malha de tramas de 1mm por $cm^2$, adequada a insetários de criação de culicídeos (CONSOLI; LOURENÇO-DE-OLIVEIRA, 1994). Devem ser posicionadas à altura acima de 2,10m, esperando-se evitar a incidência direta de luz solar. Os marcos (quadros que são fixos na alvenaria), depois de instalados, deverão receber acabamento em silicone tanto na parte interna quanto na externa,de forma garantir a vedação como também eliminar possível local de refúgio para pequenos insetos e animais.

d) Deve possuir iluminação adequada, de forma que facilite as atividades, evitando reflexos que possam interferir na visão. Entretanto, a iluminação natural deve ser bem adequada priorizando sua utilização.

e) A porta deve ser de acesso único (CONSOLI; LOURENÇO-DE--OLIVEIRA, 1994), o que garante o controle no fluxo de pessoal. Preferencialmente de cor clara e com superfície sem reentrâncias para que a limpeza seja facilitada.

f) A sinalização principal na porta de entrada deve conter um pictograma de risco biológico, contendo informações sobre o(s) inseto(s) manipulado, e os meios de contato com o Responsável Técnico: endereço completo e diferentes possibilidades de sua localização (CTNBio/RN nº 2/2006), além de telefones fixo e móvel (Figura 4.1).

**Figura 4.1** – Pictograma de risco biológico e informações de biossegurança

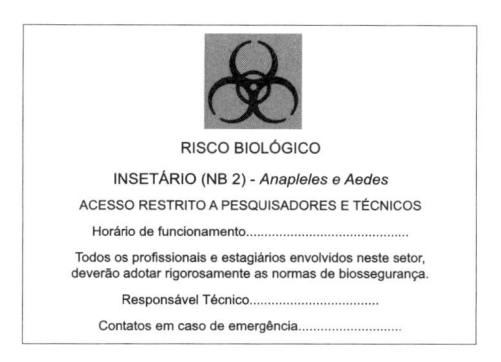

Fonte: Laboratório de Entomologia Médica do Instituto de Pesquisas Científicas e Tecnológicas do Estado do Amapá (Iepa) (2008).

g) Uma cortina de ar com fluxo de cima para baixo (Figura 4.2) deve ser instalada na porta principal, bem como na porta de acesso à sala de criação de adultos. Esse corrente de ar funciona como proteção contra a entrada de animais, fumaça e ar frio e quente, como também evita a fuga de anofelinos que, porventura, tenham escapado.

**Figura 4.2 –** Cortina de ar

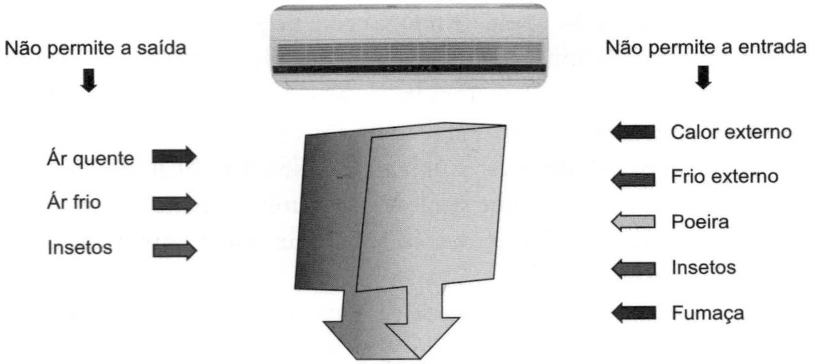

Não permite a saída

Ár quente ➡
Ár frio ➡
Insetos ➡

Não permite a entrada

⬅ Calor externo
⬅ Frio externo
⬅ Poeira
⬅ Insetos
⬅ Fumaça

Fonte: Adaptado de Consoli; Lourenço-de-Oliveira (1994).

h) Visores nas portas de acesso as salas de imaturos e adultos garantem a visibilidade dos procedimentos em seu interior (CONSOLI; LOURENÇO-DE-OLIVEIRA, 1994).

i) Deve ser projetada também uma antessala adequada à colocação dos EPIs necessários, que preceda respectivamente a sala de insetos imaturos e adultos.

j) O teto precisa sofrer rebaixamento, com altura do pé-direito entre 2,30 a 2,50m, de forma que permita a captura de insetos em caso de escape. Podem-se utilizar esquadrias de alumínios, PVC ou madeira. Essas diferenças são apenas estéticas, mas devem ser feitas sob medida e deverão ser removíveis de forma a facilitar a limpeza. Recomenda-se tela de 1mm por cm². Deve ser feita vedação com silicone assim como nas esquadrias das janelas.

k) Condicionadores de ar do tipo *split* são preferenciais por permitirem controlar a temperatura ambiente. Sua instalação deve ser acima das esquadrias de rebaixamento.

• Uso de EPI

Com o objetivo de minimizar as áreas expostas do corpo, que podem facilitar a hematofagia (repasto sanguíneo) de insetos que, porventura, tenham fugido das gaiolas de criação, deve-se fazer uso obrigatório de EPI, que inclui o uso de jaleco com mangas compridas, calça comprida e sapatos fechados. Há ainda, a recomendação de que, durante os procedimentos que envolvam a manipulação das colônias de culicídeos, não se utilize o dedo como barreira para impedir a fuga do inseto de dentro de um capturador de sucção. Assim orienta--se que, nessas circunstâncias, o bloqueio seja com um chumaço de algodão.

• Capacitação de pessoal

A capacitação técnica em biossegurança do pessoal envolvido na rotina de um insetário é essencial para o sucesso do trabalho. Palestras que incluam temas como: a utilização consciente de EPI; cuidados na manipulação de insetos selvagens, ou de gerações filhas de *Aedes aegypti*, que podem estar infectadas e assim acidentalmente infectar o manipulador; descarte de material biológico; níveis de biossegurança; medidas a serem adotadas em casos de emergência correspondem ao roteiro mínimo que precisa ser abordado e discutido.

• Responsabilidade Técnica (RT)

Deve haver um Responsável Técnico habilitado para conduzir as atividades de rotina de um insetário, de forma que se estabeleçam supervisões contínuas quanto à observância e conduta das normas de biossegurança.

• Procedimento Operacional Padrão (POP)

O RT deve elaborar os POPs para o insetário, nos quais todos os procedimentos da rotina estejam descritos, incluindo as normas de biossegurança. Os POPs sobre normas de manipulação, criação, manutenção, uso adequado de EPI, Livro de Ocorrências, procedimentos de emergência são de grande importância por serem o instrumento de consulta e monitoramento ao corpo técnico.

• Resistência quanto à adequação de conduta segura

É comum ouvir comentários sobre os profissionais que possuem maior tempo de atuação nesta atividade sejam refratários às normas estabelecidas para procedimentos seguros, pois afirmam possuir experiência e prática e que, portanto, não se sentem na obrigação modificação de conduta. Isso pode ser atitude perigosa, que coloca em risco a própria pessoa e todos com quem convive, não só no ambiente trabalho (GALARDO et al., 2009).

• Quantidade ideal de profissionais em insetários

Não existe uma quantidade de pessoal dita ideal, pois depende do espaço físico disponível. Galardo (2009) observou que em um insetário onde a área de criação dos culicídeos adultos era de 2,5m x 3,0m, três profissionais em atividade por pelo menos duas horas eram capazes de modificar completamente a temperatura ambiente, bem como causar a redução da URA.

• Controle no acesso de pessoal

Somente o pessoal envolvido nas pesquisas deve ter acesso ao insetário. Visitantes autorizados devem obrigatoriamente estar acompanhados de um profissional da equipe ou do Responsável Técnico.

• Higiene

O serviço de limpeza de pisos, paredes e bancadas deverá ser executado pelo pessoal de apoio, somente após capacitação quanto aos aspectos básicos da biologia dos insetos ali mantidos, bem como de noções de biossegurança. A imposição de não se tocar nas gaiolas de criação se deve tanto ao requisito de biossegurança como para minimizar o estresse que pode ser causado às colônias.

Os culicídeos, mais particularmente os anofelinos, são muito susceptíveis a odores fortes, logo naãodevem ser utilizados produtos desinfetantes no local, muito menos inseticida de qualquer grupo químico e biológico. Neste ambiente utiliza-se apenas detergente neutro e álcool a 70%.

• Descarte de material biológico

O material biológico produzido em um insetário é mínimo, sendo: as formas imaturas (ovo, larva e pupa) e mosquitos adultos. Mas, como para todos os materiais biológicos, são necessários alguns procedimentos: os imaturos passam por um processo de congelamento por 24 horas ou submetidos à imersão em solução de hipoclorito a 20% também pelo mesmo período. Os insetos adultos são congelados por 24 horas ou sacrificados com vapor de acetato de etila. Após total inviabilidade, o descarte é feito em lixeira identificada por "material biológico".

O volume de descarte em um insetário é quase que insignificante, assim, podem-se acondicionar em *freezers*, em um recipiente apropriado, estes resíduos para semanalmente receber sua destinação final. Essa destinação deve ser realizada por empresa especializada em Resíduos de Serviços da Saúde (ver Capítulo 8). Em geral, a técnica mais utilizada é a pré-trituração e posterior autoclavagem, descaracterizando-os e tornando-os resíduos comuns, de forma a atender o que dispõe a Lei nº 12.305, de 2 de agosto de 2010 (BRASIL, 2010).

## 4.7 Necessidades básicas

Além das características físicas descritas no Capítulo 3, há particularidades com relação às instalações para o biotério, como:

– definição de corredores;
– tipos de portas;
– area de vestuário;
– lava-pés;
– chuveiro;
– escoamento de água;
– area de higienização de materiais; e
– setor para armazenar ração e sepilho.

É importante ressaltar, também, que a capacitação de pessoas e o estabelecimento de normas para circulação nos ambientes onde estão alojados os animais devem ser planejados e corresponder à prioridade para otimização da atividade. Estas normas têm como meta evitar situações de contaminação que se constituem em perigo tanto para os animais quanto para a saúde do homem.

Dentre as características da infraestrutura podem ser citadas:

– Paredes laváveis (tinta a óleo, epóxi) e não azulejadas, pois as ranhuras não permitem uma boa limpeza.

– No caso de haver janelas, elas devem ter telas e os vidros pintados de escuro para que a luz solar interfira no controle do ciclo claro/escuro.

– Forro lavável e com bom isolamento.

– Interruptores protegidos com exposição mínima.

– Piso lavável e antiderrapante (granilite).

– Cantos das paredes arredondados para evitar quinas que acumulam sujeira e contaminação, rodapé com 15cm de altura para evitar danificação das paredes por rodas de carrinhos.

– As portas devem ser dimensionadas de forma a permitir a passagem de carrinhos.

– Não devem existir degraus.

– Deve haver controle da circulação de pessoas em função do tipo de trabalho.

– Controle de descartes dos diferentes materiais (ver capítulos 7 e 8) (BRASIL, 2001).

– Sinalização adequada (como descrito nos capítulos 3, 8 e 9).

## 4.8 Cuidados com os animais

Os cuidados com os animais devem incluir a capacitação do profissional. Isso requer conhecimentos de anatomia, fisiologia, farmacologia, técnicas cirúrgicas e atualmente de biologia molecular (MATTARAIA, 2012).

O manuseio do animal para contenção (MAJEROWICZ, 2008) deve ser correto e os procedimentos como administração de medicamentos exigem capacidade do profissional para evitar riscos para o pessoal e para o animal. É recomendável que seja feita uma ficha de acompanhamento do animal, quer esteja em biotério de experimentação, manutenção ou produção. E as ocorrências devem ser registradas de forma clara para que qualquer pessoa possa tomar as providências corretas e esteja de posse de informações confiáveis (LAPCHIK et al., 2009).

Durante o período de permanência no biotério ou no laboratório de ensino, o profissional responsável deverá estar atento ao comportamento do animal (alterações de sono, alimentação, urina, fezes, agressividade, aspecto da pelagem, olhos, parâmetros fisiológicos e aos sintomas que possam identificar ou representar sofrimento, dor e desconforto). Esses variam significativamente entre as espécies ou mesmo na mesma espécie.

## 4.9 Cuidados com os profissionais de laboratório

O responsável pelo biotério que contrata ou recebe os profissionais para trabalhar deve oferecer o treinamento inicial e também de forma contínua para atualizar, rever e consolidar os detalhes desta atividade nobre e complexa que incluiu a biossegurança (MAJEROWICZ, 2008), a proteção individual, a proteção de pessoas próximas, do meio ambiente e também dos animais durante o treinamento deverá receber informações sobre riscos a que estará exposto, as formas de proteção e também o que fazer em caso de emergências. E deverá conhecer as principais zoonoses das espécies com que entrará em contato (ANDRADE et al., 2002) (ver capítulos 3 e 6). Esta capacitação inicial e de forma continuada está prevista na NBR-32; que também prevê instruções por escrito sobre as rotinas, medidas de prevenção de acidentes e de doenças relacionadas ao trabalho, que devem ser entregues ao profissional por escrito e contra recibo. Deve ser fornecido ao trabalhador gratuitamente imunização ativa contra as doenças: tétano, difteria, hepatite B e os demais estabelecidos pelo PCMSO.[6]

A imunização tem sido uma estratégia eficiente para controle de uma série de doenças infecciosas, sejam causadas por bactérias, vírus ou toxinas. Esta proteção pode ser alcançada com a administração de imunobiológicos que agem através de dois mecanismos básicos: a imunização passiva e a imunização ativa.

---

[6] Programa de Controle Médico de Saúde Ocupacional.

## 4.10 Legislação no Brasil para pesquisas com animais experimentais

A Declaração de Helsinki I, adotada na 18ª Assembleia Médica Mundial na Finlândia (1964) no item nº 1 dos Princípios Básicos enuncia que: "A pesquisa clínica deve adaptar-se aos princípios morais e científicos que justificam a pesquisa clínica e deve ser baseada em EXPERIÊNCIAS DE LABORATÓRIO COM ANIMAIS".

A escolha dos modelos animais para pesquisa ou mesmo aulas deve considerar vários aspectos e características dos animais como foi descrito por Ana Lúcia Brunialti (GODARD, 2007). Também é importante considerar que há uma revolução genética, nos estágios iniciais que está acelerando o andamento das descobertas. Para que a revolução genética forneça os avanços esperados para se progredir na condição humana, é necessária a existência de animais experimentais adequados.

Outro argumento, de acordo com a Sociedade Brasileira para o Progresso da Ciência (SBPC), a experimentação animal visa ao bem-estar do homem e do próprio animal, assim considera que a crítica ao uso de animais em pesquisa não é científica. A SPBC critica o uso de animal em pesquisa não científica.

A utilização de animais em pesquisas e no ensino é questão polêmica em vários locais. No ensino, segundo alguns docentes, hoje em dia poucos animais vivos são usados. "São usados vídeos ou *softwares*, ratos mecânicos e cadáveres preservados, culturas de células para que os alunos possam aprender de outras formas".

O quadro abaixo resume o histórico de projetos de leis, resoluções, portarias que visam regulamentar o uso de animais experimentais em pesquisas e no ensino.

**Quadro 4.1** – Evolução da legislação no Brasil sobre pesquisas e ensino com animais experimentais – não humanos

| Ano | Tipo | Finalidade |
|---|---|---|
| 1934 | Decreto nº 24.645 | Estabeleceu medidas de proteção aos animais e, pela primeira vez, reconheceu como tutelados todos os animais existentes no país (art. 1º). |
| 1941 | Decreto nº 3.688 | Dispôs sobre as contravenções penais. |

*continua...*

*continuação*

| Ano | Tipo | Finalidade |
|-----|------|-----------|
| 1979 | Lei nº 6.638 | Primeira tentativa de se *estabelecer normas para a prática didático-científica da vivissecção de animais* |
| 1988 | Constituição Brasileira | Artigo 225, § 1º, alínea VII, incumbe ao Poder Público de *"proteger a fauna e a flora, vedadas, na forma da lei, as práticas que coloquem em risco sua função ecológica, provoquem a extinção de espécies ou submetam os animais à crueldade"*. |
| 1992 | Resolução nº 592 do Conselho Federal de Medicina Veterinária | Estabeleceu em seu art. 1º que *"estão obrigadas a registro na Autarquia: Conselho Federal e Conselhos Regionais de Medicina Veterinária... jardins zoológicos e biotérios"*, o que gerou outros preceitos legais de ordem estadual e/ou municipal, visando a um controle e fiscalização dos biotérios nacionais. |
| 1994 | Portaria nº 016 do IBAMA | Entre outras medidas, dispôs sobre: c) tempo de manutenção dos animais em cativeiro; d) local para a manutenção (viveiros, terrários, gaiolas, tanques, caixas, recintos, outros), incluindo suas dimensões; e) forma de obtenção dos animais; f) aspectos sanitários e de manejo (água, alimentação/nutrição, limpeza, profilaxia, outros); e g) destino dos animais após a conclusão das pesquisas. |
| 1997 | Resolução nº 251 do Conselho Nacional de Saúde | Essa Resolução no Item III enuncia dentre as exigências para pesquisa em qualquer área do conhecimento, alínea "b", estar fundamentada na experimentação prévia realizada em laboratório, animais ou em outros fatos científicos. Definiu as normas de pesquisa envolvendo seres humanos para a área temática de pesquisas com novos fármacos, medicamentos, vacinas e testes diagnósticos, complementando a Resolução nº 196/1996 que criou comitês de ética em pesquisa envolvendo seres humanos. |

*continua...*

*continuação*

| Ano | Tipo | Finalidade |
|---|---|---|
| 2005 | Lei nº 11.977 – Estado de São Paulo | Restringe o uso de animais em pesquisas e determina que se dê prioridade a métodos alternativos, que substituam os mesmos. Instituiu o Código de Proteção aos Animais do Estado Também definiu que o número de animais a serem utilizados para a execução de um projeto e que o tempo de duração de cada experimento. *"Artigo 31: fica proibida a utilização de animais vivos provenientes dos órgãos de controle de zoonoses ou canis municipais, ou similares públicos ou privados, terceirizados ou não, nos procedimentos de experimentação animal".* |
| 2007 | Lei nº 7.486 – Florianópolis | Regulamenta uso de animais em pesquisa e ensino condicionando à aprovação do Comitê de Ética o uso de animais. |
| 2008 | Lei nº 1.153/95 – Rio de Janeiro | Foi aprovada pelo Plenário da Câmara1 por unanimidade. Estabelece regras para o uso de animais em pesquisas, atividades de ensino e experimentação em todo o País e teve como relator o deputado Fernando Gabeira. O texto desta lei trata ainda da criação do Conselho Nacional de Controle de Experimentação Animal (Concea). |

Fonte: Proposto pelas autoras.

A pesquisa envolvendo animais ao longo dos tempos tem gerado debates e polêmicas, desconsiderando que o seu objetivo que visa a melhorar a qualidade de vida dos seres humanos e também dos animais não racionais.

Ainda há uma defasagem entre a necessidade da sociedade e tramitação e aprovação dos projetos de lei ou as regulamentações, fato que pode ser desastroso para a comunidade em geral.

Além disso, é importante que vários setores da sociedade possam conhecer e opinar sobre esses temas, pois, com a participação, a responsabilidade é ampliada e as decisões podem ser menos traumáticas e podem ganhar visibilidade. E com isso tendem a se aproximar de um consenso.

# REFERÊNCIAS

ABNT. Associação Brasileira de Normas Técnicas. *NBR 14787*, 2001.

_____. Associação Brasileira de Normas Técnicas. Norma Regulamentadora nº 33. *Norma Regulamentadora de Segurança e saúde nos trabalhos em espaços confinados*. (Port. nº 30, 22/10/2002).

ADEGAS, M. G.; D.VALLE; BARROSO-KRAUSE, C. Ambientes confinados controlados. *Cadernos do ProArq*, v. 8, n. 8, p. 129-151, 2004.

ADEGAS, M. G., ALVAHYDO, A. L. S. *Projeto de Implantação de Laboratórios do Instituto Oswaldo Cruz*. Rio de Janeiro, 1997.

AGECOM. *Comissão de Constituição, Justiça e Cidadania aprova projeto de lei que regulamenta uso de animais em pesquisa*. Disponível em: <http://www.agecom.ufsc.br>. Acesso em: 8 ago. 2008.

ANBIO. Disponível em: <http://www.anbio.org.br>. Acesso em: 15 jun. 2004.

ANDERSEN, M. L. et al. *Princípios éticos e práticos do uso de animais de experimentação*. São Paulo: Unifesp, 2004.

ANDRADE, A.; PINTO, S. C.; OLIVEIRA, R. S. *Animais de laboratório: criação e experimentação*. Rio de Janeiro: Fiocruz, 2002.

BAKER, K. *Na bancada*. Porto Alegre: Artmed, 2002.

BECKWICK, J. *A Entrevista*. São Paulo: Folha de S.Paulo, São Paulo, 05 jan. 2003. Entrevista concedida a Maggie McDonald da revista New Scientist.

BRASIL. Ministério da Saúde Conselho Nacional de Saúde Comissão Nacional de Ética em Pesquisa. Disponível em: <http://www010.dataprev.gov.br/sislex/paginas/24/1941/3688.htm> Acesso em: 4 abr. 2008.

BRASIL. Ministério da Saúde. *Gerenciamento de Resíduos de Serviços de Saúde*. 2001.

BRASIL. *Portaria do MS/GM nº 1.914, de 9 de agosto de 2011*.

BRASIL. *Resolução 196/96*. Disponível em: <http://www.conselho.saude.gov. br>. Acesso em: 26 mar. 2004.

CENTER FOR DISEASE CONTROL AND PREVENTION – CDC. *Principles of Biosafety, 2008*. Disponível em: <http://www.cdc.gov/>. Acesso em: 26 mar. 2012.

CERQUEIRA, N. Cosméticos. *Ciência Cultura*, São Paulo, v. 60, n. 2, 2008.

CONSOLI, A.G.B.; LOURENÇO-DE-OLIVEIRA, R. *Principais Mosquitos de Importância Sanitária no Brasil*. Fiocruz, 1994, p. 228.

COMISSÃO TÉCNICA NACIONAL DE BIOSSEGURANÇA. *Resolução Normativa Nº 2*, de 27 de nov. de 2006.

CORDEIRO, R. S. B. Legalização do uso de Animais de Laboratório: presente, passado e futuro. São Paulo: Ciência e Cultura, 2008. Disponível em: < http://cienciaecultura.bvs.br/scielo.php?pid=S0009- -67252008000200018&script=sci_arttext> Acesso em: 25 set. 2013.

COSTA, M. A. F. *Qualidade em biossegurança*. Qualitymark, 2000.

*CURSO de Cronobiologia*. In: XX Reunião Anual da Fesbe. Águas de Lindóia, 2005.

DOL. *Dor on line*. Disponível em: <http://www.dol.inf.br/Html/Apontadores/AlertaCorpo6.html>. Acesso em: 29 jun. 2013.

CTBio/Comissão Técnica de Biossegurança da Fiocruz, 1998. *Biossegurança no trabalho com artrópodes vetores de doenças em Procedimento para a manipulação de microrganismos patogênicos e/ou recombinantes na Fiocruz*. 1ª ed., Ministério da Saúde, Fundação Oswaldo Cruz, Rio de Janeiro. Disponível em: <http://www.biossegurancahospitalar.com.br/files/LivroProcedManipMicroPato. pdf>. Acesso em: 15 mar. 2012.

FOLHAONLINE. *Aprovação lei de biossegurança*. Disponível em: <http:// www.folhaonline.com.br>. Acesso em: 7 out. 2004.

FRADA. *União Europeia proíbe testes de cosméticos em animais*. Disponível em: <http://www.frada.com.br/v3/?page=view&codigo=2365>. Acesso em: 2 fev. 2013.

FUNDAÇÃO OSWALDO CRUZ (FIOCRUZ). *Biossegurança em laboratório*. São Paulo, 1998. 1 CD.

FUNDAÇÃO OSWALDO CRUZ-FIOCRUZ. Adegas, M. G., Barroso--Krause, C., Lima, J. B. P., & Valle, D. *Parâmetros de biossegurança para insetários e infectórios de vetores: aplicação e adaptação das normas gerais para laboratórios definidas pela Comissão Técnica de Biossegurança da Fiocruz*. 1ª ed. Ministério da Saúde, Rio de Janeiro: Ed., 2005, p. 64.

FURTADO, R. A controvérsia dos OGMs nos 30 anos da Engenharia Genética. *Scientific American*, n. 18, ano 2, p. 26-33, nov. 2003.

GALARDO, C. D.; Galardo, A. C .R.; Morais, R. A. P. B.; Almeida, M. F. C. *Biossegurança no insetário de Anopheles (NYS) marajoara do IPCT do estado do Amapá*. In: VI Congresso Brasileiro de Biossegurança, Rio de Janeiro, 2009.

GARRAFA, V.; COSTA, S. I. F. *A bioética no século XXI*. UNB, 2000.

GERDAQUE, E. Vetada na EU, cobaia é usada em testes de cosméticos no Brasil. *Folha on line*, São Paulo, 25 fev. 2008. Folha Ciência. Disponível em: <http://www1.folha.uol.com.br/folha/ciencia/ult306u375645.shtml>. Acesso em: 9 jul. 2008.

GODARD, A. B. Disponível em: <http://www.fesbe.org.br/v3/?page=informacoes/ler&tipo=informacao_a&id>. Acesso em: 6 jul. 2007.

GOLDENBERG, S. Aspectos éticos da pesquisa com animais. *Acta Cir. Bras.*, São Paulo, v. 15, n. 4, out-dez, 2000.

GOLDIM, J. R.; FRANCISCONI, C. F. *Roteiro para abordagem de casos em ética aplicada à pesquisa*. Disponível em: <http://www.ufsm.br/cep/bioethics_subj02.html>. Acesso em: 22 fev. 2006.

GOLDIM, J. R.; RAYMUNDO, M. M. *Pesquisa em modelos animais*. Disponível em: <http://www.bioetica.ufrgs.br/animrt.htm>. Acesso em: 9 maio 2008.

GOLEMAN, D. *Inteligência Emocional*. 5. ed. São Paulo: Objetiva.

GOODMAN; GILMAN. *Bases da farmacologia terapêutica*. Rio de Janeiro: Koogan, 1983.

HIRATA, M. H.; MANCINI FILHO, J. *Manual de biossegurança*. São Paulo: Manole, 2002.

HOSTDIME. Disponível em: <http://www.hostdime.com.br/dicionario/etiopatogenia.html>. Acesso em: 9 jul. 2008.

INDEPENDENTE. *Instituto Royal irá doar os 178 cães da raça beagle recolhidos por manifestantes*. Disponível em: <http://www.independente.com.br/player.php?cod=40386>. Acesso em: 25 out. 2013.

IZIQUE, C. *Lei Polêmica: Biossegurança*. Pesquisa – Fapesp, n. 97, p. 16-21, mar. 2004.

LAPCHIK, V. B. V.; MATTARAIA,V. G. M.; GUI, M. K.*Cuidados e Manejo de animais de Laboratorio*. Atheneu, 2009.

LEAL, F. *SBPC: crítica a uso de animais em pesquisa não é científica*. Disponível em: <http://noticias.terra.com.br/brasil/interna/0,,OI2901499-EI306,00.html>. Acesso em: 2 jun. 2008.

MADDOX, J. *O que falta descobrir?* Rio de Janeiro: Campus, 1999.

MAJEROWICZ, J. *Boas Práticas em biotérios e biossegurança*. Rio de Janeiro. Interciência, 2008.

MANUAL SOBRE CUIDADOS E USOS DE ANIMAIS DE LABORATÓRIO. National Research Council. Goiânia: AAALAC E COBEA, 2003.

MATTARAIA, V. G. M.; OLIVEIRA, G. M. e col. *Comportamento de Camundongos em Biotério*. Editora Poloprint/SP-2012.

MCARDLE, W.; KATCH, V. L.; KATCH, F. I. *Fisiologia do Exercício*: nutrição, energia e desempenho. 7. ed. Rio de Janeiro: Guanabara Koogan, 2011.

NEVES, S. M. P.; FILHO, J. M.; MENEZES E. W. *Manual de Cuidados e Procedimentos com Animais de Laboratório do Biotério de Produção e Experimentação da FCF-IQ/USP*, São Paulo: FCF-IQ/USP, 2013.

NIH – National Institutes of Health 2008. *Biosafety in microbiological and biomedical laboratorie*. Disponível em: <http://www.nih.gov/>. Acesso em: 20 mar. 2012.

OLIVEIRA, F. *Bioética: uma face da cidadania*. São Paulo: Moderna, 1997.

SÃO PAULO (Estado). Lei nº 11.977, de 25 de agosto de 2005. Institui o Código de Proteção aos Animais do Estado e dá outras providências. Disponível em: <http://www.al.sp.gov.br/repositorio/legislacao/lei/2005/lei%20 n.11.977,%20de%2025.08.2005.htm> Acesso em: 25 set. 2013.

SAÚDE ANIMAL. Disponível em: <http://www.saudeanimal.com.br/ portaria016_94.htm>. Acesso em: 9 jul. 2008.

STEFFENS, V. A. *Ética na experimentação animal*. Disponível em: <http:// www.bit.uem.br/etica.htm>. Acesso em: 27 maio 2004.

TEIXEIRA, P.; VALLE, S. *Biossegurança*: uma abordagem multidisciplinar. 3. ed. Rio de Janeiro: Fiocruz, 2002.

UFAW. Disponível em: <http://www.ufaw.org.uk>. Acesso em: 7 jun. 2004.

VASCO, A. *Curso fundamentos de biossegurança*. In: 17, Reunião Anual da Fesbe, Salvador, UFMG, 2001.

**Sites de interesse:**

www.cobea.org.br

www.ufrgs.br

www.ctnbio.gov.br

www.ufaw.org.uk

www.fiocruz.br

www.conselho.saude.gov.br

www.frame.org.uk

www.unifesp.br

# BOAS PRÁTICAS LABORATORIAIS EM RATOS E CAMUNDONGOS

EVELLYN CLAUDIA WIETZIKOSKI

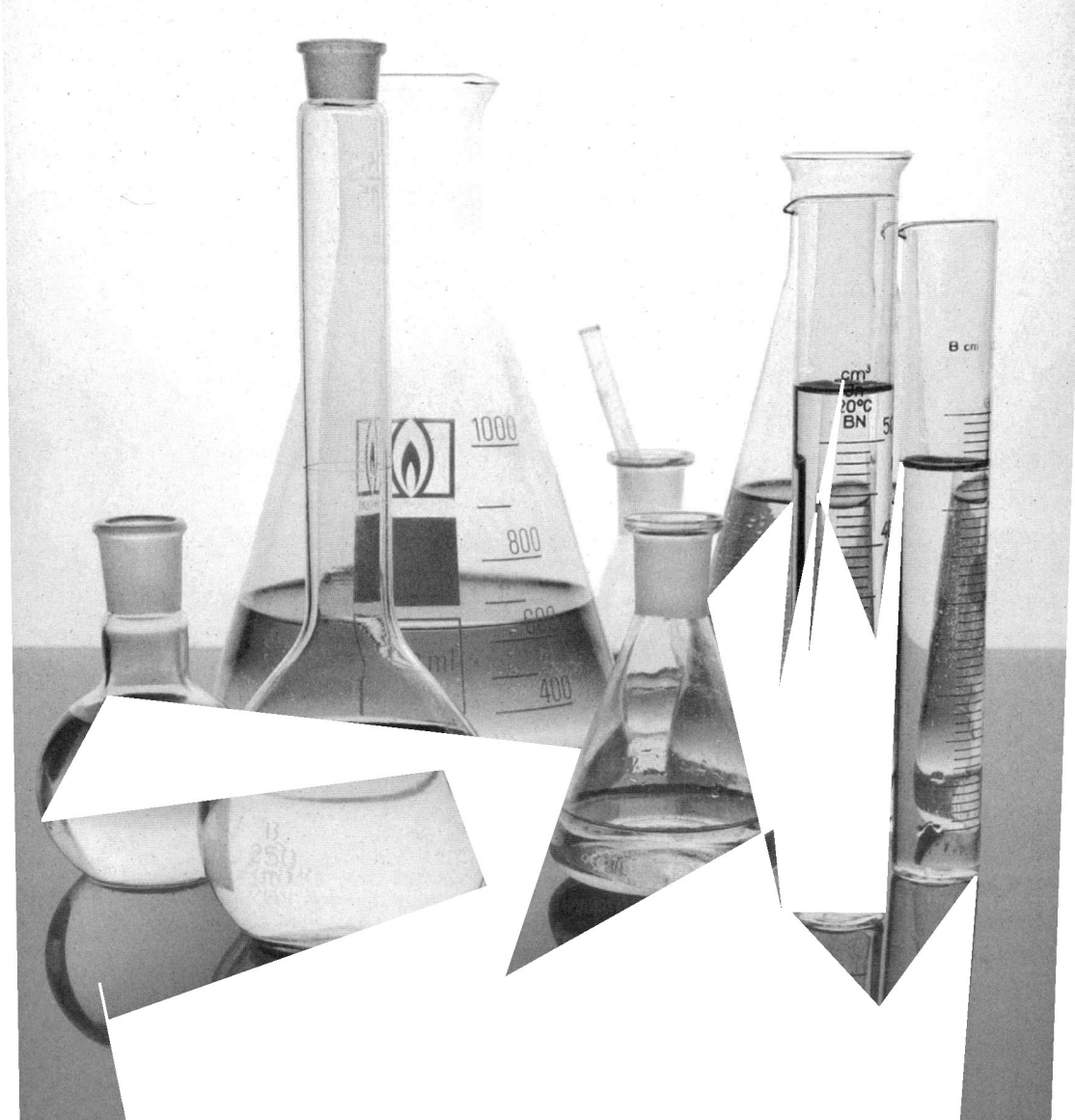

**Evellyn Claudia Wietzikoski**
Fisioterapeuta e especialista em Fisioterapia Dermatofuncional pela Faculdade Evangélica do Paraná, concluiu mestrado e doutorado em Farmacologia na Universidade Federal do Paraná (UFPR). Atualmente é docente e coordenadora do curso de graduação da Universidade Paranaense.(Unipar) e sua área de atuação é a Farmacologia Experimental.

# CAPÍTULO 5

## Boas Práticas Laboratoriais em Ratos e Camundongos

## 5.1 Introdução

A introdução de substâncias químicas através das vias de administração é uma prática comum em experimentação animal e faz parte do trabalho de rotina durante o desenvolvimento de uma pesquisa experimental (NEBENDHAL, 2000). Muitas das vias que conhecemos e utilizamos para introduzir substâncias no nosso organismo são aplicadas em animais de experimentação, tais como ratos e camundongos (FIGUEIREDO, 2003).

## 5.2 Vias de administração

A escolha da via mais adequada durante o experimento constitui um importante passo no delineamento de um projeto de pesquisa. Com base na introdução da substância diretamente no local em que se deseja ter o efeito, pela escolha da via mais adequada, é possível minimizar os efeitos colaterais de uma droga, pois com esta prática a dose administrada pode ser diminuída.

Assim como em humanos, as vias de administrações em animais podem ser divididas em enterais e parenterais. A via enteral consiste na administração da substância diretamente no trato gastrintestinal, mais especificamente no tubo entérico. Já a parenteral envolve todas as outras vias de administração que introduzem a substância no organismo, excluindo o trato gastrintestinal. A Tabela 5.1 (ao final deste capítulo) mostra um resumo das principais vias de administração de drogas utilizadas em experimentação com suas vantagens e desvantagens.

Em ratos e camundongos, a via oral constitui a principal forma de administração entérica. Doses acuradas de substâncias podem ser administradas diretamente dentro do estômago de roedores por gavagem. Trata-se de uma técnica simples, que requer um pouco de conhecimento da anatomia do animal para não administrar a substância no pulmão pela introdução da cânula através do tubo faríngeo.

A técnica consiste em imobilizar corretamente o animal tracionando a pele do dorso com uma das mãos (este procedimento irá imobilizar as patas dianteiras); com a mão que está livre se introduz uma cânula através do tubo esofágico do animal chegando até o estômago (Figura 5.1).

**Figura 5.1** – Administração por via oral (gavagem)

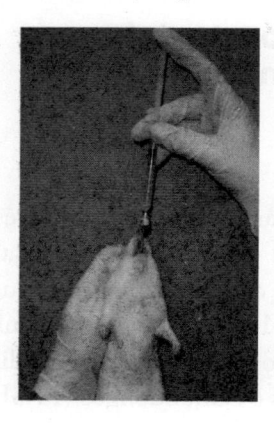

Fonte: Acervo da autora.

O tamanho da cânula e o volume máximo administrado variam para ratos e camundongos (ANDERSEN et al., 2004). Para ratos, as cânulas podem variar de 5 a 8cm, e para camundongos, de 2 a 4cm de comprimento, dependendo da idade e do tamanho do animal. Através desta via é possível administrar de 1 a 2ml/100g de peso do animal, dependendo o veículo em que a substância está diluída. Se for um veículo aquoso, permitem-se volumes maiores, porém para veículo oleoso o volume administrado é menor.

A adição de drogas à ração ou à água disponíveis para o animal também é uma forma de administração oral. Porém esta prática oferece desvantagens, pois a dose da droga que é ingerida é imprecisa, além de que substâncias que possuem paladar amargo ou que não tenham gosto despertam menor ou nenhum interesse para os animais, ao contrário de substâncias com sabor adocicado (ELLENBERGER, 1993).

As vias injetáveis são comumente utilizadas em laboratórios de pesquisa e constituem as vias parenterais. Drogas que são irritantes para o tecido podem frequentemente ser administradas pela via intravenosa, também chamada de via endovenosa. Esta administração resulta em uma rápida distribuição da droga pelo organismo e início dos efeitos quase imediatos (ELLENBERGER, 1993). Através dos vasos superficiais, tais como a veia caudal, veia dorsal do pênis (Figura 5.2), safenas, veia jugular externa, é possível introduzir a agulha e administrar as substâncias diretamente na corrente sanguínea. No caso de experimentos crônicos, esta prática pode ser facilitada pela canulação da veia de interesse (WAYNFORTH; FLECKNELL, 1992). Grandes volumes podem ser administrados por esta via e seu acesso pode ser facilitado pela dilatação inicial da veia desejada.

**Figura 5.2** – Administração por via venosa – veia dorsal do pênis

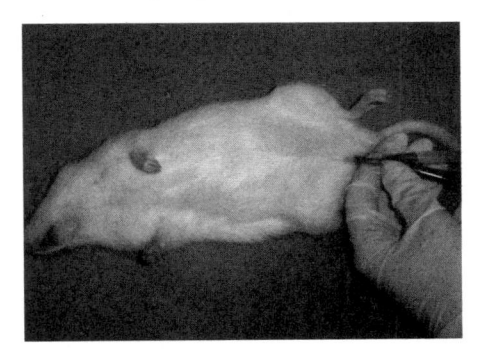

Fonte: Acervo da autora.

A administração subcutânea é um procedimento simples e útil para introdução de drogas não irritantes. O melhor local para execução desta técnica é a região supraescapular do rato ou camundongo. Pequenos volumes são administrados por esta via e, como a absorção no espaço subcutâneo é pequena, por ser uma região pobre em vascularização, obtém-se um efeito prolongado. A absorção pode ser reduzida ainda mais se a substância administrada possui propriedades vasoconstritoras. A técnica pode ser realizada com o animal consciente, quando inicialmente ele é imobilizado com uma das mãos, e então, com a mão livre, é introduzida a agulha apenas na região dérmica, o mais próximo da superfície (Figura 5.3). Após a realização desta técnica é possível a visualização de uma pápula na região onde foi administrada a substância.

A injeção intraperitoneal é a via de administração mais utilizada para introdução de drogas em experimentação animal. Esta técnica permite a administração de substâncias na cavidade peritonial, formada pelo peritônio, uma membrana sorosa que reveste as paredes internas da cavidade abdominal e a maioria dos órgãos abdominais.

**Figura 5.3** – Administração por via subcutânea

Fonte: Acervo da autora.

Em ratos e camundongos, as substâncias depositadas na cavidade peritonial são absorvidas através de vasos e veias que convergem para a veia mesentérica anterior, a qual conduz o sangue para o sistema-porta (WELLS, 1964). Após a metabolização pelo fígado, a droga é conduzida junto com o sangue venoso para a veia cava inferior no átrio direito. A artéria pulmonar distribui este sangue para ser oxigenado pelos pulmões, devolvendo para a veia pulmonar no átrio esquerdo e então para o ventrículo esquerdo e finalmente para a grande circulação.

Apesar deste processo aparentemente prolongado, a velocidade de absorção pela via intraperitoneal é apenas 25 a 50% mais lenta do que a velocidade da administração intravenosa (WOODARD, 1965). Por este motivo e por a técnica ser simples e não requerer muito treinamento para ser executada, é a via preferida para administração de drogas em experimentação. Tanto ratos quanto camundongos podem ser injetados diariamente por vários dias (durante 3 a 4 semanas, por exemplo). Entretanto, apesar da facilidade da técnica, quando mal realizada pode ocasionar consequências graves, como lesões dos órgãos internos e peritonite, gerando um processo doloroso para os animais e até mesmo em casos mais extremos a morte por choque séptico (CORIA--AVILA et al., 2007; LEWIS et al., 1966).

A técnica para administração de injeções intraperitoneais consiste em imobilizar inicialmente o animal e em seguida introduzir a agulha em um dos dois quadrantes laterais na região baixa do abdômen do rato ou camundongo, onde poderá ser depositada a substância na cavidade peritoneal (Figura 5.4).

**Figura 5.4** – Administração por via intraperitoneal

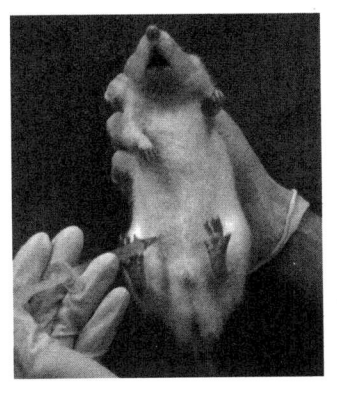

Fonte: Acervo da autora.

Em um estudo realizado por Coria-Avila et al. (2007), foi demonstrado que em 71,8% dos animais o ceco está localizado no lado esquerdo na região baixa do abdômen. Portanto, esse lado é mais suscetível à perfuração deste órgão, podendo ocasionar um processo inflamatório e infeccioso no animal. É sugerida, portanto, a realização da técnica através da administração de substâncias no lado direito na região baixa do abdômen (Figura 5.4) para reduzir as chances de perfurações de órgãos durante um procedimento executado com menos destreza. Por isso, a necessidade de capacitação, experiência e aperfeiçoamento dos profissionais, como descrito capítulo anterior.

**Figura 5.5** – Administração por via intramuscular

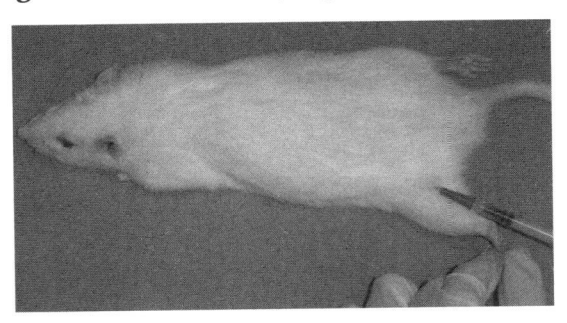

Fonte: Acervo da autora.

Os locais de administração da via intramuscular são limitados para os roedores, tanto pelo tamanho do músculo como também pelo volume máximo que pode ser injetado (VAN HAAREN, 1993). Os músculos da região posterior das patas traseiras, como os glúteos (Figura 5.5), são os preferidos por serem de grande superfície. Substâncias irritantes ou preparadas em veículos oleosos podem ser administradas por esta via.

Em pesquisas envolvendo o sistema nervoso central, muitas vezes é necessária a administração de substâncias que não atravessam a barreira hematoencefálica através das vias intracerebroventricular, intracerebral ou intratecal. A administração por estas vias requer um procedimento mais invasivo no animal e, portanto, é necessário anestesia. Cirurgias estereotáxicas são uma prática bastante utilizada para administração de drogas no sistema nervoso central (DA CUNHA et al., 2003, 2006, 2007).

Modelos animais são utilizados na pesquisa biológica para desvendar sistemas complexos envolvidos com a fisiopatologia de doenças ou para responder perguntas também complexas sobre o funcionamento dos sistemas.

Os experimentos animais ou pré-clínicos são realizados anteriormente à pesquisa em humanos e, somente após esta etapa estar completamente concluída, é possível iniciar a experimentação clínica com segurança (MAJEROWICZ, 2008). Além disso, o descarte do material biológico resultante dos procedimentos – descritos neste capítulo – deve ser realizado como prescrito na lei que instituiu a PNRS-12.305, de 2010.

Os critérios éticos e legais envolvendo pesquisa experimental são de grande importância para evitar e minimizar o sofrimento dos animais e devem ser respeitados (ver Anexo). O experimentador deve ser preparado para iniciar projetos que envolvam animais de pesquisa e estes devem ter origem confiável (MATTARAIA, 2012) (ver Capítulo 4). Portanto, é fundamental o treinamento inicial, conhecimento teórico da prática a ser executada e o desenvolvimento da consciência ética.

**Tabela 5.1** – Vantagens e desvantagens das principais vias de administração de substâncias em experimentação animal

| Vias de administração | Vantagens | Desvantagens |
|---|---|---|
| Gavagem | – Dose administrada com precisão. <br> – A técnica pode ser executada com o animal consciente. | – A substância pode ser introduzida erroneamente no pulmão. <br> – Quando técnica é mal executada pode ocasionar o óbito do animal. <br> – Pode ocorrer refluxo. |
| Via oral (adição de substâncias à água ou ração) | – Procedimento não invasivo. <br> – Substâncias de caráter adocicado são muito consumidas pelos animais. <br> – Fácil execução da técnica. | – A dose consumida pelo animal não é controlada pelo experimentador. <br> – Substâncias com gosto ruim ou sem gosto não despertam o interesse do animal para serem consumidas. |
| Via intravenosa | – Permite a infusão de grandes volumes. <br> – Podem ser administradas substâncias irritantes. <br> – Efeito imediato. | – Difícil acesso venoso. <br> – Para realizar a técnica, é necessário anestesiar o animal. |
| Via subcutânea | – Efeito prolongado. <br> – Técnica executada com o animal consciente. <br> – Fácil execução. | – Substâncias irritantes podem causar necrose tecidual. <br> – Inadequada para grandes volumes. |
| Via intraperitoneal | – Principal via de administração em experimentação animal. <br> – Rápida absorção. <br> – Facilmente executada. | – Pode ocasionar perfuração de órgãos abdominais e peritonites. |

*continua...*

*continuação*

| Vias de administração | Vantagens | Desvantagens |
| --- | --- | --- |
| Via intramuscular | – Podem ser administradas substâncias irritantes.<br>– Técnica executada com o animal consciente.<br>– Fácil execução. | – Pequenos volumes são permitidos.<br>– Tamanho do músculo.<br>– Risco de necrose pela introdução de substâncias em nervos. |

Fonte: Proposta pela autora.

# REFERÊNCIAS

ANDERSEN, M. L. et al. *Princípios éticos e práticos do uso de animais de experimentação*. São Paulo: Unifesp/USP, 2004.

BRASIL. *Lei nº 12305 Institui a Política Nacional de Resíduos Sólidos*. DOU de 2 de agosto 2010. Acesso em: 31 ago. 2010

CORIA-AVILA, G. A. et al. Cecum location in rats and the implications for intraperitoneal injections. *Lab Animal*, v. 36, p. 25-30, 2007.

CUNHA, C. et al. Place learning strategy of substantia nigra pars compacta-lesioned rats. *Behavioral Neuroscience*, v. 120, p. 1279-1284, 2006.

CUNHA, C. et al. Relational pre-training can compensate for stimulus-response habit learning deficit in a rat model of Parkinson's disease. *Neurobiology of Learning and Memory*, v. 87, p. 451-463, 2007.

CUNHA, C. et al. Evidence for the substantia nigra pars compacta as an essential component of a memory system independent of the hippocampal memory system. *Neurobiology of Learning and Memory*, v. 79, p. 236-242, 2003.

ELLENBERGER, M. A. *Methods in behavioral pharmacology*. 1. ed. In: VAN HAAREN (ed.). Elsevier, 1993, v. 10, p. 1-21.

FIGUEIREDO, N. M. A. *Administração de Medicamentos*. Difusão, 2003.

LAPCHIK, V. B. V; MATTARAIA, VGM; GUI MI KO & colaboradores. *Cuidados e Manejo de animais de Laboratorio*. Atheneu, 2009.

LEWIS, R. E.; KUNZ, A. L.; BELL, R. E. *Error of intraperitoneal injections in rats*. Laboratory Animal Care, v. 16, p. 505–509, 1966.

MATTARAIA, V. M; OLIVEIRA, G. M. *Comportamento de Camundongos em Biotério Poloprint*. São Paulo, 2012.

MAJEROWICZ, J. *Boas Práticas em biotérios e biossegurança*. Rio de Janeiro: Interciencia, 2008.

NEBENDAHL, K.; KRINKE, G. J. (ed.). In: *The laboratory rat*. London, UK: Academic Press, 2000, p. 463-484.

SELETTI, J. C.; ALMEIDA, M. F. *Ética no ensino e na pesquisa*. In: RIBEIRO, E. R. et al. Ensino e saúde. Curitiba: Maio, 2004.

VAN HAAREN, F. *Methods in behavioral pharmacology*. 1. ed. Elsevier, 1993, v. 10.

WAYNFORTH, H. B.; FLECKNELL, P. A. *Experimental and surgical techniques in the rat*. London: Academic Press, 1992.

WELLS, T. A. G. *The Rat: a practical Guide*. London, UK: Heinemann Educational Books, 1964.

WOODARD, G.; GAY, W. J. (ed.). In: *Methods of animal experimentation*. Nova York: Academic Press, 1965, p. 343-359.

# ANEXO

## EXPERIMENTOS CONDENÁVEIS

São considerados experimentos condenáveis por causarem intenso sofrimento físico ou psíquico, os abaixo relacionados:

**a)** privação prolongada de água e alimento;

**b)** exposição ao calor ou frio excessivos;

**c)** privação de sono ou descanso;

**d)** provação deliberada de pânico;

**e)** choque elétrico;

**f)** lesão traumática violenta;

**g)** provocação de queimaduras;

**h)** bloqueio da respiração ou circulação;

**i)** privação prolongada de movimentos; e

**j)** mutilação grave.

Fonte: <http://www.unifesp.br/reitoria/orgaos/comites/etica/resolucoes14.php>.

Acesso em: 12 maio 2004.

# BIOSSEGURANÇA

**MARIA DE FÁTIMA DA COSTA ALMEIDA**

**Maria de Fátima da Costa Almeida**

Doutora em Fisiologia pela Universidade Federal de São Paulo (Unifesp) e mestre em Ciências Biológicas (Biofísica) pelo Instituto de Biofísica Carlos Chagas Filho, da Universidade Federal do Rio de Janeiro (UFRJ), Graduou-se em Ciências Biológicas-Biomedicina pela Universidade do Estado do Rio de Janeiro (Uerj). Professora adjunta da Universidade Federal de Mato Grosso (UFMT), foi instrutora do Senac Curitiba (Paraná) e professora de pós-graduação do Instituto Brasileiro de Pós-graduação e Extensão (IBPEX) e da Faculdade Evangélica do Paraná, instituições nas quais participou da elaboração de cursos de nível médio e de pós-graduação. Participou como membro e coordenadora de Comitês de Ética em Pesquisa e como assessora da Faculdade Evangélica do Paraná (Comissão Própria de Avaliação – CPA), onde também atua como coordenadora de Iniciação Científica. Tem experiência na área de Biofísica e Fisiologia Humana, Bioética e Biossegurança.

# Biossegurança

## Resumo

Este capítulo descreve alguns dados internacionais e brasileiros sobre acidentes de trabalho com profissionais na área de Saúde, ressaltando aqueles provocados por material biológico e as medidas de prevenção para reduzir o número de acidentes. Conceitua biossegurança, biorrisco, contenção e biosseguridade. Descreve o histórico de biossegurança no mundo. Ressalta também os parâmetros estabelecidos para os níveis de biossegurança em laboratórios e para animais e ressalta alguns itens relevantes da NR 32 e suas complementares.

## 6.1 Acidentes com profissionais da área de Saúde

Neste texto consta o histórico sobre acidentes

## 6.1.1 Histórico

A importância do tema biossegurança surgiu a partir dos anos 1940, com os resultados da pesquisa de Meyer e Eddie, que identificaram 47 casos de brucelose nos EUA, em 1941.

Sulki e Pike realizaram a primeira pesquisa sobre infecção em laboratório e constataram 22 infecções virais, sendo 21 casos fatais. Destes, um terço dos casos estavam relacionados ao manuseio de animais e de tecidos infectados. Mais tarde, os mesmos pesquisadores aplicaram o questionário a 5 mil laboratórios e constataram que apenas um terço dos casos de contaminação haviam sido relatados (1.342). Destes casos, 72% foram causados por tuberculose, tularemia,[1] tifo e estreptococos (BRASIL, 2001). A pesquisa foi atualizada em 1965, quando foram constatados 641 novos casos.

Em 1967, Hanson e col. identificaram 428 casos de infecções no laboratório, sendo a principal causa a contaminação por aerossóis.[2] Em seguida, Skinholj (1974) observou que a cada mil funcionários de laboratório a incidência de hepatite era de 2,3 casos por ano, ou seja, sete vezes maior do que na população em geral.

Sulki e Pike realizaram nova atualização dos dados, em 1976, e obtiveram 3.921 casos, sendo as causas: brucelose, tuberculose, tifo, tularemia, hepatite, encefalite equina.

Também em 1976, Harington e Shannon, profissionais médicos na Inglaterra, observaram que o risco para contrair a doença era cinco vezes maior para a tuberculose.

Entretanto, em 1979, Pike concluiu que o conhecimento, as técnicas e o equipamento para prevenção eram adequados para prevenção nos EUA.

Em 1982, antes da identificação da etiologia da AIDS, os CDCs[3] (EUA) elaboraram as precauções denominadas "Precauções contra Sangue e Fluidos Corporais" (características das exposições a material biológico).

Novas questões se impuseram no início dos anos 1980 devido às manipulações com HIV. Posteriormente, em 1985, o CDC-EUA elaborou recomendações detalhadas, e atualizadas em 1987, sobre prevenção da transmissão do HIV.

Com base em observações da documentação sobre a possibilidade de transmissão do HIV por contato mucocutâneo com sangue e da constatação de que a infecção pelo HIV poderia ser desconhecida pela maioria dos profissionais de saúde, foi criado o conceito de "Precauções Universais", termo que se referia à necessidade de serem aplicadas medidas de prevenção em vez de precauções especiais apenas quando os fluidos orgânicos fossem de portadores de patógenos de transmissão sanguínea.

Em 1996, outras modificações foram acrescentadas com relação ao controle de infecção hospitalar e em seguida alguns trabalhos foram publicados,

---

[1] Infecção em roedores selvagens causada pelo organismo *Francisella tularensis* e transmitida aos seres humanos por meio do contato com tecidos de animais ou carrapatos.

[2] É um conjunto de partículas suspensas num gás, com alta mobilidade intercontinental. O termo refere-se tanto às partículas como ao gás na qual as partículas estão suspensas. O tamanho das partículas varia desde aos 0,002μm a mais de 100μm, isto é, desde umas poucas moléculas até o tamanho em que as ditas partículas não podem permanecer suspensas no gás.

[3] *Centers for Disease Control and Prevention*. Em português: Centros para Controle e Prevenção de Doenças.

mostrando que houve redução na frequência de exposição a sangue, sem, contudo, apresentar dados satisfatórios sobre a redução da frequência de acidentes percutâneos. Por isso, tem sido enfatizada a importância de novas tecnologias, como melhorar a segurança das agulhas, alterações nas práticas de trabalho e revisão de procedimentos e treinamento de profissionais, assim como a adequação de EPIs.

Ao final dos anos 1980, surgiu a preocupação com o lixo médico-hospitalar. A seguir foram elaborados os Níveis de Biossegurança descritos no item 6.4 deste capítulo.

De acordo com Maia; Guibu (2013), em 2011 o Brasil importou e vendeu tecidos ilegais dos EUA, que foram usados para confeccionar roupas vendidas na região Nordeste, o que o governo caracterizou como utilização de lixo hospitalar na indústria têxtil. As pessoas que tiveram contato direto com este material contaminado poderiam ter contraído doenças como hepatites A e B, já que tecidos descartados por hospitais oferecem risco de contaminação, caso não tenham sido esterilizados de forma correta.

Com relação à contaminação por hepatite, também nos EUA foi obtida uma estimativa para profissionais de saúde de 200 a 500 casos por ano de hepatite C (JAGGER, 2001).

Segundo a OIT,[4] a ocorrência anual de 160 milhões de doenças profissionais corresponde a 250 milhões de acidentes de trabalho e 330 mil óbitos.

No Brasil, bancos de dados provêm das Comunicações de Acidentes do Trabalho (CAT) e incluem apenas os traumas, tendo a fonte de dados, o acompanhamento via INSS. Entretanto, para as doenças por contaminação no trabalho em profissionais da saúde, não existe sistema de vigilância para os acidentes causados por material biológico. Mais recentemente, em São Paulo, têm sido feitos registros através do SINABIO[5] e em outros estados têm ocorrido notificações em órgãos oficiais.[6,7]

---

[4] Organização Internacional do Trabalho.

[5] Disponível em: <http://bvsms.saude.gov.br/bvs/periodicos/03boletim_588906.pdf>. Acesso em: 7 ago. 2013.

[6] Ficha de registro de acidente de trabalho grave do SINAN (Sistema de Informação de Agravos de Notificação) do Ministério da Saúde. Disponível em: <http://www.saude.mt.gov.br/arquivo/819>. Acesso em: 7 ago. 2013.

[7] Plano de prevenção de riscos de acidentes com materiais perfurocortantes. Portaria nº 1.748, de 30 de agosto de 2011. (DOU de 31/08/2011 – Seção 1 – p. 143). Disponível em: <http://portal.mte. gov.br/data/files/8A7C816A31F92E65013224E36698767F/p_20110830_1748%20.pdf>. Acesso em: 7 ago. 2013.

Os acidentes com riscos biológicos ocorrem principalmente através das vias: percutânea, mucosa, pele íntegra e pele não íntegra, em ordem decrescente de importância. São fatores de risco para os profissionais da área de Saúde: sangue e materiais com sangue, líquidos de serosas, líquor, líquido amniótico, líquido sinovial, sêmen e secreção vaginal, suor, lágrima, fezes, urina, secreção pulmonar, saliva e vômitos (COSTA, 2000) (ver também capítulos 8 e 9).

Os acidentes biológicos relacionados aos profissionais da Saúde são na escala de três milhões de acidentes percutâneos com agulhas contaminadas por material biológico por ano, dois milhões de exposição à *Hepatitis B Vírus* (HBV), novecentos mil *Hepatitis C Vírus* (HCV), 170 mil *Human Immunodeficiency Virus* (HIV) (OMS, 2000).

No trabalho de Silva e col. (2009), no qual foi feita uma revisão sobre acidentes com perfurocortantes, associado a uma visita ao Centro de Referência em Saúde do Trabalhador (CEREST\AP), órgão ligado à Secretaria de Estado da Saúde do Amapá (SESA) e à Rede Nacional de Saúde do Trabalhador (RENEST), para investigar notificações de acidentes de trabalho, os dados coletados mostram que, em sua maioria, os profissionais não conheciam os EPIs e EPCs, nem as medidas profiláticas após acidentes, nem as vacinas, protocolos e medicamentos indicados para casos de contaminação com HIV e hepatite, doenças com maior incidência, como descrito acima, para esses profissionais. Ainda, os conhecimentos de medidas de biossegurança não estão disponíveis para todos e também não é feita a notificação em caso de acidente. Isso enfatiza a necessidade de realizar cursos de capacitação e aperfeiçoamento nos diversos locais.

Somente 20% das infecções adquiridas em laboratório são reconhecidas como acidentes, os outros 80% permanecem desconhecidas e não são relatadas como acidentes. Com relação a causa do acidente: 27% corresponde a contato com secreções ou derramamentos – vazamento de sangue ou secreções, 25% após lesões com objetos cortantes e agulhas e 14% ocorrem por aspiração através da boca. Assim, os acidentes no ambiente de laboratório podem causar doenças em grande número de indivíduos. Registros de ocorrências mostraram 94 casos de brucelose, 13 de coccidiodomycose e 20 de Tularemia, correspondendo cada um a uma causa.

As medidas para evitar e reduzir as infecções de laboratório incluem boas práticas, desenho arquitetônico dos ambientes de trabalho para evitar contaminação, fluxo de ar direcionado, uso de filtros de ar de alta eficiência (HEPA), controle administrativo, uso de pop's, uso de EPIs, manejo adequado dos resíduos, boa gestão, cuidados com perigos, uso de manuais específicos por toda equipe de trabalho (ODA; FAUSTINO, 2009).

Os riscos biológicos na área de Saúde podem ser classificados como deliberados ou não deliberados. Como exemplos do primeiro tipo podem ser citados: atividades de pesquisa ou desenvolvimento que envolvam a manipulação direta de agentes biológicos, atividades realizadas em laboratórios de diagnóstico microbiológico, atividades relacionadas à biotecnologia (desenvolvimento de antibióticos, enzimas e vacinas, entre outros). E do tipo não deliberado cuja exposição que decorre da atividade laboral, sem que essa implique na manipulação direta deliberada do agente biológico como objeto principal do trabalho. Nesses casos, a exposição é considerada não deliberada. Como exemplos dessas atividades podem ser citados: atendimento em saúde, laboratórios clínicos (com exceção do setor de microbiologia), consultórios médicos e odontológicos, limpeza e lavanderia em serviços de saúde (BRASIL, 2013).

## 6.1.2. População vulnerável

Ribeiro et al. (2001 apud RIBEIRO, 2013) mostraram em estudo realizado no Pará, que de trezentos estudantes, 74% estão em setores de risco, 41% já sofreram ferimentos e apenas 33% tomaram a vacinação completa para hepatite B.

Os estudantes fazem parte de um grupo que apresenta alto índice de contaminação com material biológico. Oliveira et al. (2001 apud RIBEIRO, 2013) verificaram que 41% dos acidentados em um hospital de MG tinham entre 18 e 29 anos. Schettino et al. (2002 apud RIBEIRO, 2013) observaram que 59% dos estudantes do 9º período da FM-UFMG em estágios remunerados foram contaminados.

As instituições americanas consideram que o procedimento mais adequado para prevenção é a vacinação dos acadêmicos, pois têm o maior risco de contaminação (RIBEIRO, 2013). No Brasil, alguns IES[8] vêm desenvolvendo esta prática e a partir da NR 32, que normatizou a vacinação mínima para os trabalhadores da área de saúde, o procedimento passou a ser controlado de forma oficial.

Contudo, no Brasil, os registros e as notificações de acidentes com material biológico ainda não se tornaram rotina. Em 1996, em Goiânia, de 45 hospitais com mais de 30 leitos foram feitas 122 notificações, mas 43% não fizeram e 17% negaram a ocorrência de acidentes (MACHADO et al., 1998).

---

[8] Instituto de Ensino Superior.

No período de janeiro de 1997 a dezembro de 2001, no município do Rio de Janeiro, do total de 10.230 acidentes, os registros feitos a cada trimestre variaram ao longo do período de 64 a 920. Os dados atualizados para 2005 mostraram que, de 1997 a 2005, do total de 17.147 acidentes com material biológico, os registros variaram de 637 a 2.036 (RAPPARINI, 2008).

A partir de 1999, foram identificados em torno de 13 mil acidentes, para 224 municípios com notificação de 37% do total de municípios do estado de São Paulo, segundo Ramalho, 2005.

Com relação à transmissão ocupacional por HIV, o número de casos comprovados foi de 1, valor mais baixo do que outros países mais desenvolvidos; esses dados são de março de 2005.

Este valor é maior do que 70% para profissionais de enfermagem e técnicos de laboratórios clínicos e com relação ao tipo de acidente, maior do que 85% para exposições percutâneas e maior do que 90% para exposições com sangue.

A partir da década de 1990, nos EUA, o número de casos de hepatite diminuiu nos profissionais da saúde em relação à população em geral (RAPPARINI, 2008).

No *Boletim Epidemiológico Paulista* (abril 2004, ano 1, n. 4) constam os dados que se referem aos registros de acidentes ocupacionais notificados (n=1), foram 4.604 acidentes com tipo de exposição com perfurocortante para total de 5.391 casos registrados. Segundo o agente causador da lesão de 4.604 notificações, 3.396 acidentes foram causados por agulha com lúmen. Dos acidentes ocupacionais notificados, de acordo com a circunstância do acidente a maioria foi descrito como provocado por agente causador de lesão ignorado, o que pode estar refletindo várias causas, como medo e falta de consciência para informar de forma correta e contribuir para evitar outros acidentes. Para o registro de acidentes ocupacionais de pacientes a partir de fontes conhecidas, as causas de maior incidência são HIV e hepatites B e C, no período de janeiro de 1999 a outubro de 2003 (BEPA, 2004).

No período de 1997 a 2004, no município do Rio de Janeiro, houve registros de acidentes em 8,5% dos trabalhadores da saúde, sendo que se for analisado entre médicos, esse valor sobe para 12,9%. Os dados mostram que os profissionais mais afetados em ordem decrescente são: médicos residentes, internos de medicina, médicos assistentes, trabalhadores da higiene, técnicos de laboratório, enfermeiros e auxiliares de enfermagem. Ainda, nesse município ocorreram 17.147 acidentes, no período de janeiro de 1997 a dezembro de 2005.

Em São Paulo, das notificações em 228 municípios, no período de janeiro de 1999 a setembro de 2006, foram 14.096 acidentes, sendo 30% dos casos na capital. Ainda, no município de São Paulo, de 2000 a 2007, foram registrados 3.855 acidentes, sendo 856 em 2007. Já com a implementação do PSBio[9] foram realizadas de 2002 a 2008, 2.991 notificações de acidentes na área de saúde.

As principais vias de transmissão de infecções no Brasil são: oral-fecal, respiratória (gotículas ou aérea), por contato e por via sanguínea. Para os profissionais da área de saúde, o maior risco de contaminação é em ordem decrescente: HIV-HVB, HCV.

Segundo a OMS, há três milhões de acidentes percutâneos com agulhas contaminadas com material biológico por ano.[10]

Os acidentes com as mãos, que é um dos principais instrumentos de trabalho do profissional da saúde, apresentam alta relevância. Mais de um terço (34,2%) de todos os acidentes ocupacionais notificados no Brasil atinge as mãos, segundo as últimas estatísticas do INSS (Instituto Nacional do Seguro Social). Quase 10% deles são considerados traumáticos, pois significa não só um grande trauma físico e psicológico, como o fim inesperado da força de trabalho do empregado. Em 2004, 7.405 trabalhadores tiveram uma ou ambas as mãos amputadas; outros 2.378 sofreram lesão por esmagamento. Naquele ano, os acidentes mais comuns foram os ferimentos do punho e da mão (14%), as fraturas (7%) e os traumatismos (5,2%) (ROVANI, 2006).

Segundo a professora Maria Helena Palucci Marziale da Escola de Enfermagem de Ribeirão Preto, da Universidade de São Paulo (USP), os acidentes que afetam as mãos são causados principalmente por equipamentos antigos, com tecnologia inadequada que não privilegiam a segurança do profissional. Em geral, os acidentes ocorrem tanto na área urbana como na rural e, de acordo com o Plano Nacional de Segurança e Saúde do Trabalhador, esses equipamentos são responsáveis por aproximadamente 25% dos acidentes de trabalho graves e incapacitantes registrados no país (ROVANI, 2006).

A análise dos acidentes com material biológico nos trabalhadores da área da saúde, segundo Vieira e cols. (2011), num estudo retrospectivo a partir das fichas de notificação do Centro de Referência Regional em Saúde do Trabalhador da Macrorregião de Florianópolis (n=180), mostrou que os acidentes ocorreram predominantemente entre os técnicos de enfermagem do sexo feminino e com idade média de 34,5 anos. Sendo que 73% dos acidentes envolveram exposição percutânea; 78% tiveram contato com secreção e ou sangue; 44,91%

---

[9] Projeto Riscobiológico Org. (2008).

[10] Dados da Organização Mundial da Saúde (OMS). Disponível em: <http://www10.prefeitura.sp.gov.br/dstaids/novo_site/images/fotos/MatBiologico.pdf>. Acesso em: 8 ago. 2013.

foram decorrentes de procedimentos invasivos. Estes autores concluíram que as estratégias de prevenção dos acidentes de trabalho com material biológico devem contar com ações conjuntas, entre os profissionais e a gerência dos serviços, visando melhorar as condições e a organização do trabalho.

Em 2012, uma avaliação feita em um hospital-escola de Porto Alegre (RS) indicou que um dos principais problemas de saúde pública no Brasil são os acidentes de trabalho com material biológico em profissionais de saúde, que atingem principalmente adultos e jovens, causando elevado número de casos de invalidez e óbitos. Ao todo, foram relatados 166 acidentes de trabalho no hospita-escola, o que corresponde a 2,23% da população do estudo. A caracterização dos acidentes em função do tipo de profissional mostrou que os profissionais técnicos são os que mais se envolvem em acidentes ocupacionais (31%), seguidos pelos médicos residentes (28%) e pelos acadêmicos do curso de medicina (26%); a faixa etária mais relacionada aos acidentes é a de 20-29 anos; sendo que o principal motivo descrito pelos acidentados foi descuido-negligência. Assim, considerando os dados acima descritos como no trabalho anterior de Santa Catarina, os autores sugerem que medidas educativas devem ser tomadas para prevenção dos acidentes (SOUZA e cols., 2012).

Villarroel e cols. (2012) relataram, em um estudo que durou 11 anos no Hospital Clínico de Felix Bulnes Cerda (Chile), que a exposição laboral a fluidos corporais constitui em mais de um terço dos acidentes ocupacionais. No período, foram registrados 415 acidentes por exposição a fluidos corporais, sendo a incidência acumulada de 3,4% (valores entre 1,3% e 6,0%) durante o período do estudo. Com relação ao tipo de acidente, 92,5% foram com material perfurocortante. A caracterização dos acidentes em função do tipo de profissional mostrou que os profissionais técnicos paramédicos e os estudantes da área de saúde são os mais afetados. Sendo que a maior frequência ocorreu nos setores cirúrgicos da maternidade (20%) e nos setores centrais (17%). Neste estudo não foram identificados casos de soroconversão nem tampouco exposições ao HCV-VCH ou VBH-VHB. Os custos estimados foram de US$ 34.571 ou US$ 263 por mil funcionários/alunos por ano. Como fatores causais foram listados: falta de experiência, uma vez que a incidência foi maior nos primeiros anos de estudo, tipo de procedimento e jornada de trabalho.

Entretanto, no Brasil foi constatado que não há apenas acidentes envolvendo a saúde dos profissionais da área, mas infelizmente têm ocorrido acidentes com pacientes em tratamento, cujas causas podem ser: negligência, jornada de trabalho excessiva, ausência de capacitação, falha na orientação-supervisão, ausência de reciclagem, seleção inadequada de profissionais, entre outros itens já comentados na introdução deste livro.

Além dessas possibilidades de interferência no trabalho ou acidentes com profissionais, há os problemas de saúde que também os atingem devido a outras causas, e que são objeto de estudo da Ergonomia, abordados no Capítulo 11 deste livro.

### 6.1.3 Medidas de prevenção de acidentes

As medidas de prevenção visam a melhorar a qualidade do trabalho executado e privilegiam o cuidado com a saúde do profissional da área de saúde. No período de admissão do profissional, a empresa deve promover palestras sobre acidentes de trabalho e cobrar as boas práticas, disponibilizar equipamentos de segurança, assim como materiais de trabalho com dispositivos de segurança para minimizar os riscos e assegurar o descarte adequado.

**Figura 6.1** – Importância da capacitação do profissional

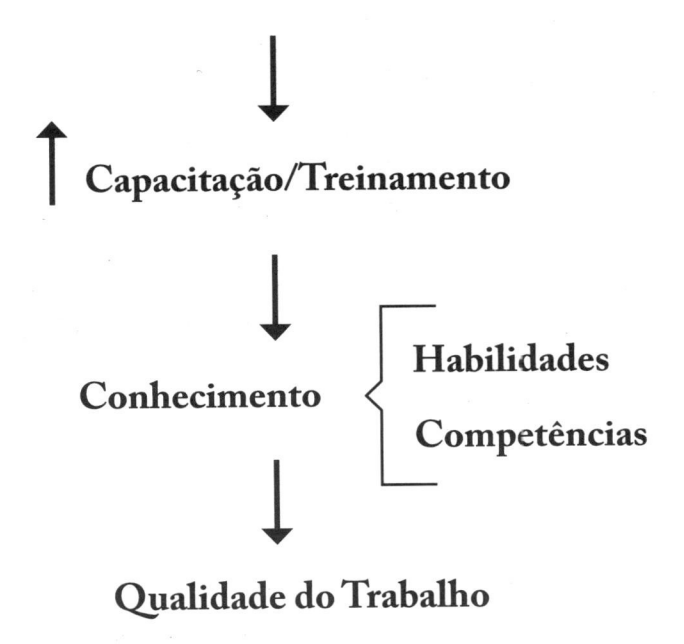

Fonte: Proposta pela autora.

O trinômio abaixo reduz a ocorrência de acidentes de trabalho:

**Figura 6.2** – Trinômio: educação, procedimento
adequado, dispositivos de segurança

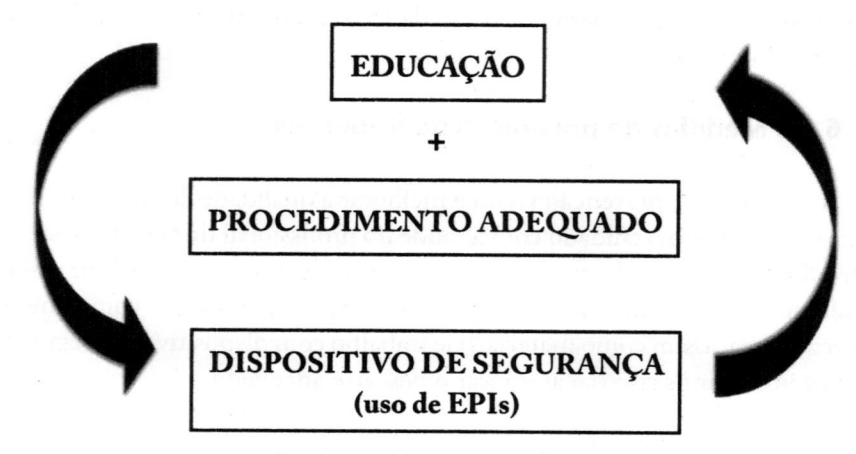

Fonte: Proposta pela autora.

No Brasil, algumas iniciativas foram tomadas para reduzir e prevenir acidentes e controlar a informação. Por exemplo:

– No estado de São Paulo, os acidentes passaram a ser registrados pelo Sistema de Notificação de Acidentes Biológicos em Profissionais da Saúde (SINABIO), em 1999.

– Em 2005, a Anvisa elaborou a Norma Regulamentadora NR 32, que trata a Segurança e Saúde no Trabalho em Serviços de Saúde.

– Em 2006, a Secretaria de Atenção à Saúde do Ministério da Saúde (SAS/MS) elaborou o protocolo de exposição a materiais biológicos.[11]

– A Secretaria Municipal de Saúde do Rio de Janeiro (SMS-RJ) lançou em 2008 o programa de prevenção de acidentes com materiais perfurocortantes em serviços de saúde.[12]

---

[11] Disponível em: <http://bvsms.saude.gov.br/bvs/publicacoes/protocolo_expos_mat_biologicos.pdf>. Acesso em: 9 ago. 2013.

[12] Disponível em: <http://www.fundacentro.gov.br/ARQUIVOS/PUBLICACAO/l/perfurocortantes.pdf>. Acesso em: 9 ago. 2013.

– Em 2008 foi criado o Projeto Riscobiológico.org (PSBio), que tem como missão prevenir riscos biológicos ocupacionais para trabalhadores da área da saúde, através de divulgação de informações atualizadas sobre o tema e participação conjunta com outras instituições de assistência à saúde.

Estas ações visam atender à demanda de informação – notificação e prevenção de acidentes com material biológico.

## 6.1.4 Medidas para o momento do acidente

Em caso de acidentes, algumas medidas devem ser tomadas para auxiliar o profissional e as pessoas que estiverem próximas. As atenções devem estar voltadas a:

– identificar a fonte causadora do acidente;

– orientar o profissional diante da situação;

– conseguir memorizar e descrever com detalhes as condições do acidente; e

– orientar o profissional sobre os riscos envolvidos.

Em geral, as medidas de segurança para os riscos biológicos[13] envolvem o conhecimento da Legislação Brasileira de Biossegurança, especialmente das Normas emitidas pela Comissão Técnica Nacional de Biossegurança.

Em casos de contaminação, é importante que o profissional-manipulador tenha conhecimento e seja orientado pelo responsável do Setor. Resumindo:

– o manipulador deve ter conhecimento dos riscos;

– a formação e informação das pessoas envolvidas, principalmente no que se refere à maneira como essa contaminação pode ocorrer, implica o conhecimento amplo do microrganismo ou vetor com o qual se trabalha;

– o respeito às Regras Gerais de Segurança e ainda a realização das medidas de proteção individual;

– uso do avental, luvas descartáveis (e/ou lavagem das mãos antes e após a manipulação),[14] máscara e óculos de proteção (para evitar aerossóis ou projeções nos olhos) e demais equipamentos de proteção individual necessários;

– utilização da capela de fluxo laminar corretamente, mantendo-a limpa após o uso;

---

[13] Riscos Biológicos. Disponível em: <http://www.fiocruz.br/biosseguranca/Bis/lab_virtual/riscos_biologicos.html>. Acesso em: 20 ago. 2013.

[14] ANVISA. Higienização das mãos em Serviços de Saúde. Disponível em: <http://www.anvisa.gov.br/hotsite/higienizacao_maos/manual_integra.pdf>. Acesso em: 20 ago. 2013.

– autoclavagem de material biológico patogênico, antes de eliminá-lo no lixo comum; e

– utilização de desinfetante apropriado para inativação de um agente específico.

## 6.2 Contenção

### 6.2.1 Conceito

De acordo com o texto Biossegurança em Laboratórios Biomédicos e de Microbiologia (Brasil, 2001), o termo "contenção" é usado para descrever os métodos de segurança utilizados na manipulação de materiais infecciosos em um ambiente laboratorial e hospitalar, onde estão mantidos para avaliações. O objetivo da contenção é o de reduzir ou eliminar a exposição, aos agentes potencialmente perigosos, da equipe de um laboratório, de outras pessoas e do meio ambiente.

No Brasil, tem ocorrido mobilização de órgãos públicos para minimizar a contaminação dos profissionais e dos pacientes como indica o relatório publicado em 2012 pela Anvisa, em que constam os resultados sobre Autoavaliação para Higiene das Mãos (HM), cujo instrumento foi elaborado pela Organização Mundial da Saúde (OMS). Este procedimento é o mais importante e barato para evitar a transmissão de infecções relacionadas à assistência à saúde. O relatório mostra que:

– 70% dos estabelecimentos de assistência à saúde (EAS) dispõem de orçamento exclusivo para a aquisição contínua de produtos para higienização das mãos.

– 75% dos estabelecimentos possuem, ainda, um sistema de auditorias regulares para avaliar se o álcool em gel, sabonete, toalhas descartáveis e outros materiais necessários estão disponíveis para a lavagem das mãos.

Em 2010, a Anvisa havia determinado que o uso de solução alcoólica será obrigatório em hospitais e que, decorridos 60 dias, todos os serviços de saúde no país (como hospitais, clínicas e consultórios) devem ter a solução alcoólica para fricção antisséptica das mãos dos profissionais de saúde que lidam com pacientes.

Segundo a Organização Internacional do Trabalho (OIT), ocorrem anualmente no mundo, cerca de 270 milhões de acidentes de trabalho, além de aproximadamente 160 milhões de casos de doenças ocupacionais. Também, segundo a OIT, todos os dias morrem, em média, cinco mil trabalhadores devido a acidentes ou doenças relacionadas ao trabalho e destes, 22 mil são crianças. Pelos dados da OMS, 1,3 milhão de pessoas se acidentam e provocam 190 milhões de casos de doenças do trabalho.

A norma NR 32 da Anvisa, publicada em 11 de novembro de 2005 (DOU de 16/11/05 – Seção 1), estabelece as diretrizes básicas para a implementação de medidas de proteção à segurança e à saúde dos trabalhadores dos serviços de saúde, bem como daqueles que exercem atividades de promoção e assistência à saúde em geral. Também definiu que a manipulação em ambiente laboratorial deve seguir as orientações contidas na publicação do Ministério da Saúde – Diretrizes Gerais para o Trabalho em Contenção com Material Biológico, correspondentes aos respectivos microrganismos. E, também, normatiza sobre a vacinação mínima para os trabalhadores. Entretanto, os dados da Previdência Social indicam uma tendência de aumento na ocorrência de doenças relacionadas ao trabalho a partir do final da década de 1980.

O Brasil registrou 491.711 acidentes de trabalho em 2005, número maior do que anos anteriores. Em 2003, foram 399.077 e aumentou para 465.700 em 2004. Mais da metade destes acidentes ocorreu na região Sudeste, onde 279.680 pessoas tiveram algum tipo de acidente de trabalho.

Dados do Dataprev de 2004 indicam 7.405 amputações de mãos entre os cerca de 23 milhões de segurados, que representam menos de um terço da PEA,[15] estimada em 83 milhões de trabalhadores. Os números de acidentes e doenças, portanto, são muito maiores do que apresentam os dados oficiais.

A partir da Lei nº 8.080/1990, no Brasil, alguns tópicos ficaram bem definidos como consta dos artigos abaixo listados e também da NR 32:

Art. 2º A saúde é um direito fundamental do ser humano, devendo o Estado prover as condições indispensáveis ao seu pleno exercício.

§ 1º O dever do Estado de garantir a saúde consiste na formulação e execução de políticas econômicas e sociais que visem à redução de riscos de doenças e de outros agravos e no estabelecimento de condições que assegurem acesso universal e igualitário às ações e aos serviços para a sua promoção, proteção e recuperação.

§ 2º O dever do Estado não exclui o das pessoas, da família, das empresas e da sociedade.

Art. 3º A saúde tem como fatores determinantes e condicionantes, entre outros, a alimentação, a moradia, o saneamento básico, o meio ambiente, o tra-

---

[15] População Economicamente Ativa.

balho, a renda, a educação, o transporte, o lazer e o acesso aos bens e serviços essenciais; os níveis de saúde da população expressam a organização social e econômica do país.

## 6.2.2 Descontaminação

Os procedimentos abaixo visam reduzir a possibilidade de contaminação dos profissionais e do meio ambiente.

Conceitos de limpeza, desinfecção ou esterilização.[16]

### 1 – Limpeza:
Limpar o equipamento ou materiais significa essencialmente remover a matéria estranha sem a preocupação de matar qualquer organismo vivo. Este aspecto é normalmente negligenciado com relação à desinfecção e esterilização, mas é de igual importância. A menos que um artigo seja mecanicamente limpo, pode não haver superfície de contato entre o agente desinfetante ou esterilizante, de modo a obter-se uma esterilização eficaz. De outro modo, ao se efetivar a limpeza, teremos a carga microbiana do equipamento reduzida.

– Pré-limpeza
Deve ser feita com água fria, tão cedo quanto possível, de modo a impedir o ressecamento de material orgânico como sangue e secreções, o que dificultará muito o processo total de reutilização do equipamento ou artigo.

– Remoção da sujidade
Durante a limpeza, especial atenção deve ser dada a encaixes, cantos, frestas, onde as sujidades podem estar alojadas. Para a remoção de sujidades, podem-se empregar escovas como aquelas utilizadas para a lavagem das mãos em centros cirúrgicos. São bastante eficientes se usadas adequadamente.

Outra forma de remover a sujidade é através de equipamentos de ultrassom, os quais transformam energia elétrica em energia mecânica. Esta energia é transmitida às sujidades removendo-as com extrema facilidade, principalmente naqueles acessórios que possuem muitas reentrâncias.

---

[16] De acordo com Manual de Segurança no Ambiente Hospitalar da Anvisa. Disponível em: <http://www.anvisa.gov.br/servicosaude/manuais/seguranca_hosp.pdf>. Acesso em: 12 ago. 2013.

## 2 – Desinfecção:

De acordo com a Anvisa, desinfecção é o processo de destruição de agentes infecciosos em forma vegetativa, potencialmente patogênicos, existentes em superfícies inertes, mediante a aplicação de meios físicos e químicos. Os meios químicos compreendem os germicidas (líquidos ou gasosos). Os meios físicos compreendem o calor em suas formas seca e úmida (vapor). A desinfecção normalmente se aplica a áreas e artigos semicríticos e não críticos.

Os desinfetantes mais comumente utilizados são: hipoclorito de sódio, formaldeído, compostos fenólicos e iodo.

## 3 – Esterilização:

A esterilização é o processo de destruição ou eliminação total de todos os microrganismos na forma vegetativa e esporulada, através de agentes físicos ou químicos.

Agentes físicos:

– Estufa e autoclave.

Em ambos os casos é utilizada a alta temperatura para realizar a descontaminação, porém há limitações, pois não pode ser usada para alguns materiais que são termossensíveis (ver capítulos 8 e 9).

Agente químico:

– Óxido de etileno.

A esterilização por óxido de etileno (ETO) é um caso especial de descontaminação. No Brasil, está regulamentada pela Portaria Interministerial nº 4, de julho de 1991.[17] O fato marcante na legislação trabalhista se deu através do Decreto nº 5.452, de 1º de maio de 1943. Atualmente, as formas de dirimir as questões legais referentes à segurança dos trabalhadores foram traduzidas nos conteúdos da Lei nº 6.514, de 22 de dezembro de 1977.

a) Características do óxido de etileno:

ETO: empregando o ETO-$C_2H_4O$ cujas características são:

---

[17] Disponível em: <http://portal.mte.gov.br/data/files/FF8080812C12AA70012C13251CCF309E/p_19910731_04.pdf>. Acesso em: 12 ago. 2013.

– É um gás altamente tóxico, facilmente inflamável[18] e explosivo no ar e $O_2$.

– Possui grande poder de penetração.

– É extremamente tóxico: carcinogênico, mutagênico e neurotóxico.

– Mais pesado que o ar.

– Solúvel em água, acetona, éter, solventes orgânicos, pH ácido.

– Limite de tolerância do ETO é 1ppm ou 1,8mg/m³ num dia de oito horas de trabalho.

– Concentração máxima permitida de exposição no período de 15 minutos é de 10 ppm.

b) Histórico:

O químico francês Charles-Adolphe Wurtz preparou o ETO pela primeira vez em 1859, pela reação de *2-cloroetanol* com uma base. Em 1931, Theodore Lefort, outro químico francês, descobriu o principal para preparar óxido de etileno diretamente do etileno e oxigênio, usando prata como catalisador. Desde 1940, quase todo óxido de etileno produzido industrialmente tem sido feito usando este método.

c) Objetivo: Na área de saúde, é usado para esterilização de materiais que sofreriam danos por outras técnicas de esterilização como ataduras, suturas e instrumentos cirúrgicos.

d) Descrição:

O óxido de etileno é um gás que mata bactérias (e seus endósporos), mofo e fungos. Consequentemente pode ser usado para esterilizar substâncias que sofreriam danos por técnicas de esterilização tais como pasteurização, que se baseiam em calor. Por isso, a maioria dos materiais médicos é esterilizada com este composto.

e) Método:

Os métodos preferidos têm sido a tradicional câmara de esterilização, em que uma câmara é preenchida com um misto de óxido de etileno e outros gases, os quais são depois removidos por exaustão; e o mais recente método da difusão gasosa desenvolvido em 1967, em que o material a ser esterilizado é colocado em bolsas que atuam como uma minicâmara de maneira a consumir menos gás e tornar o processo economicamente mais atraente para pequenas

---

[18] Em caso de incêndio, usar extintor de $CO_2$ (classe de incêndio tipo B).

demandas. Outros nomes para este método alternativo para pequenas cargas são: método Anprolene, método de esterilização em bolsas ou método de esterilização de microdoses.

f) Riscos para o paciente:
Se os resíduos de óxido de etileno não forem retirados dos materiais que estão sendo esterilizados (aeração da carga), podem trazer sérios riscos de queimaduras, necrose e inflamações dos tecidos. Para determinar o conteúdo de ETO nos materiais esterilizados, a Association for Advancement of Medical Instrumentation (AAMI) recomendou uma série de testes nos materiais através de análise de amostras e procedimentos analíticos em laboratórios.

Outros gases têm sido utilizados como agentes esterilizantes, entretanto, não são habitualmente empregados pelos hospitais brasileiros. Contudo, a título de informação, citamos o óxido de propileno, beta-propilactona e dióxido de cloro.

g) Mecanismo:
– Dessorção - é um fenômeno pelo qual uma substância é liberada através de uma superfície. O processo é o oposto do sorção (isto é, adsorção e absorção).
– Tempos mínimos de aeração mecânica:
• 8h – 60°C
• 12h – 50°C

## 4 – Avaliação:

a) Vantagens:
Possibilita a esterilização de materiais termossensíveis e sensíveis à umidade.

b) Desvantagens:
Causa risco ocupacional (riscos reais ou potenciais à saúde dos usuários) com mau uso do produto para esterilização, reesterilização e reprocessamento inadequados.

## 5 – Penalidades:

A Portaria Interministerial nº 04 de julho de 1991 estabeleceu normas técnicas para a utilização do óxido de etileno (ETO)[19] e instituiu (item 5) que a inobservância do disposto no texto expõe o infrator às penalidades previstas na Lei nº 6.437, de 20 de agosto de 1977,[20] da CLT e também de outras normas relacionadas com segurança do trabalho e do meio ambiente.

## 6 – Tecnologias alternativas para esterilização a baixa temperatura:

De acordo com Castro (2013), um acordo mundial firmado em 1995 proíbe o uso de ETO e sugere métodos alternativos como:
– Plasma de Peróxido de Hidrogênio STERRAD®
– Vapor com Formaldeído MATACHANA®
– Ácido Peracético STERIS® (em máquina)
– Glutaraldeído a 2% por 10 horas de contato CIDEX® GLUTAREX®, GLUTACID® (imersão)
– Ácido Peracético a 0,2% por 1 hora de contato STERILIFE® (imersão)

## 7 – Aplicações do ETO:

– Indústria
– Instituições de saúde

## 8 – Cuidados:

– Local de manipulação do material: todo processo deve ser feito em câmaras de esterilização, divididas em quatro locais especificados: antecâmara, área de esterilização, área de armazenamento dos cilindros e área de aeração ambiental.
– Acondicionamento: material deve ser acondicionado em embalagens de papel cirúrgico ou com filme plástico.
– Selamento: deve ser feito por termosselagem.[21]

---

[19] Portaria interministerial nº 04, de 31 de julho de 1991. (DOU de 09/07/91 – seção 1– págs. 16.110 a 16.112). Disponível em: <http://portal.mte.gov.br/data/files/FF8080812C12AA70012C13251 CCF309E/p_19910731_04.pdf>. Acesso em: 16 ago. 2013.

[20] Disponível em: <http://www.planalto.gov.br/ccivil_03/leis/l6437.htm>. Acesso em: 16 ago. 2013.

[21] Processo térmico de fechamento das embalagens.

– Transporte: o material deve ser transportado em gôndolas ou caixas rígidas e em recipientes que facilitem a separação, controle e identificação.

**9 – Segurança pessoal:**

– Controle via exames laboratoriais.
– Realizar treinamento.
– Dispor e garantir o uso de EPIs.
– Dispor equipamento portátil com máscaras de ar comprimido.

**10 – Controle de qualidade do procedimento:**

Os locais ou etapas do procedimento e materiais necessários para ambiente de esterilização para realizar o controle da qualidade do serviço que usa ETO incluem:

– Estocagem:
  • Centralizada
  • Armários exclusivos
  • Nas unidades de internação
– Fitas indicadoras de esterilização a óxido de etileno: a fita tem uma terminação pontiaguda, de uma coloração amarela que muda para o azul quando a esterilização é alcançada.

**11 – Técnica:**

a) Preparo para esterilização a óxido de etileno
Deve-se ter o cuidado de:
– Consultar o fabricante dos equipamentos para verificar a que temperatura o processo de esterilização deve ser efetuado. Antes de empacotar e carregar a autoclave, desmonte os materiais, lave-os e seque-os. A desmontagem do equipamento é muito importante, pois remove as barreiras que impedem o movimento do gás.
– Seguir as instruções do fabricante para o carregamento dos materiais, pois materiais mal alojados ou superlotados comprometem a eficácia da esterilização, uma vez que o esterilizador está programado para uma carga máxima específica.

b) Esterilização

Para que a esterilização a óxido de etileno seja eficaz e segura, alguns fatores devem ser rigorosamente observados:

– Concentração do gás

A concentração do gás esterilizante é usualmente medida em miligramas de gás por volume, em litros da câmara. Esse fator deve ser dimensionado na validação do processo.

– Temperatura

A eficiência da esterilização é diretamente ligada à temperatura, de modo que, quanto maior a temperatura, maior a eficácia o processo. Os valores de temperatura normalmente são ajustados pelo fabricante do equipamento, mas podem ser alterados conforme a necessidade do processo. Utilize para esse serviço somente profissionais habilitados.

– Umidade

O teor de umidade dentro da câmara, bem como no interior do microrganismo, afeta a eficácia do processo. O conteúdo de água é importante para amolecer a parede dos esporos, como também para acelerar as reações químicas que ocorrem no interior da célula.

– Barreiras protetoras

Sangue coagulado pode atuar como barreira à penetração de óxido de etileno. Desse modo, o equipamento deve estar completamente limpo antes da esterilização.

– Empacotamento

O tipo de material utilizado no empacotamento deve ser permeável a água e ao gás. Em esterilizados que possuem vácuo, o material do empacotamento deve permitir que o ar escape. O polietileno é o material mais comumente usado para esse fim. O fato de ser transparente permite que o material em seu interior seja visto.

– Período de exposição

O tempo de esterilização dependerá dos fatores previamente mencionados, de acordo com a qualidade do material a esterilizar. Entretanto, esse tempo poderá ser otimizado durante a validação do processo.

c) Aeração

O óxido de etileno atua na superfície dos materiais e, dependendo das características de porosidade deste, em seu interior. Nesse sentido, a aeração é necessária para que o mesmo seja retirado de seu interior, tornando o material seguro para quem opera (funcionários) e pacientes.

A aeração pode ser feita de dois modos: mecânica e ambiental. A aeração ambiental é altamente variável, pois depende do controle de temperatura e do fluxo de ar através da carga. É sempre mais demorada que a aeração mecânica. Além disso, pode trazer problemas a pacientes, devido à aeração imprópria.

O tempo de aeração dependerá também da natureza dos materiais. De modo geral, itens que requerem de 8 a 12 horas de aeração mecânica, necessitarão de sete dias para aeração ambiental.

A aeração mecânica é conseguida através de aplicação de vácuo de ar, sucessivamente, no interior da câmara de esterilização. Assim, a concentração de gás no interior de materiais será diluída até valores aceitáveis.

– Fatores que afetam a aeração

Materiais de superfície lisa, como aço ou vidro, requerem um tempo mínimo de aeração enquanto que materiais como tecidos, plásticos, borrachas ou papel, por possuírem alta absorção de gás, requerem um tempo maior.

Metais ou vidros que estejam envolvidos por materiais absorventes devem ser aerados. O material que traz mais problemas para a aeração é o cloreto de polivina (PVC), que absorve fortemente o óxido de etileno. Quando a composição do material é desconhecida ou duvidosa, o mesmo deve ser tratado como o PVC.

Objetos mais espessos requerem maior tempo de aeração que os delgados. As misturas de óxido de etileno à base de fluorcarbono requerem maior tempo de aeração que as de dióxido de carbono. O aumento da temperatura da aeração acelera a retirada de gás dos materiais. A temperatura usual de aeração varia entre 50°C e 60°C.

A aeração afetada pelo volume de troca de ar por hora, bem como pelas características do ar. O uso a que o material se destina, interno ou externo ao corpo, intravascular ou implantando, afetará a quantidade de óxido de etileno permissível nos materiais.

O tempo mínimo de aeração, para materiais mais difíceis, é de 8 horas a 60°C ou 12 horas a 50°C. Quando houver dúvidas com relação à aeração dos materiais, os valores apresentados podem ser seguidos como regra geral.

d) Complicações da esterilização a óxido de etileno

– Complicações para o paciente

As complicações inerentes ao óxido de etileno incluem danos e reações na pele e inflamação laringotraqueal. Ocorre a morte de células vermelhas quando o sangue entra em contato com materiais tratados com óxido de etileno, bem como sensibilização e anafilaxia.

Estes problemas são causados por níveis excessivos de óxido de etileno e seus subprodutos (etileno glicol e etileno cloridrina), que são originados após a esterilização. O etileno glicol é formado pela reação com a água e o etileno cloridrina é formado pela reação com íons cloro, normalmente por produtos de PVC previamente esterilizados com radiação gama.

– Cuidados ou complicações para os profissionais

O principal problema relacionado ao óxido de etileno é a exposição dos trabalhadores ao gás tóxico. O óxido de etileno atua como vesicante, causando queimaduras quando em contato com a pele. Os efeitos tóxicos agudos incluem irritação das vias respiratórias e olhos, náusea e vômitos, diarreia, diminuição do paladar e olfato, dor de cabeça, falta de coordenação, convulsões, encefalopatia e neuropatia periférica.

Os efeitos crônicos conhecidos incluem infecção respiratória, anemia e comportamento alterado. Em adição, pode ser mutagênico e possivelmente carcinogênico para humanos e pode produzir efeitos adversos sobre o sistema reprodutor, incluindo teratogenicidade.

e) Documentação dos procedimentos de esterilização

Documentar um processo de esterilização é manter o controle, ou seja, deve ser mantido controle sobre todos os procedimentos nele empregados, por exemplo, datas, tipos de embalagem, números de lotes, valores de temperatura e pressão, testes de comprovação de eficácia, rótulos etc.

O uso de documentação nos processos de esterilização permite a instituição um controle melhor sobre os índices de infecção hospitalar, facilita as investigações de surtos ou variações de índices de controle de infecção hospitalar e dá ao hospital argumentações durante processos legais. Esta documentação deve ser composta por todos os setores envolvidos como: manutenção, laboratório, centro cirúrgico, centro de esterilização de materiais, Cipa, CCIH, SESMT, enfermarias etc.

## 6.3 Importância da biossegurança

### 6.3.1 Histórico

No ano de 1976, o NIH (National Institute of Health – EUA) divulgou as normas de segurança em laboratório que tiveram repercussão, também na Europa, e que deveriam ser observadas pelos responsáveis pelos projetos com financiamento oficial.

Em 1992, ocorreu o marco mundial mais recente com relação à legislação de Biossegurança nos EUA e Reino Unido, que divulgaram documentos gerais sobre os princípios que deveriam nortear a ação regulatória da Biossegurança até o final do século 20.

Nos EUA, o documento nomeado "Documento do Escopo" foi apresentado à Casa Branca e definiu limites para a atuação das agências governamentais americanas, controle das atividades financiadas pelos órgãos oficiais e a ética, classificando os riscos como: "Irrazoável X Negligível, ao invés de Grande e Pequeno Risco" (Teixeira, 2002).

Este foi o primeiro documento que tentou definir um padrão de normas baseado no risco e não na tecnologia empregada. Entretanto, a comunidade dos ecologistas, que defende a posição de que a tecnologia do DNA recombinante (r-DNA) e seus produtos podem apresentar riscos adicionais ou diferentes, também defende a avaliação dos riscos ambientais dos organismos transgênicos. Atualmente, a polêmica em vários países tem se focado na regulamentação dos produtos transgênicos.

Em 2004, a OMS divulgou um documento descrevendo algumas questões que têm causado dúvidas com relação aos prejuízos para a saúde humana, e esclarece que os três principais pontos debatidos com relação ao uso de transgênicos são as tendências em provocar reação alérgica (alergenicidade), a transferência do gene e a mutação externa. Ainda, segundo a OMS, todos os produtos geneticamente modificados (GM/transgênicos), existentes atualmente no mercado internacional, foram submetidos a avaliações de risco conduzidas por autoridades nacionais. Essas avaliações não indicaram nenhum risco para a saúde humana (DOMINGO, 2013).

Outra questão que gerou polêmica é sobre o uso de células-tronco embrionárias em pesquisas. Nos EUA, a aprovação de pesquisas envolvendo células-tronco a partir de embriões foi vetada em 2008, com base em convicções religiosas, desconsiderando que o desenvolvimento de novas tecnologias deverá beneficiar a sociedade.

Na 1ª SIMBION/AnBio, em junho de 2002, o cientista belga Rodolphe de Borchgrave colocou que a biotecnologia poderia reduzir custos e aumentar a produtividade na agricultura (foram feitas pesquisas com soja, milho e algodão), o que poderia resultar em benefícios sociais.[22] Por outro lado, a não adoção destas tecnologias teria como consequências a perda dos benefícios citados e aumentaria a desvantagem do Brasil em relação a outros países, nos mercados internacionais (ver Capítulo 7).

## 6.3.2 Conceito de biossegurança

A construção do conhecimento sobre a biossegurança foi iniciada na década de 1970, na reunião de Asilomar, na Califórnia. Foi a primeira vez em que foram discutidos os aspectos de proteção aos pesquisadores e demais profissionais envolvidos com atividades de pesquisa. Neste período, também o foco foi direcionado para a saúde do trabalhador, quando as práticas preventivas para o trabalho em contenção em nível de laboratório com agentes patogênicos começaram a ser considerados (COSTA, 2000).

Na década de 1980, a OMS considerou a definição dos riscos periféricos presentes em ambientes laboratoriais, onde se trabalhava com agentes patogênicos para o homem, como os riscos químicos, físicos, radioativos e ergonômicos (ver Capítulo 11).

A partir da década de 1990, o conceito de Biossegurança sofre alterações significativas e outras definições são sugeridas.

Em 1991, em Paris foram incluídos temas como ética em pesquisa, meio ambiente animais e processos relacionados com biotecnologia (técnica do DNA recombinante). Também, "a Biossegurança é o conjunto de ações voltadas para a para a proteção ambiental e a qualidade."

Zibman Brener, citado por Costa (2000), conceituou de forma abrangente: "Biossegurança corresponde à segurança no manejo de produtos e técnicas biológicas."

Ainda com base na cultura da engenharia de segurança e medicina do trabalho, outro conceito está descrito em Costa (1996, apud COSTA, 2000) "corresponde ao conjunto de medidas técnicas e psicológicas, empregadas para prevenir acidentes em ambientes de biotecnológicos".

Fontes et al. (1998) afirmaram, de forma não específica para as pesquisas em genética e biotecnologia, que biossegurança corresponde aos procedimentos adotados para evitar os riscos das atividades da biologia.

---

[22] Disponível em: <http://www.sementesagroceres.com.br/?page_id=170>. Acesso em: 23 ago. 2013.

A Portaria nº 228, de 28 de abril de 1998, do Ministério do Exército definiu: "Biossegurança é o conjunto de ações voltadas para prevenção, minimização ou eliminação de riscos inerentes às atividades de pesquisa, produção, ensino, desenvolvimento tecnológico e prestação de serviços, visando à saúde do homem, dos animais, à preservação do meio ambiente ou à qualidade dos trabalhos desenvolvidos." Ainda foi sugerido um conceito que coloca a biossegurança num patamar superior como: "e o estado, qualidade ou condição de segurança biológica da vida e da saúde dos homens, dos animais e das plantas, bem como do meio ambiente", não hierarquizando essa proteção, dos riscos associados aos organismos geneticamente modificados, segundo a Lei nº 8.974/1995.

Atualmente, este conceito está envolvendo ambientes de saúde como hospitais, hemocentros laboratórios de saúde pública, centros odontológicos, unidades de saúde.

Assim, considerando a diversidade das atividades desenvolvidas em laboratório de análise clínicas ou patologia clínica chamadas de medicina diagnóstica, pode-se conceituar em função da multidisciplinariedade a **Biossegurança Laboratorial** como: "conjunto de medidas voltadas para a preservação, a minimização ou a eliminação de riscos inerentes às atividades de pesquisa, produção, ensino, desenvolvimento tecnológico e prestação de serviços, que podem comprometer a saúde do homem, dos animais, do meio ambiente ou a qualidade dos trabalhos desenvolvidos". Estas medidas podem ser classificadas em quatro grupos: administrativas, técnicas, educacionais e médicas (SIMONETTI, 2009).

O segundo boletim informativo "Biodiversidade e Rio+20", produzido pela Terra de Direitos (2012), ressaltou a necessidade de responsabilização das empresas de biotecnologia pelos danos gerados pelos transgênicos no meio ambiente. Esta publicação pode corresponder ao instrumento de responsabilização das transnacionais da biotecnologia por danos causados pelos transgênicos ao meio ambiente e à saúde pública.

Em 2000, a Conferência das Partes da Convenção sobre Diversidade Biológica (CDB) adotou seu primeiro acordo suplementar conhecido como Protocolo de Cartagena sobre Biossegurança,[23] que visa assegurar um nível adequado de proteção no campo da transferência, da manipulação e do uso seguro dos organismos vivos modificados (OVMs), resultantes da biotecnologia moderna, que possam ter efeitos adversos na conservação e no uso sustentável

---

[23] Ministério do Meio Ambiente. Protocolo de Cartagena sobre Biossegurança. Disponível em: <http://www.mma.gov.br/biodiversidade/convencao-da-diversidade-biologica/protocolo-de-cartagena-sobre-biosseguranca>. Acesso em: 13 ago. 2013.

da diversidade biológica, levando em conta os riscos para a saúde humana, decorrentes do movimento transfronteiriço.

O protocolo passou a vigorar em setembro de 2003, levando em consideração as necessidades de proteção do meio ambiente, da saúde humana e da promoção do comércio internacional. Também incorpora em artigos operativos o Princípio da Precaução, um dos pilares mais importantes desse instrumento e que deve nortear as ações políticas e administrativas dos governos. Ainda, em 2012, a OMS publicou o manual de monitoramento e normas de biorrisco,[24] que passou a vigorar no mês de janeiro daquele ano.

### 6.3.3 – Conceito de biosseguridade[25]

É o desenvolvimento e implementação de um conjunto de políticas e normas operacionais rígidas que terão a função de proteger a produção animal contra a introdução de qualquer tipo de agentes infecciosos, sejam eles vírus, bactérias, fungos e/ou parasitas, como a SARS, vírus da gripe aviária, vírus da influenza A H1N1, e, no Brasil, a dengue.

A biossegurança e a biosseguridade auxiliam no enfrentamento destes desafios e têm como objetivo minimizar os riscos oriundos da manipulação e possibilidade de contato com esses agentes de risco. O controle, o cuidado e a divulgação dos procedimentos adequados e dos riscos visam evitar a contaminação de pessoas e do meio ambiente. Assim, a biossegurança se refere à prevenção acidental à exposição de agentes biológicos no laboratório; e a biosseguridade se refere à prevenção de utilização intencional, roubo e/ou à liberação de agentes biológicos. Esses conceitos são adotados nos EUA, enquanto outros países podem não fazer distinção entre os dois termos.

A partir da década de 2000, os cuidados com situações de risco no trabalho para as pessoas se estenderam para a população como um todo e a biosseguridade tem se imposto mundialmente e novas iniciativas têm sido realizadas para proteger a população.

É importante pontuar que cada região apresenta suas peculiaridades em relação à ocorrência e tipos de riscos biológicos (TREVAN, 2009), conforme demonstrado no quadro a seguir.

---

[24] Manual de Controle do Biorrisco da Organização Mundial de Saúde: Plano Estratégico de Ação para o período 2012-2016. Disponível em: <http://www.anbio.org.br/site/files/novidades/WHO_HSE_2012_3_eng.pdf >. Acesso em: 13 ago. 2013.

[25] Biosseguridade. Disponível em: <http://polysell.com.br/biosseguridade.aspx?lang=pt>. Acesso em: 13 ago. 2013.

**Quadro 6.1** – Espectro dos riscos biológicos

| Pandemias de ocorrência natural | Doenças infecciosas reemergentes | Consequencias não intencionais de pesquisa | Acidentes de laboratório | Falta de cuidado/ Desconhecimento | Definições/ Escolhas políticas | Negligência/ Não seguir normas | Crime e falsificação de drogas | Sabotagem | Ataque com exposição aos materiais | Guerra biológica/ Terrorismo |
|---|---|---|---|---|---|---|---|---|---|---|
| **Naturais 1 e 2** | | **Não intencionais** | | | | | **Intencionais** | | | |

Fonte: Adaptado de Trevan (2013).

No século 21, no Brasil e no mundo, os debates estão relacionados às questões de clonagem terapêutica, pesquisas com células tronco (indiferenciadas), produção de vacinas e alimentos. Em alguns países, já foram definidas normas para as atividades que envolvem estes temas e técnicas.

**Figura 6.4** – Símbolo dos transgênicos

Fonte: Anvisa (2013).

A Lei nº 10.814, proposta em 2003 (e modificada pela Lei nº 11.105, aprovada em 2005), criou o sistema de informação de biossegurança para a gestão das atividades que envolvam os produtos transgênicos e o fundo de incentivo ao desenvolvimento da biotecnologia para agricultores familiares, para financiar projetos na área de biotecnologia e engenharia genética (ver Capítulo 7).

**Figura 6.5** – Símbolo de biossegurança[26]

Fonte: Anvisa (2013).

No Brasil, a Lei nº 11.105[27] tem gerado muita discussão, em consequência do seu art. 5º que possibilita o uso de células-tronco para pesquisas e terapias.

---

[26]. O símbolo da biossegurança, que na realidade é o símbolo do risco biológico, foi desenvolvido pelo engenheiro Charles Baldwin, da Dow Chemical, em 1966, visando uma padronização na identificação de agentes biológicos de risco.

[27] Lei nº 11.105, de 24 de março de 2005. Disponível em: <http://www.planalto.gov.br/ccivil_03/_ato2004-2006/2005/lei/l11105.htm>. Acesso em: 13 ago. 2013.

Em 5 de janeiro de 2001, o Reino Unido se tornou o primeiro país a autorizar legalmente a clonagem de embriões humanos para fins terapêuticos. Três anos depois, cientistas britânicos obtiveram licença para clonar embriões humanos.[28]

Em 2009, o presidente dos EUA, Barak Obama, liberou dinheiro federal para pesquisas com células-tronco, revertendo uma restrição feita por seu antecessor George W. Bush, que proibia o uso de dinheiro público para esse tipo de pesquisa.[29]

Algumas questões que vinham sendo debatidas exaustivamente se tornaram ultrapassadas a partir desta tecnologia. No Brasil, a lei de biossegurança foi aprovada em março de 2005, com atraso, e com várias questões pendentes, inclusive relacionadas ao Código Civil vigente. Tal lei permite pesquisas para fins de terapia com células-tronco embrionárias obtidas por fertilização *in vitro*, desde que os embriões sejam inviáveis e estejam congelados há mais de 3 anos. Deve haver o consentimento dos genitores e os projetos de pesquisa devem ser aprovados por comitês de ética em pesquisas. O texto proíbe clonagem humana e pesquisas de engenharia genética em célula germinal humana, zigoto humano e embrião humano.

Em seguida a aprovação desta lei, um deputado entrou com pedido de inconstitucionalidade alegando e confundindo as questões de crença e religiosidade com a tecnologia, isto num estado laico. Em maio de 2007, foi agendado um fórum para tentar solucionar a questão da origem da vida e novas polêmicas foram levantadas.

A ação direta de inconstitucionalidade foi proposta em 2005, em seguida à aprovação da lei, por um procurador-geral da República, que defendia que o embrião pode ser considerado vida humana e por isso pedia exclusão do artigo 5º da Lei de biossegurança, o qual permite a utilização em pesquisas de células-tronco embrionárias fertilizadas *in vitro* e não utilizadas. Vários órgãos oficiais e sociedades de pesquisa e pesquisadores se posicionaram manifestando preocupação com a ameaça de interrupção das pesquisas envolvendo células-tronco embrionárias no país, pois a questão na sua base envolve a discussão entre a crença e a ciência. Ao longo dos tempos, o que se tem visto são polêmicas entre a fé e o desenvolvimento tecnológico, o que culmina numa desaceleração do avanço do conhecimento.

Sobre a questão do início da vida, a possibilidade de consenso é baixa, uma vez que para diferentes religiões e na legislação de vários países as posições são também diversas, assim há apenas a perspectiva de que a sociedade via seus representantes discutam e encontrem um ponto de consenso, para que os resultados das pesquisas

---

[28] Britânicos obtêm licença para clonar embriões humanos. Disponível em: <http://www1.folha.uol.com.br/folha/ciencia/ult306u12268.shtml>. Acesso em: 13 ago. 2013.

[29] Obama libera verba pública para pesquisas com células-tronco. Disponível em: <http://www1.folha.uol.com.br/folha/ciencia/ult306u531606.shtml>. Acesso em: 13 ago. 2013.

possam ser revertidos em grande benefício para a população na área de Saúde, de forma ética e legal. (Em razão da Ação Direta de Inconstitucionalidade [ADI] nº 3.510 contra o art. 5º da Lei de Biossegurança nº 11.105, de 24 de março de 2005).[30]

No dia 29 de maio de 2008, a ação de inconstitucionalidade foi recusada no STF (Supremo Tribunal Federal) por seis votos a cinco e o Brasil poderá dar continuidade às pesquisas, que poderão a médio e longo prazo contribuir para compreensão e solução de algumas doenças, ou seja, esta decisão mantém a esperança de cura, alimentada por pacientes com doenças degenerativas (diabetes, distrofia muscular, artrites, Alzheimer etc.) ou portadores de deficiência, que pode vir a partir do resultado dos estudos (BRASIL, 2008).

É importante ressaltar, contudo, que os resultados da cura de algumas doenças não serão um resultado imediato das pesquisas, mas não será impedida por motivos quaisquer ainda, essa é uma área de pesquisa em desenvolvimento, e não se podem interpretar resultados preliminares como verdades absolutas (ZATZ, 2004).

## 6.4 Níveis de biossegurança

Em 19 de fevereiro de 2002, a Comissão de Biossegurança em Saúde (CBS), do Ministério da Saúde, constituída pela Portaria GM/MS 343, substituída posteriormente pela Portaria GM/MS 1683 de 28/08/03, publicou uma nova classificação de Risco dos Agentes Patogênicos. Os riscos não são mais classificados como Grupo 1, 2, 3 e 4 e, sim, como **Classe de risco** 1, 2, 3 e 4. Veja:

**Classificação de risco**
Os agentes biológicos que afetam o homem, animais e plantas são distribuídos em classes de risco assim definidas:

– **Classe de risco 1** (baixo risco individual e para a coletividade): inclui os agentes biológicos conhecidos por não causarem doenças em pessoas ou animais adultos sadios. Exemplo: *Lactobacillus sp.*

– **Classe de risco 2** (moderado risco individual e limitado risco para a comunidade): inclui os agentes biológicos que provocam infecções no homem ou nos animais, cujo potencial de propagação na comunidade e de disseminação no meio ambiente é limitado, e para os quais existem medidas terapêuticas e profiláticas eficazes. Exemplo: *Schistosoma mansoni.*

---

[30] Manifesto sobre Células-tronco Embrionárias. Disponível em: <http://www.ghente.org/temas/celulas-tronco/manifesto.pdf>. Acesso em: 14 ago. 2013.

– **Classe de risco 3** (alto risco individual e moderado risco para a comunidade): inclui os agentes biológicos que possuem capacidade de transmissão por via respiratória e que causam patologias humanas ou animais, potencialmente letais, para as quais existem usualmente medidas de tratamento e/ou de prevenção. Representam risco se disseminados na comunidade e no meio ambiente, podendo se propagar de pessoa a pessoa. Exemplo: *Bacillus anthracis*.

– **Classe de risco 4** (alto risco individual e para a comunidade): inclui os agentes biológicos com grande poder de transmissibilidade por via respiratória ou de transmissão desconhecida. Até o momento não há nenhuma medida profilática ou terapêutica eficaz contra infecções ocasionadas por estes. Causam doenças humanas e animais de alta gravidade, com alta capacidade de disseminação na comunidade e no meio ambiente. Esta classe inclui principalmente os vírus. Exemplo: *Vírus Ebola*.

– **Classe de risco especial** (alto risco de causar doença animal grave e de disseminação no meio ambiente): inclui agentes biológicos de doença animal não existente no País e que, embora não sejam obrigatoriamente patógenos de importância para o homem, podem gerar graves perdas econômicas e/ou na produção de alimentos.

### Observações sobre a classificação dos agentes biológicos:

1. No caso de mais de uma espécie de um determinado gênero ser patogênica, serão assinaladas as mais importantes, e as demais serão representadas pelo gênero seguido da denominação "spp", indicando que outras espécies do gênero podem ser patogênicas.

2. A classificação de parasitas e as respectivas medidas de contingenciamento aplicam-se somente para os estágios de seu ciclo durante os quais sejam infecciosos para o homem ou animais.

3. Os agentes incluídos na classe especial deverão ser manipulados em área NB-4, enquanto ainda não circularem no País, devendo ter sua importação restrita, sujeita à prévia autorização das autoridades competentes. Caso sejam diagnosticados no território nacional deverão ser tratados no NB determinado pelos critérios que norteiam a sua avaliação de risco.

4. Nesta classificação reputaram-se apenas os possíveis efeitos dos agentes biológicos em indivíduos sadios. Os possíveis efeitos em indivíduos com patologia prévia, em uso de medicação, portadores de transtornos imunológicos, gravidez ou em fase de lactação não foram considerados.

A classificação dos agentes biológicos, que distribui os agentes em classes de risco de 1 a 4, considera o risco que representam para a saúde do trabalhador, sua capacidade de propagação para a coletividade e a existência ou não de profilaxia e tratamento. Em função desses e outros fatores específicos, as classificações existentes nos vários países apresentam algumas variações, embora coincidam em relação à grande maioria dos agentes.

Considerando que essa classificação baseia-se principalmente no risco de infecção, a avaliação de risco para o trabalhador deve considerar ainda os possíveis efeitos alergênicos, tóxicos ou carcinogênicos dos agentes biológicos. A classificação publicada no Anexo I da NR 32 indica alguns destes efeitos.

**Quadro 6.2** – Classes de risco

| Resumo das características de cada Classe de Risco | Risco individual | Risco de propagação à coletividade | Profilaxia ou tratamento eficaz |
|---|---|---|---|
| 1 | baixo | baixo | – |
| 2 | moderado | baixo | existem |
| 3 | elevado | moderado | nem sempre existem |
| 4 | elevado | elevado | atualmente não existem |

Fonte: Brasil (2013).

## 6.4.1 Para agentes patogênico-microbiológicos

A prevenção dos acidentes em biossegurança depende da informação e conhecimento, ou seja, da educação, associada a políticas de gestão de pessoas e de empresas, assim como estabelecimento de regras claras e abrangentes que possibilitem a regulação das atividades. Isso deve ser realizado disponibilizando para os profissionais as informações, formas de prevenção, adoção de boas práticas no laboratório, controle de qualidade e o registro dos acidentes, possibilitando a monitoração da saúde dos trabalhadores.

Os agentes microbiológicos são classificados de acordo com seu grau de patogenicidade, poder de invasão, resistência a processos de esterilização, sua virulência, capacidade mutagênica. Segundo a Resolução nº 1, de 1998, do Conselho Nacional de Saúde, Capítulo X, art. 64, varia de 1 a 4:

### GRUPO 1
Baixo risco individual e coletivo. Medidas de prevenção: uso de vestuário.

### GRUPO 2
Moderado risco individual, comunitário e para o meio ambiente.
Possibilidade de causar doença ao homem e ao animal (no caso de biotérios). Além do vestuário, descontaminação dos dejetos e dos objetos, sinalização, limitação do acesso.
Exemplo: laboratórios de ensino.

### GRUPO 3
Elevado risco individual e baixo risco coletivo – é aplicável a laboratórios clínicos de diagnóstico, de ensino e pesquisa ou de produção. Possibilidade de causar doença grave em humanos e outros animais. As medidas de segurança devem incluir controle do acesso ao ambiente e uniforme especial.
Exemplo: *Mycobacterium tuberculosis* e HIV.

### GRUPO 4
Elevado risco individual e coletivo– é indicado para o trabalho que envolve agentes exóticos e perigosos, podendo causar doença incurável no homem ou ao animal. As medidas de segurança incluem troca de vestuário, ducha na saída; descontaminação dos dejetos antes do descarte.
Exemplo: vírus Ebola; Lassa; Machup; Marburg.
Também, para viabilizar a segurança são necessários cuidados na definição do espaço físico, localização, circulação de ar e de pessoas, controle ambiental, descarte dos materiais.

## 6.4.2 Critérios para os níveis de biossegurança para animais vertebrados

Estão listadas abaixo as recomendações associando práticas, equipamentos com animais infectados por agentes que provocam ou possam provocar infecções humanas. Estas recomendações visam a níveis crescentes de proteção individual e ao meio ambiente.

### NÍVEL DE BIOSSEGURANÇA ANIMAL 1
É recomendado para atividades que envolvam agentes bem definidos, que não sejam conhecidos por provocarem doenças em humanos adultos sadios, com risco potencial mínimo para a equipe laboratorial e para o meio ambiente.

### NÍVEL DE BIOSSEGURANÇA ANIMAL 2
Este nível envolve práticas de trabalho com agentes relacionados a doenças humanas. Com risco relacionado à ingestão, exposição de membranas mucosas e cutânea. As normas e procedimentos especiais deverão ser aprovados pelo comitê institucional de tratamento e uso de animais e pelo Comitê Institucional de Biossegurança (IBC). Deverá ser feito treinamento adequado sobre os riscos potenciai, precauções e os procedimentos para avaliar a exposição.

### NÍVEL DE BIOSSEGURANÇA ANIMAL 3
Este nível envolve atividades nas quais são manipulados animais infectados por agentes nativos ou exóticos que apresentam potencial elevado de transmissão por aerossóis e risco de provocar doenças fatais graves.

São necessárias práticas especiais como caixas e gaiolas que deverão ser autoclavadas ou serão descontaminadas antes que o material da cama seja removido. Sempre de acordo com normas oficiais, a dependência para os animais deverá ser separada das áreas abertas ao trânsito de pessoas no edifício. Acesso limitado.

### NÍVEL DE BIOSSEGURANÇA ANIMAL 4
Este nível envolve descrição de práticas adequadas para atividades nas quais são manipulados agentes perigosos ou exóticos que possam expor o indivíduo a alto risco de infecções que podem ser fatais, além de apresentarem potencial elevado de transmissão por aerossóis ou agentes relacionados com um risco de transmissão desconhecido.

## 6.5 Legislação – NR 32

Considerando a importância da proteção ao profissional da área de saúde, foi publicada em 11 de novembro de 2005 (DOU de 16/11/05-Seção 1) a NR 32 que estabelece as diretrizes básicas para a implementação de medidas de proteção à segurança e à saúde dos trabalhadores dos serviços de saúde, bem como daqueles que exercem atividades de promoção e assistência à saúde em geral.

Abaixo estão os seus principais tópicos, entretanto para informação mais detalhada deve ser consultado o texto na íntegra e o Capítulo 8, no qual estão descritas com mais detalhes as diversas normas que se aplicam para atividades realizadas em laboratórios.

1 – Descreve o Programa de Prevenção de Riscos Ambientais – PPRA. O PPRA deve ser reavaliado 01 (uma) vez ao ano ou noutros casos.

2 – Define os Riscos Biológicos – Para fins de aplicação desta NR considera-se Risco Biológico a probabilidade da exposição ocupacional a agentes biológicos. Consideram-se Agentes Biológicos os microrganismos, geneticamente modificados ou não (OGMs); as culturas de células; os parasitas; as toxinas e os príons.

3 – Normatiza a aplicação, periodicidade e o que deve constar do Programa de Controle Médico de Saúde Ocupacional – PCMSO. A manipulação em ambiente laboratorial deve seguir as orientações contidas na publicação do Ministério da Saúde – Diretrizes Gerais para o Trabalho em Contenção com Material Biológico, correspondentes aos respectivos microrganismos. E, também, normatiza sobre a vacinação mínima para os trabalhadores.

4 – Aborda os Equipamentos de Proteção Individual – EPI, descartáveis ou não, deverão estar à disposição em número suficiente nos postos de trabalho, de forma que seja garantido o imediato fornecimento ou reposição, assim como os deveres do empregador em relação aos mesmos. E também, os deveres dos trabalhadores que devem comunicar imediatamente todo acidente ou incidente, com possível exposição a agentes biológicos, ao responsável pelo local de trabalho e, quando houver, ao serviço de segurança e saúde do trabalho e à Cipa (Comissão Interna de Prevenção de Acidentes).

5 – Define e descreve procedimentos para o trabalho com Riscos Químicos e sua relação com o Programa de Prevenção de Riscos Ambientais – PPRA. Assim como, define normas para trabalho com medicamentos, drogas de Risco e também Quimioterápicos antineoplásicos.

6 – Descreve as normas para trabalho com as Radiações Ionizantes e sobre o Plano de Proteção Radiológica que devem observar as disposições estabelecidas pelas normas específicas da Comissão Nacional de Energia Nuclear – CNEN – e da Agência Nacional de Vigilância Sanitária – Anvisa, do Ministério da Saúde. E, também, devem fazer parte do fazer parte do PPRA do estabelecimento e devem ser considerados na elaboração e implementação do PCMSO. Este texto dispõe também sobre o Serviço de Medicina Nuclear e Radioterapia, Serviços de Radiodiagnóstico Odontológico.

7 – Define as atribuições do empregador em relação aos Resíduos.

8 – Inclui também as condições de conforto por ocasião das refeições, tipos de lavatórios, sobre as lavanderias, sobre a limpeza e conservação dos materiais e, ao final, sobre a manutenção de máquinas e equipamentos. Contém, em anexos, a lista de agentes biológicos e sua classificação em relação à classe de risco, além dos prazos para cumprimento de cada item que pode variar de 5 a 17 meses.

Em 2008, foi publicado o cronograma previsto na NR 32, que estabelece que os empregadores devem promover a substituição dos materiais perfurocortantes por outros com dispositivo de segurança no prazo máximo de 24 meses a partir da data de publicação da Portaria nº 939.[31]

---

[31] Portaria nº 939, de 18 de novembro de 2008. Disponível em: <http://www.trabalhoseguro.com/Portarias/port_939_2008.html>. Acesso em: 14 ago. 2013.

# REFERÊNCIAS

ANDRADE, A.; PINTO, S. C.; OLIVEIRA, R. S. (orgs.). *Animais de laboratório*: criação e experimentação. Rio de Janeiro: Fiocruz, 2002.

ANVISA. *Símbolo dos transgênicos*. Disponível em: <http://portal.anvisa.gov. br/wps/wcm/connect/1e3d43804ac0319e9644bfa337abae9d/Portaria_2685_ de_22_de_dezembro_de_2003.pdf?MOD=AJPERES>. Acesso em: 28 nov. 2013.

AZEVEDO, V. Curso Fundamentos de Biossegurança. In: *Reunião anual da Federação de Sociedades de Biologia Experimental (Fesbe)*, XVII, Salvador, 2001.

BAKER, K. *Na bancada*: manual de iniciação científica em laboratório de pesquisas biomédicas. Porto Alegre: Artmed, 2002.

BEPA – Boletim Epidemiológico Paulista. *Informe mensal sobre agravos à Saúde Pública*, São Paulo, ano 1, n. 4, abr. 2004. ISSN 1806-4272. Disponível em: <ftp://ftp.cve.saude.sp.gov.br/doc_tec/outros/bol_bepa404.pdf>. Acesso em: 8 ago. 2013.

BRASIL. Ministério da Saúde. *Biossegurança em Laboratórios Biomédicos e de Microbiologia*. Brasília: Funasa, 2001.

BRASIL. Informativo STF nº 508, de 36 a 30 de maio de 2008, Brasília, 2008. Disponível em: <http://www.stf.jus.br/arquivo/informativo/documento/ informativo508.htm>. Acesso em: 23 ago. 2013.

BRASIL. Ministério do Trabalho e Emprego. *NR 32*. Disponível em: <http:// portal.mte.gov.br/data/files/8A7C812D36A280000138812EAFCE19E1/ NR-32%20(atualizada%202011).pdf>. Acesso em: 14 ago. 2013.

CASTRO, M. E. S. *Esterilização por Óxido de Etileno*. Slide 10. Disponível em: <www.anvisa.gov.br/servicosaude/controle/aula_6.ppt>. Acesso em: 16 ago. 2013.

CORDEIRO, M. C. R. *Guia Prático de Proteção ao Trabalho*. Distrito Federal, Planaltina: Embrapa Cerrados, 2001.

COSTA, M. A. F. *Qualidade em Biossegurança*. Rio de Janeiro: Qualitymark, 2000.

DIAS, M. A. C.; MACHADO, A. A.; SANTOS, B. M. O. Acidentes ocupacionais com exposição a material biológico: retrato de uma realidade. *Rev. FMRP*, Ribeirão Preto, v. 45, n. 1, p. 12-22, 2012. Disponível em: <http://revista.fmrp.usp.br/2012/vol45n1/ao_Acidentes%20ocupacionais%20por%20exposi%E7%E3o%20a%20material%20biol%F3gico.pdf>. Acesso em: 19 ago. 2013.

DOMINGO, J. L. Uma Revisão da Literatura Publicada. *Critical Reviews in Food Science and Nutrition*. Tradução Sandra Galeotti. Disponível em: <http://www.eticadaterra.com/artigos-cientificos.php>. Acesso em: 23 ago. 2013.

FOLHA DE S.PAULO. A hélice do milênio. *Folha de S. Paulo*, São Paulo, 7 mar. 2003. Caderno Especial. Disponível em: <http://www1.folha.uol.com.br/fsp/especial/fj0703200301.htm>. Acesso em: 14 ago. 2013.

FUNDAÇÃO OSWALDO CRUZ (FIOCRUZ). *Biossegurança em laboratório*. São Paulo, 1998. CD.

FURTADO, R. A controvérsia dos OGMs nos 30 anos da engenharia genética. *Scientific American Brasil*, São Paulo, n. 18, ano 2, p. 26-33, 2003.

GALARDO, C. D. et al. Biossegurança no insetário de Anopheles (NYS) marajoara do IPCT do estado do Amapá. In: *Congresso Brasileiro de Biossegurança*, VI, 2009, Rio de Janeiro. Anais. Rio de Janeiro, set. 2009.

GARRAFA, V.; COSTA, S. I. F. *A bioética no século XXI*. Brasília: Universidade de Brasília, 2000.

GOLDIM, J. R.; RAYMUNDO, M. M. *Pesquisa em modelos animais*. Disponível em: <http://www.bioetica.ufrgs.br/animrt.htm>. Acesso em: 14 ago. 2013.

GOODMAN, A. G.; GOODMAN, L. S.; GILMAN, A. A. *Bases da Farmacologia Terapêutica*. 6. ed. Rio de Janeiro: Guanabara Koogan, 1989.

HIRATA, M. H.; MANCINI FILHO, J. *Manual de biossegurança*. São Paulo: Manole, 2002.

IZIQUE, C. Lei polêmica: Biossegurança. *Revista Pesquisa Fapesp*, São Paulo, n. 97, p. 16-21, mar. 2004.

LAGENBACH, T. e cols. *Manual de Normas e Condutas de Biosseguran-ça*. Rio de Janeiro: CCS/ UFRJ. Disponível em: <http://pt.scribd.com/doc/52408617/Manual-de-normas-e-condutas-em-biosseguranca-UFRJ>. Acesso em: 14 ago. 2013.

MACHADO, K. M. et al. Notificação de acidentes de trabalho com material biológico. In: *Congresso Brasileiro de Controle de Infecção e Epidemiologia Hospitalar*, VI, Campos do Jordão/SP, 1998.

MADDOX, J. *O que falta descobrir?* Rio de Janeiro: Campus, 1999.

MAIA, G.; GUIBU, F. Governador culpa os EUA por envio de lixo hospitalar. *Folha de S.Paulo*, São Paulo, 19 out. 2011. Cotidiano. Disponível em: <http://www1.folha.uol.com.br/fsp/cotidian/ff1910201119.htm>. Acesso em: 7 ago. 2013.

MAJEROWICZ, J. *Boas práticas em biotérios e biossegurança*. Rio de Janeiro: Interciência, 2008.

MOSER, A. *Biotecnologia e bioética*: para onde vamos? São Paulo: Vozes, 2004.

MUTO E.; NARLOCH, L. Vida: O primeiro instante. *Revista Super Interessante*, n. 219, p. 56-64, nov. 2005.

OLIVEIRA, J. (Org.). *Constituição da República Federativa do Brasil*. 14. ed. São Paulo: Saraiva, 1996. (Coleção Saraiva de Legislação)

ODA, L. M.; FAUSTINO, V. Sustainable progress in life science: how to cope biosecurity and development. In: *Congresso Brasileiro de Biossegurança*, VI, 2009, Rio de Janeiro. Anais. Rio de Janeiro, set. 2009.

OLIVEIRA, F. *Bioética*: uma face da cidadania. São Paulo: Moderna, 1997.

ORGANIZAÇÃO MUNDIAL DA SAÚDE (OMS). *Guia para um Manual de Sistemas de Qualidade em um Laboratório de Prova*. Genebra, Suíça, 1998. Disponível em: <http://www.who.int/csr/resources/publications/biosafety/BisLabManual3rdwebport.pdf>. Acesso em: 28 nov. 2013.

PINHO, D. L. M. et al. Perfil dos acidentes de trabalho no hospital universitário de Brasília. *Rev. Bras. Enferm.*, Brasília, v. 60, n. 3, p. 291-4, maio/jun. 2007.

QUEIROZ, M. C. B. Biossegurança. In: OLIVEIRA, A. C.; ALBUQUERQUE, C. P.; ROCHA, L. C. M. *Infecções Hospitalares*: abordagem, prevenção e controle. Rio de Janeiro: Medsi, 1998. p. 183-195.

RAMALHO, M. *Sinabio – Vigilância Epidemiológica – PE DST/AIDS*. São Paulo, 2005. Disponível em: <http://www.riscobiologico.org/resources/6043. pdf>. Acesso em: 10 maio 2007.

RAPPARINI, C. *Cenário atual: Riscos biológicos em serviços de saúde*. Campinas, 2008. Disponível em: <http://www.riscobiologico.org/resources/6527. pdf>. Acesso em: 8 ago. 2013.

_____. Controle de Riscos Biológicos e acidentes com perfurocortantes. In: Seminário estadual hospitais saudáveis, I, 2008. Disponível em: <http://www.cvs.saude.sp.gov.br/pdf/2ACONT~1.PDF>. Acesso em: 19 ago. 2013.

RIBEIRO, J. G. L. *Vacinação do profissional de saúde*. Disponível em: <http://www.riscobiologico.org/resources/5820.pdf>. Acesso em: 8 ago. 2013.

RISCOBIOLOGICO. Características das exposições a material biológico. Disponível em: <http://www.riscobiologico.org-riscos-carat_precbasicas. htm>. Acesso em: 6 jul. 2006.

ROVANI, A. De mãos atadas. *Folha de S.Paulo*, São Paulo, 5 mar. 2006. Empregos. Disponível em: <http://www1.folha.uol.com.br/fsp/empregos/ ce0503200601.htm>. Acesso em: 8 ago. 2013.

SILVA, S. R. M. et al. Associação da biossegurança e saúde do trabalhador para minimização de acidentes com perfurocortante em Macapá/AP. In: *Congresso Brasileiro de Biossegurança*, VI, 2009, Rio de Janeiro. Anais. Rio de Janeiro, set. 2009. p. 161.

SIMONETTI, J. P. Biossegurança em biologia molecular e medicina diagnóstica. In: *Congresso Brasileiro de Biossegurança*, VI, 2009, Rio de Janeiro. Anais. Rio de Janeiro, set. 2009. p. 69.

SIMONETTI, J. P.; SIMONETTI, B. R. Unidade de Contenção para Isolamento de pacientes em epidemias. In: *Congresso Brasileiro de Biossegurança*, VI, 2009, Rio de Janeiro. Anais. Rio de Janeiro, set. 2009. p. 70.

SOUZA, R. T. e cols. Avaliação de acidentes de trabalho com materiais biológicos em médicos residentes, acadêmicos e estagiários de um hospital-escola de Porto Alegre. *Rev. bras. educ. med.*, Rio de Janeiro, v. 36, n. 1, jan./mar. 2012. Disponível em: <http://www.scielo.br/scielo.php?pid =S0100-55022012000100016&script=sci_arttext>. Acesso em: 8 ago. 2013.

STEFFENS, V. A. *Ética na experimentação animal*. São Paulo: Unifesp/EPM, 1999. Plano de aula – Programa de Pós-graduação, Universidade Federal de São Paulo – Escola Paulista de Medicina, São Paulo, 1999. Disponível em: <http://www.bit.uem.br/etica.htm>. Acesso em: 14 ago. 2013.

TEIXEIRA, P.; VALLE, S. (orgs.). *Biossegurança*: uma abordagem multidisciplinar. Rio de Janeiro: Fiocruz, 2002.

TREVAN, T. Biosecurity as a challenge: the ICLS Experience. *Congresso Brasileiro de Biossegurança*, VI, 2009, Rio de Janeiro. Anais. Rio de Janeiro, set. 2009. p. 34.

_____. Concept for a Structure Whole of Government Approach Whole of Government Approach. Slide 14. Disponível em: <http://www. bbic-2011.org/Presentations/Tim-Trevan.pdf>. Acesso em: 16 ago. 2013.

TERRA DE DIREITOS. Boletim de Biodiversidade e Rio + 20, Curitiba, n. 2, jun. 2012. Disponível em: <https://sys.jaiminho.com.br/system/data/ user_uploads/29/file/BOLETIM%20II%20RIO%20+%2020.pdf>. Acesso em: 13 ago. 2013.

VIEIRA, M.; PADILHA, M. I.; PINHEIRO, R. D. C. Análise dos acidentes com material biológico em trabalhadores da saúde. *Rev. Latino-Am. Enfermagem*, Ribeirão Preto, v. 19, n. 2, p. 332-339, mar./abr. 2011.

VIEIRA, M. e cols. Análise dos acidentes com material biológico em trabalhadores da saúde. *Rev. Latino-Am. Enfermagem*, Ribeirão Preto, v. 19, n. 2, mar./abr. 2011. Disponível em: <http://www.scielo.br/scielo.php?pid=S0104- 11692011000200015&script=sci_arttext&tlng=pt>. Acesso em: 8 ago. 2013.

VIEIRA, V. M.; LAPA, R. Riscos em laboratório: prevenção e controle. *Cadernos de Estudos Avançados*, Rio de Janeiro, v. 3, n. 1, p. 25-43, 2006.

VILLARROEL, M. J. e cols. Exposición laboral a fluidos corporales de riesgo en el Hospital Clínico Félix Bulnes Cerda durante 11 años de estúdio. *Rev. chil. infectol.*, Santiago, v. 29, n. 3, p. 255-262, jun. 2012. Disponível em: <http://www.scielo.cl/scielo.php?script=sci_arttext&pid=S0716-10182012000300002>. Acesso em: 8 ago. 2013.

ZATZ, M. Clonagem e células-tronco. *Estudos avançados,* São Paulo, v. 8, n. 51, p.147-256, maio/ago. 2004.

**Sites de interesse:**

http://www.anbio.org.br

http://www.cobea.org.br/artigos.htm.

http://www.ctnbio.org.br

http://www.conselho.saude.gov.br

http://www.anvisa.org.br

http://www.ufaw.org.uk

http://www.scielo.br

http://www.fiocruz.br/biosseguranca/Bis/manuais/biosseguranca/Biosafety%20Guide.pdf

http://virtualbiosecuritycenter.org/codes-of-ethics

http://www.worldgastroenterology.org/assets/downloads/pt/pdf/guidelines/needlestick_injury_accidental_exposure_to_blood_pt.pdf

http://portalteses.icict.fiocruz.br/transf.php?script=thes_chap&id=00001203&lng=pt&nrm=iso

# Anexo I

**Legislação**

*Lei nº 938, de 31 de agosto de 1981*
Define a Política Nacional do Meio Ambiente, seus fins e mecanismos de formulação e aplicação e dá providências correlatas. Regulamentada pelo Decreto nº 97.632, de 10 de abril de 1989 e pelo Decreto nº 99.274, de 6 de junho de 1990.

*Lei nº 7.802, de 11 de julho de 1989*
Dispõe sobre a pesquisa, a experimentação, a produção, a embalagem e rotulagem, o transporte, o armazenamento, a comercialização, a utilização, a importação, a exportação, o registro, a classificação, o controle, a inspeção e a fiscalização de agrotóxicos, seus componentes e afins. Regulamentada pelo Decreto n° 4.074, de 4 de janeiro de 2002.

*Lei nº 8.974, de 05 de janeiro de 2005*
Regulamenta os incisos II e V do parágrafo 1º do art. 225 da Constituição Federal. Estabelece normas para o uso de técnicas de engenharia genética e liberação no meio ambiente de organismos geneticamente modificados (OGMs); autoriza o poder executivo a criar, no âmbito da Presidência da República, a Comissão Técnica Nacional de Biossegurança – CTNBio.

*Resolução nº 3, de 30 de novembro de 1996*
Aprova o Regimento Interno da Comissão Técnica Nacional de Biossegurança – CTNBio.

*Lei nº 9.649, de 27 de maio de 1998*
Dispõe sobre a organização da Presidência da República e dos Ministérios, e delega outras providências para o Ministério da Ciência e Tecnologia e a CTNBio.

*Lei nº 8.974, de 26 de janeiro de 1999*
Define o Sistema Nacional de Vigilância Sanitária e dá providências correlatas. Regulamentada pelo Decreto nº 3.029, de 16 de abril de 1999.

*Lei nº 10.205, de 21 de março de 2001*

A Portaria do Ministério da Saúde nº 343, de 19 de fevereiro de 2002, cria a Comissão Nacional de Biossegurança em Saúde.

*Lei nº 11.105, de 24 de março de 2005*

Regulamenta os incisos II, IV e V do § 1º do art. 225 da Constituição Federal. Estabelece normas de segurança e mecanismos de fiscalização de atividades que envolvam organismos geneticamente modificados (OGMs) e seus derivados; cria o Conselho Nacional de Biossegurança – CNBS; reestrutura a Comissão Técnica Nacional de Biossegurança – CTNBio; dispõe sobre a Política Nacional de Biossegurança – PNB; revoga a Lei nº 8.974, de 5 de janeiro de 1995, e a Medida Provisória nº 2.191-9, de 23 de agosto de 2001, e os arts. 5º, 6º, 7º, 8º, 9º, 10 e 16 da Lei nº 10.814, de 15 de dezembro de 2003 e dá providências correlatas.

*Portaria GM nº 1.748, de 30 de setembro de 2011*

Esta portaria tem por finalidade estabelecer as diretrizes básicas para a implementação de medidas de proteção à segurança e à saúde dos trabalhadores dos serviços de saúde que constam da NR 32.

*Decreto nº 4.680, de 24 de abril de 2003*

Regulamentou o direito à informação quanto aos alimentos e ingredientes alimentares destinados ao consumo humano ou animal que contivessem ou fossem produzidos a partir de organismos geneticamente modificados, estabelecendo que tanto os produtos embalados quanto os vendidos a granel ou *in natura*, que contenham ou sejam produzidos a partir de OGM, com presença acima do limite de 1% do produto, deveriam ser rotulados, e o consumidor informado sobre a espécie doadora do gene no espaço reservado para a identificação dos ingredientes.

# Anexo II

## 1 - Prevenção de incêndios – Segurança em laboratórios

| Classe de incêndio | Tipos de extintores | |
|---|---|---|
| **A**<br>Papel<br>Borracha<br>Madeira<br>Tecido | Água | Espuma química |
| **B**<br>Derivados de petróleo<br>Álcool | $CO_2$ | PQS |
| **C**<br>Fios elétricos<br>energizados | $CO_2$ | PQS |
| **D**<br>Metais pirofóricos* | Agentes especiais: cloreto de sódio** | |

*Raspas de zinco, limalhas de magnésio, potássio, alumínio ou titânio. Ver Capítulo 3.

**Não deve ser usado para incêndio provocado por lítio (Li), por poder agravar o perigo.

## 2 - Formas de combate a incêndios

| Forma de combate – mecanismo | |
|---|---|
| Água | Resfriamento |
| $CO_2$ | Abafamento/Resfriamento |
| PQS* | Abafamento |
| Espuma química | Abafamento/Resfriamento |
| Agentes especiais | Abafamento |

*Pó químico seco.

## 3 - Métodos de combate

Os métodos de combate a incêndios mencionam quatro classes de incêndio, identificando do mesmo modo também os extintores.

## CLASSE A

Enquadram-se os incêndios em materiais que ao se queimarem deixam resíduos, como papel, algodão, madeira e outros. Para essa classe de incêndios, é necessário o uso de um extintor que tenha poder de penetração e que elimine ou reduza o calor existente. Os extintores recomendados para este tipo de incêndio são o de carga líquida e água com $CO_2$.

## CLASSE B

Não classificados os materiais que ao se queimarem não deixam resíduos, como líquidos inflamáveis em geral, tintas, óleos e graxas. A técnica de extinção deste tipo de incêndio requer o uso de um extintor que possa agir por abafamento, eliminando o oxigênio. Os extintores indicados são os de espuma, gás carbônico ($CO_2$) e pó seco (químico).

## CLASSE C

Envolve os incêndios em equipamentos elétricos ligados e que exigem um tipo de extintor que não seja condutor de eletricidade, sendo recomendados os extintores de gás carbônico ou pó seco.

## CLASSE D

Incêndios em metais pirofóricos e que exigem agentes especiais para a extinção. Esses agentes extintores têm a propriedade de se fundir em contato com o metal combustível, formando uma capa que o isola do ar, interrompendo a combustão. Estes tipos de materiais requerem extintores com agentes especiais que extinguem o fogo por abafamento, como os de cloreto de sódio.

### 4 - Como usar os extintores

ÁGUA:
Retire a trava de segurança, aperte a alavanca e dirija o jato à base do fogo.
OBS.: Não o use em incêndios das classes "B", "C" e "D"

ESPUMA:
Inverta o aparelho e o jato disparará automaticamente, só parando quando esgotada a carga.
Obs.: Não o use em incêndios das classes "C" e "D".

## GÁS CARBÔNICO:
Retire o pino de segurança quebrando o lacre.
Acione a válvula e dirija o jato para a base do fogo.
Obs.: Não o use em incêndios da classe "A".

## PÓ QUÍMICO:
Abra a ampola de gás e aperte o gatilho, dirigindo a nuvem de pó para a base do fogo.
Obs.: Não o use em incêndios da classe "A".

## 5 – Incêndio do material radioativo

**Para o caso especifico de incêndio de material radioativo:**

Em caso de ser atingido pelo fogo, o material radioativo, de acordo com sua forma inicial (sólida, líquida ou gasosa) sofrerá transformações do tipo clássico como: fusão, ebulição e sublimação, com a formação de produtos de combustão correspondentes às suas características químicas, podendo resultar em cinzas, pós, poeiras, névoas, aerossóis, vapores ou gases. Ainda, esses produtos de combustão são, em geral, menores e menos densos que o material original, ou seja, podem se dispersar com maior facilidade. Como consequência, considerando que essa alteração da forma física não acarreta mudança alguma na quantidade de material radioativo envolvido, pode-se esperar que o controle radiológico em caso de incêndio seja mais difícil.

**Proteção das pessoas (equipes de socorro e profissionais):**

Quando um incêndio provoca, direta ou indiretamente, uma ruptura nos envoltórios de proteção dos materiais radioativos, os riscos devidos à radioatividade podem causar consequências mais graves nas equipes de socorro presentes ao local, ou mesmo nas pessoas que estejam próximas, do que as que podem ser provocadas por uma eventual extensão do sinistro aos locais do estabelecimento que apresentam riscos clássicos.

Por isso o responsável pela equipe de combate ao incêndio poderá ser, por vezes, levado a retardar o emprego de procedimentos convencionais para assegurar, em primeiro lugar, a proteção dos radionuclídeos ameaçados pelo fogo.

Caso o material radioativo já esteja envolvido no sinistro, os novos perigos que daí podem resultar são a contaminação devida a sua dispersão e o risco de irradiação externa, que se deve à radiação penetrante emitida pelos radionuclídeos presentes. Ademais, a perda de contenção e a consequente exposição ou, mesmo, liberação desses radionuclídeos pode acarretar contaminação de superfícies, solo e atmosfera, bem como a contaminação e irradiação interna de pessoas e do meio ambiente.

Princípios básicos de segurança e proteção radiológica. Disponível em: <http://www.ilea.ufrgs.br/radioisotopos/pbspr.pdf>. Acesso em 14 ago. 2013.

Ficha SINAN para registro de acidentes de trabalho. Disponível em: <http://www.previdencia.gov.br/forms/formularios/form001.html>. Acesso em: 14 ago. 2013.

# Capítulo 7

# BIOTECNOLOGIA E EVOLUÇÃO DA LEGISLAÇÃO BRASILEIRA

**CAMILA PRÓSPERI**
**BIANCA MENDES SOUZA**
**CAROLINE PEREIRA DOMINGUETI**
**SABRINA RODRIGUES LIMA**
**ANDERSON MIYOSHI**
**VASCO AZEVEDO**

**Camila Prósperi**

Licenciada e bacharel em Ciências Biológicas pela Pontifícia Universidade Católica de Minas Gerais (PUC Minas). Mestre em Genética, com ênfase em Genética Molecular, de Micro-organismos e Biotecnologia, pelo Programa de Pós-graduação em Genética da Universidade Federal de Minas Gerais (UFMG). Atualmente faz parte do corpo discente do Programa de Pós-Graduação em Genética (doutorado) da UFMG e atua como professora do Programa de Apoio a Planos de Reestruturação e Expansão das Universidades Federais (Reuni) na mesma universidade.

**Bianca Mendes Souza**

Graduada em Ciências Biológicas e com mestrado em Genética pela Universidade Federal de Minas Gerais (UFMG). Atualmente faz parte do corpo discente do Programa de Pós-graduação em Genética (doutorado) da UFMG. Tem experiência na área de Genética, com ênfase em Genética Molecular e de Micro-organismos.

**Caroline Pereira Domingueti**

Professora auxiliar da unidade curricular Bioquímica Clínica do curso de Farmácia da Universidade Federal de São João del Rei (UFSJ). Doutoranda em Ciências Farmacêuticas com ênfase em Hematologia e Bioquímica Clínica pelo Departamento de Pós-graduação em Ciências Farmacêuticas da Universidade Federal de Minas Gerais (UFMG). Mestre em Genética com ênfase em Genética Molecular, de Micro-organismos e Biotecnologia pelo Departamento de Pós-graduação em Genética da UFMG.

**Sabrina Rodrigues Lima**

Farmacêutica graduada pelo Centro Universitário Newton Paiva, especialista em Biologia Molecular e Biotecnologia pela Faculdade de Saúde Ibituruna e mestre em Inovação Biofarmacêutica pela Universidade Federal de Minas Gerais (UFMG). É especialista em processos biotecnológicos e trabalha há sete anos com fermentação e recuperação de enzimas. Tem experiência em laboratório de controle de qualidade e em boas práticas de fabricação, incluindo as normas ISO9001:2000 (Planejamento, Mapeamento e Indicadores de Qualidade), ISO14001 (Sistema de Gestão Ambiental) e OHSAS18001 (Sistema de Gestão de Segurança e Saúde no Trabalho), sendo auditora em Saúde e Segurança Ocupacional e instrutora de treinamentos internos.

**Anderson Miyoshi**

Doutor em Ciências Biológicas pela Universidade Federal de Minas Gerais (UFMG) e professor adjunto do Departamento de Biologia Geral do ICB-UFMG, atua na área de Genética Molecular e de Micro-organismos, na qual desenvolve projetos de pesquisa voltados para novos sistemas de expressão gênica.

**Vasco Azevedo**

Professor residente do Instituto de Estudos Avançados Transdisciplinares (IEAT) da Universidade Federal de Minas Gerais (UFMG), professor titular e coordenador do Programa de Pós-graduação em Bioinformática da UFMG, com graduação em Medicina Veterinária pela Escola de Medicina Veterinária da Universidade Federal da Bahia (UFBA), mestrado e doutorado em Genética de Microrganismos pelo *Institut National Agronomique Paris Grignon*. É pós-doutorado pelo Departamento de Microbiologia da Escola de Medicina da Universidade da Pensilvânia (EUA) e é livre-docente pelo Instituto de Ciências Biomédicas (ICB) da Universidade de São Paulo (USP). Foi presidente do comitê assessor da área de Ciências Biológicas e Agrárias da Pró-reitoria de Pesquisa da UFMG, membro titular do Comitê de Internacionalização da UFMG de 2007 a 2010 e coordenador do Programa de Pós-graduação em Genética do Departamento de Biologia Geral do ICB-UFMG de outubro de 2006 a abril de 2010. Atualmente é membro da diretoria da Associação Nacional de Biossegurança (Anbio). Tem experiência na área de Genética, com ênfase em Genética Molecular e de Microrganismos, atuando principalmente nos seguintes temas: Genômica; Transcriptômica; Proteômica; Análises Funcionais de Genes; Estudo de Virulência e Patogenicidade; Biotecnologia Molecular e Biossegurança. Trabalha, atualmente, com os seguintes microrganismos: *Brucella abortus*, *Corynebacterium pseudotuberculosis*, *Lactococcus lactis* e *Lactobacillus*. Sócio-fundador da empresa Uniclon Biotecnologia Ltda., com sede em Belo Horizonte, MG.

# Biotecnologia e Evolução da Legislação Brasileira

## 7.1 Introdução

O termo "biotecnologia", utilizado pela primeira vez em 1919 por Karl Ereky (FÁRI; KRALOVÁNSZKY, 2006), dá nome a uma ciência multidisciplinar que envolve a utilização de organismos vivos, ou de parte deles, para a produção de bens e serviços. Segundo a Convenção sobre Diversidade Biológica, estabelecida durante a ECO-92, a biotecnologia é definida como qualquer aplicação tecnológica que utilize sistemas biológicos, organismos vivos ou seus derivados, para fabricar ou modificar produtos ou processos para utilização específica (BRASIL, 2000).

Nessa ampla definição, ao contrário do que se pensa, se enquadram várias atividades que o homem vem desenvolvendo há milhares de anos. Assim, pode-se dizer que a primeira geração da biotecnologia é compreendida por técnicas básicas, como a enxertia, a estaquia, a mergulhia e a preservação de alimentos. Já a segunda geração compreende técnicas mais apuradas, como a identificação, seleção e modificação de microrganismos. A terceira geração, por sua vez, abrange técnicas bastante complexas que compõem a chamada biotecnologia moderna (CRIBB, 2004).

A biotecnologia moderna surgiu a partir da descoberta da estrutura do DNA por James Watson e Francis Crick, em 1953. Essa ciência consiste na manipulação controlada e intencional do DNA por meio de técnicas de engenharia genética como, a transgenia, a clonagem, os métodos de exploração de microrganismos, os processos enzimáticos, os métodos de diagnóstico e os métodos de fecundação *in vitro* (CRIBB, 2004). Além disso, a biotecnologia moderna pode ser caracterizada como altamente dependente da pesquisa em ciências básicas e, ao mesmo tempo, como multidisciplinar, aliando protocolos e metodologias de pesquisa utilizadas no estudo de áreas como biologia celular, genética e bioquímica com novos conceitos científicos derivados de disciplinas que não existiam há alguns anos, como biologia molecular, genômica funcional e proteômica (SILVEIRA et al., 2004).

## 7.2 Aplicações da biotecnologia

Por conter tais características, a biotecnologia apresenta uma ampla gama de aplicações na agricultura, na pecuária, na medicina, na indústria e na proteção do meio ambiente, e seu desenvolvimento tem trazido muitos benefícios para a sociedade.

Na agricultura, o cultivo de plantas geneticamente modificadas que tenham características agronômicas melhoradas como a resistência ao ataque de insetos, vírus, fungos e bactérias, e maior tolerância aos herbicidas, tem sido muito benéfico para o planeta. Essas plantações requerem menos aplicações de defensivos agrícolas, o que reduz a emissão de poluentes e a contaminação ambiental. Além disso, as plantas transgênicas assumem um papel fundamental no aumento sustentável da produção agrícola, necessário para alimentar a crescente população mundial. As lavouras transgênicas permitem a produção de maior quantidade de alimento, com melhor qualidade, a um custo menor e sem a necessidade de aumentar a área do plantio. Plantas mais adaptadas às condições ambientais adversas, tais como a seca e o frio, e frutas e hortaliças que demoram mais para amadurecer, reduzindo as perdas, também contribuem para o aumento da produção agrícola (CONSELHO DE INFORMAÇÕES SOBRE BIOTECNOLOGIA, 2012). O milho Bt, por exemplo, consiste em um milho geneticamente modificado que contém um gene da bactéria *Bacillus thuringiensis*, o qual faz com que a planta produza uma proteína tóxica para determinados insetos, diminuindo, consequentemente, a probabilidade de crescimento de fungos na espiga, a partir dos locais perfurados pelos insetos. Assim, esse milho é mais resistente à contaminação por fungos *Aspergillus* e *Fusarium*, os quais produzem micotoxinas que são extremamente prejudiciais à saúde humana e animal, pois agem diretamente no fígado, levando ao aparecimento de lesões e hemorragias, que podem resultar no surgimento de câncer (CONSELHO DE INFORMAÇÕES SOBRE BIOTECNOLOGIA, 2004a).

Ainda, a biotecnologia é capaz de tornar os alimentos mais nutritivos, o que pode ajudar a diminuir a subnutrição, principalmente nas regiões mais pobres do planeta. A biofortificação, ou seja, o enriquecimento dos alimentos através do melhoramento genético, tem tido como principal alvo a manipulação de culturas básicas da alimentação, como arroz, feijão, milho e mandioca, conferindo-lhes maiores teores de vitaminas e nutrientes. A disponibilização de sementes biofortificadas para pessoas que vivem da plantação de subsistência poderá auxiliar na redução da incidência de doenças ligadas a carências nutricionais, como a anemia por deficiência de ferro, que acomete uma proporção significativa destas populações. Dentre os alimentos nutricionalmente enriquecidos pela biotecnologia, pode-se citar o arroz dourado, com maior teor de betacaroteno; os óleos vegetais ricos em ácido oleico, que são mais saudáveis para o coração; os tomates ricos em licopeno, o qual está associado à redução do risco de câncer de próstata e de mama; e os amendoins com redução de alérgenos (CONSELHO DE INFORMAÇÕES SOBRE BIOTECNOLOGIA, 2004b; ZHU et al., 2007). Atualmente, o Brasil ocupa o segundo lugar mundial na produção de alimentos transgênicos, precedido apenas pelos Estados Unidos (ver Tabela 7.1, Anexo 1).

A pecuária também pode ser beneficiada pela biotecnologia. Animais transgênicos estão sendo desenvolvidos para carregarem genes que codificam produtos farmacêuticos, com a vantagem de apresentarem uma produção de proteínas de alta qualidade a um custo mais reduzido. Ovelhas transgênicas que produzem em seu leite fatores de coagulação sanguínea humanos (utilizados para tratar pessoas com hemofilia) foram criadas, e, atualmente, a produção de outras proteínas de interesse médico está sob investigação (HOUDEBINE, 2009; PIERCE, 2011).

Na medicina, a biotecnologia tem sido utilizada há muito tempo como uma importante ferramenta para a realização de diagnósticos, tratamentos e prevenção de diversas enfermidades. Uma das primeiras aplicações da biotecnologia na área médica foi a produção da insulina humana, com o emprego de bactérias geneticamente modificadas. Antes da década de 1980, a insulina era extraída de bovinos e porcinos e frequentemente causava alergias. Após a comercialização da insulina recombinante, o tratamento da diabetes tornou-se mais eficaz e mais seguro. Atualmente, inúmeros medicamentos já são produzidos com a utilização da biotecnologia, como o hormônio do crescimento humano e o ativador de plasminogênio tissular.[1] Além disso, a

---

[1] Proteína utilizada para dissolver coágulos sanguíneos (PIERCE, 2011).

biotecnologia também tem contribuído para a fabricação de *kits* para diagnóstico de doenças, além de ser empregada em estudos de terapia gênica[2] (DONATZ; ZAHNER, 2001; CONSELHO DE INFORMAÇÕES SOBRE BIOTECNOLOGIA, 2012).

Ainda dentro das aplicações da biotecnologia na área médica, o desenvolvimento de vacinas é assunto de grande destaque. Em 1796, o médico Edward Jenner aplicou em uma criança a primeira vacina contra varíola humana, usando um exsudato proveniente de uma mulher que tinha sido contaminada acidentalmente pelo vírus da varíola bovina. O grande sucesso deste trabalho marcou o início de uma nova era para a medicina moderna, em que a imunoprofilaxia, ou vacinação, tornou-se a medida mais eficiente e menos dispendiosa para evitar doenças infecciosas. No decorrer dos tempos, diversas estratégias foram utilizadas para o desenvolvimento de diferentes vacinas. As vacinas de primeira geração foram produzidas a partir de microrganismos vivos atenuados, como é o caso da vacina contra a tuberculose, ou mortos e inativados, como a vacina contra a *Bordetella pertussis*.[3] Contudo, a eficácia e a segurança destas vacinas ainda são muito questionadas. Nas últimas décadas, os avanços na biotecnologia permitiram o desenvolvimento das vacinas de subunidade, consideradas de segunda geração, que são constituídas por antígenos purificados ou recombinantes, provenientes da cultura dos agentes infecciosos ou obtidos por meios sintéticos. Mais recentemente, surgiram as vacinas gênicas ou de terceira geração, em que genes ou fragmentos de genes que codificam antígenos potencialmente imunogênicos são carreados por DNA plasmideano. Muitas vacinas de DNA estão sendo submetidas a testes clínicos e têm se mostrado promissoras no combate às doenças infecciosas para as quais ainda não existe prevenção segura e eficaz, como herpes, AIDS, malária, tuberculose, hepatite C e dengue. Além disso, têm grande potencial de aplicação na prevenção e no tratamento de determinados tipos de câncer (SILVA et al., 2004; KUTZLER; WEINER, 2008).

Ademais, os microrganismos geneticamente modificados (OGMs) têm sido utilizados por várias outras indústrias além da farmacêutica, como a têxtil, a química, a petrolífera, a de papel, a ambiental e a de mineração. Atualmente, vários produtos industriais, como roupas e produtos de limpeza são produzidos com uso desses seres transgênicos. No sabão em pó, por exemplo, enzimas produzidas por bactérias geneticamente modificadas são utilizadas para degradar a

---

[2] Tratamento de doenças por meio da alteração de genes (ZATZ, 2011).
[3] Bactéria que causa a coqueluche ou tosse comprida (TORTORA et al., 2005).

gordura dos tecidos e resistir às condições de lavagem. Microrganismos transgênicos também são utilizados para conferir maciez ao jeans (CONSELHO DE INFORMAÇÕES SOBRE BIOTECNOLOGIA, 2012).

A biotecnologia também pode contribuir para a recuperação de áreas degradadas. Através de técnicas de fitorremediação e de biorremediação, as quais empregam, respectivamente, plantas e microrganismos geneticamente modificados ou não, para a remoção e absorção de metais pesados e de outros poluentes dos ecossistemas, é possível reduzir a contaminação ambiental. A principal meta consiste no combate aos metais pesados, que quando presentes em grandes quantidades no meio ambiente, devido aos efeitos da ação humana, podem resultar em exposição a níveis tóxicos dessas substâncias, as quais se acumulam no organismo e causam graves problemas de saúde (CONSELHO DE INFORMAÇÕES SOBRE BIOTECNOLOGIA, 2004c; KAVAMURA; ESPOSITO, 2010).

Com relação aos alimentos transgênicos, a rigidez dos testes científicos realizados antes da sua liberação para o consumo é enorme. Para a avaliação de possíveis impactos ao meio ambiente, são realizados experimentos em laboratório e em campo que analisam se o organismo transgênico interage com plantas, insetos e outros animais da mesma forma que o não transgênico. Também é analisado como o material genético do organismo geneticamente modificado se dispersa no ambiente e quais as possibilidades de cruzamento com plantas convencionais. Quanto aos impactos na saúde humana, são realizadas avaliações toxicológicas, nutricionais e com respeito a possíveis alergias, entre outras. Além disso, a ciência busca trabalhar, preferencialmente, com a inserção de genes que apresentem um histórico de uso seguro na alimentação, ou que estejam presentes, ainda que indiretamente, no dia a dia da população (CONSELHO DE INFORMAÇÕES SOBRE BIOTECNOLOGIA, 2012).

## 7.3 Biotecnologia e legislação

Em 1975 foi realizada no estado da Califórnia, Estados Unidos, a Conferência de Asilomar. Esta reunião teve como objetivo avaliar o progresso científico nas pesquisas com DNA recombinante e discutir formas mais adequadas de lidar com os potenciais riscos biológicos decorrentes dessa atividade (BERG et al., 1975). A moratória proposta em Asilomar levou à adoção de mecanismos de controle biotecnológico por diversos países, sendo o modelo regulatório adotado variável de acordo com a lógica normativa de cada país (BAHIA, 2001).

Alguns países optaram por legislações e mecanismos de controle específicos, estabelecendo tanto um aparato legal quanto instâncias regulatórias adicionais aos adotados para as demais tecnologias, como foi o caso do Brasil. Outros países, porém, consideraram que a biotecnologia deveria seguir os mesmos mecanismos de controle e procedimentos de avaliação já estabelecidos para os demais processos tecnológicos, sendo o critério básico o da avaliação da segurança desses produtos, seja para a saúde humana, animal ou para o meio ambiente (BAHIA, 2001).

A atenção para essa área foi reforçada por ocasião da Convenção sobre a Diversidade Biológica (CDB), estabelecida em 1992, no estado do Rio de Janeiro, durante a Conferência das Nações Unidas para o Meio Ambiente, conhecida como Eco-92 (CARRILHO, 2002). A CDB abrange tudo o que se refere direta ou indiretamente à biodiversidade, funcionando como uma espécie de arcabouço legal e político para diversas outras convenções e acordos ambientais mais específicos, como o Protocolo de Cartagena sobre Biossegurança, que visa assegurar um nível adequado de proteção nos campos de transferência, manipulação e uso seguro dos organismos vivos modificados, resultantes da biotecnologia moderna, que possam ter efeitos adversos na conservação e no uso sustentável da diversidade biológica (BRASIL, 2010).

No Brasil, o interesse pela criação de uma legislação específica para o tema já despontava em 1989, quando o então senador Marco Maciel submeteu à aprovação do Congresso Nacional um projeto de lei de biossegurança (CARRILHO, 2002). A primeira lei que surgiu para regulamentar a utilização da biotecnologia no país, no entanto, foi a Lei nº 8.974, de 5 de janeiro de 1995, que estabeleceu normas para o uso das técnicas de engenharia genética e liberação no meio ambiente de organismos geneticamente modificados e, dentre outras determinações, a criação da Comissão Técnica Nacional de Biossegurança (CTNBio) (BRASIL, 1995).

A CTNBio, de acordo com o que regulamenta essa lei, foi criada com o intuito de prestar apoio técnico consultivo e de assessoramento ao Governo Federal na formulação, atualização e implementação da Política Nacional de Biossegurança relativa à OGMs. A CTNBio também apresenta como propósito estabelecer normas técnicas de segurança e pareceres técnicos conclusivos referentes à proteção da saúde humana, dos organismos vivos e do meio ambiente, para atividades que envolvam a construção, experimentação, cultivo, manipulação, transporte, comercialização, consumo, armazenamento, liberação e descarte de OGMs e seus derivados. Este órgão é composto por especialistas de notório saber científico e técnico, nas áreas de saúde humana, biotecnologia, áreas animal e vegetal, meio ambiente, defesa do consumidor e agricultura familiar, além de representantes de diversos Ministérios entre os quais os Ministérios da Ciência e Tecnologia, da Saúde, do Meio Ambiente, do Desenvolvimento, Indústria e Comércio Exterior, de Relações Exteriores e da Agricultura, Pecuária e Abastecimento. À CTNBio também é facultada a realização de audiências públicas, garantindo a participação da sociedade civil em suas decisões (BRASIL, 1995).

Desde a aprovação da lei de 1995, vários decretos, resoluções e medidas provisórias foram instituídos, modificando, em parte, seu conteúdo.

Em 2003, o Decreto nº 4.680 regulamentou o direito à informação quanto aos alimentos e ingredientes alimentares destinados ao consumo humano ou animal que contivessem ou fossem produzidos a partir de organismos geneticamente modificados, estabelecendo que tanto os produtos embalados quanto os vendidos a granel ou *in natura*, que contivessem ou fossem produzidos a partir de OGMs, com presença acima do limite de 1% do produto, deveriam ser rotulados, e o consumidor informado sobre a espécie doadora do gene no espaço reservado para a identificação dos ingredientes (ver Figura 7.1) (BRASIL, 2003).

**Figura 7.1** – Símbolo indicativo do produto contendo OGM

Fonte: Anvisa (2013).

A alteração mais significativa, entretanto, ocorreu com a Lei nº 11.105, de 24 de março de 2005. Esta nova Lei de Biossegurança revogou a anterior, estabelecendo normas de segurança e mecanismos de fiscalização sobre a construção, o cultivo, a produção, a manipulação, o transporte, a transferência, a importação, a exportação, o armazenamento, a pesquisa, a comercialização, o consumo, a liberação no meio ambiente e o descarte de OGMs e seus derivados, tendo como diretrizes o estímulo ao avanço científico na área de biossegurança e biotecnologia, a proteção à vida e à saúde humana, animal e vegetal, e a observância do princípio da precaução para a proteção do meio ambiente. Ao mesmo tempo, reestruturou a CTNBio, criou o Conselho Nacional de

Biossegurança (CNBS) e ainda apresentou algumas disposições sobre a Política Nacional de Biossegurança (PNB) (BRASIL, 2005a).

A lei proibiu, dentre outras coisas, a implementação de projeto relativo a OGMs sem a manutenção de registro de seu acompanhamento individual, a engenharia genética em célula germinal humana, zigoto e embrião humano, a clonagem humana e ainda a utilização, a comercialização, o registro, o patenteamento e o licenciamento de tecnologias genéticas de restrição do uso,[4] bem como tornou obrigatória a investigação de acidentes ocorridos no curso de pesquisas e projetos na área de engenharia genética e a notificação imediata à CTNBio e às autoridades da saúde pública, da defesa agropecuária e do meio ambiente sobre acidentes que possam provocar a disseminação de OGMs e seus derivados (BRASIL, 2005a).

Além disso, estabeleceu-se que toda entidade que utilizar técnicas e métodos de engenharia genética deve criar uma Comissão Interna de Biossegurança (CIBio), além de indicar para cada projeto específico um pesquisador principal (BRASIL, 2005a), visto que estas Comissões são componentes essenciais para o monitoramento e vigilância dos trabalhos de engenharia genética, manipulação, produção e transporte de OGMs e para fazer cumprir a regulamentação de biossegurança (BRASIL, 2006).

No que tange à biotecnologia, outros marcos se seguiram, ajudando a impulsionar a área no Brasil. A Lei nº 11.196, de 21 de novembro de 2005, mais conhecida como "Lei do Bem", dispôs sobre incentivos fiscais a instituições e empresas que desenvolvam inovação tecnológica, incidindo estes tanto sobre o Imposto de Renda quanto sobre a Contribuição Social sobre Lucro Líquido (CSLL). Além disso, regulamentou também redução de 50% do Imposto sobre Produtos Industrializados (IPI) para as empresas que investirem na compra de equipamentos para pesquisa e desenvolvimento tecnológico (BRASIL, 2005b).

Em 2007, o Decreto nº 6.041 instituiu a Política de Desenvolvimento da Biotecnologia, tendo como objetivo o estabelecimento de ambiente adequado para o desenvolvimento de produtos e processos biotecnológicos inovadores, o estímulo à maior eficiência da estrutura produtiva nacional, o aumento da capacidade de inovação das empresas brasileiras, a absorção de tecnologias, a

---

[4] Entende-se por tecnologias genéticas de restrição do uso qualquer processo de intervenção humana para geração ou multiplicação de plantas geneticamente modificadas para produzir estruturas reprodutivas estéreis, bem como qualquer forma de manipulação genética que vise à ativação ou desativação de genes relacionados à fertilidade das plantas por indutores químicos externos (BRASIL, 2005).

geração de negócios e a expansão das exportações. Instituiu-se também o Comitê Nacional de Biotecnologia para coordenar a implementação da Política de Desenvolvimento da Biotecnologia, bem como outras eventuais ações pertinentes e necessárias para o desenvolvimento e utilização da biotecnologia, com ênfase na bioindústria brasileira (BRASIL, 2007a).

No mesmo ano, foi sancionada a Lei nº 11.460, de 21 de março de 2007, vedando a pesquisa e o cultivo de OGMs em terras indígenas e áreas de unidades de conservação, exceto nas Áreas de Proteção Ambiental (BRASIL, 2007b).

## 7.4 Biossegurança

Na caracterização dos aspectos que englobam a biossegurança, utilizam-se comumente duas classificações para os organismos: uma que diz respeito à classificação dos organismos propriamente dita (Grupos I e II; ver Quadro 7.1) e outra que diz respeito ao risco que estes representam, devendo para isso analisar o organismo receptor (parental ou hospedeiro) que dará origem ao OGM (Classes de risco 1, 2, 3 e 4; ver Quadro 7.2).

Na classificação dos OGMs quanto ao Grupo (I ou II), deve-se considerar a classe de risco e as características do organismo receptor ou parental (hospedeiro), o vetor,[5] o inserto[6] e o OGM resultante.

– Será considerado como OGM do Grupo I aquele que se enquadrar no critério de não patogenicidade, resultando de organismo receptor ou parental não patogênico (classificado como Classe de risco 1) (BRASIL, 2002).

– Será considerado como OGM do Grupo II qualquer organismo que, dentro do critério de patogenicidade, for resultante de organismo receptor ou parental classificado como patogênico (classificados como Classes de risco 2, 3, ou 4) para o homem e animais (BRASIL, 2002).

---

[5] Molécula de DNA replicante estável a qual pode ser ligado um fragmento exógeno de DNA e transferido para uma célula hospedeira (PIERCE, 2011).

[6] Sequência de DNA introduzida em um vetor (PIERCE, 2011).

## Quadro 7.1 – Características dos organismos do Grupo I

| GRUPO I | |
|---|---|
| **Organismo receptor ou parental** | - não patogênico;<br>- isento de agentes adventícios;<br>- com amplo histórico documentado de utilização segura e sem efeitos negativos para o meio ambiente. |
| **Vetor/Inserto** | - deve ser adequadamente caracterizado quanto a todos os aspectos, destacando-se aqueles que possam representar riscos ao homem e ao meio ambiente, e desprovido de sequências nocivas conhecidas;<br>- deve ser de tamanho limitado, no que for possível, às sequências genéticas necessárias para realizar a função projetada;<br>- não deve transmitir nenhum marcador de resistência a organismos que, de acordo com os conhecimentos disponíveis, não o adquira de forma natural. |
| **Microrganismos geneticamente modificados** | - não patogênicos;<br>- que ofereçam a mesma segurança que o organismo receptor ou parental, mas com sobrevivência e/ou multiplicação limitadas, sem efeitos negativos para o meio ambiente. |
| **Outros microrganismos geneticamente modificados que poderiam incluir-se no Grupo I, desde que reúnam as condições estipuladas no item anterior.** | - microrganismos construídos inteiramente a partir de um único receptor procariótico (incluindo plasmídeos e vírus endógenos) ou de um único receptor eucariótico (incluindo cloroplastos, mitocôndrias e plasmídeos, mas excluindo os vírus);<br>- organismos compostos inteiramente por sequências genéticas de diferentes espécies que troquem tais sequências mediante processos fisiológicos conhecidos. |

Nota: todos os organismos que não preencherem esses critérios descritos pertencem ao Grupo II.

Fonte: Adaptado de Cadernos de biossegurança (BRASIL, 2002).

## Quadro 7.2 – Caracterização das Classes de Risco

| Classe de Risco | Descrição | Características | Exemplos |
|---|---|---|---|
| 1 | Baixo risco individual e baixo risco para a comunidade | Organismo que não cause doença ao homem ou animal. | *Bacillus subtillis* *Lactobacillus* sp. |
| 2 | Risco individual moderado e risco limitado para a comunidade | Patógeno que cause doença ao homem ou aos animais, mas que não consiste em sério risco, a quem o manipula em condições de contenção, à comunidade, aos seres vivos e ao meio ambiente. As exposições laboratoriais podem causar infecção, mas a existência de medidas eficazes de tratamento e prevenção limita o risco, sendo o risco de disseminação bastante limitado. | *Neisseria gonorrhoea* *Herpesvirus* |
| 3 | Elevado risco individual e risco limitado para a comunidade | Patógeno que geralmente causa doenças graves ao homem ou aos animais e pode representar um sério risco a quem o manipula. Pode representar um risco se disseminado na comunidade, mas usualmente existem medidas de tratamento e de prevenção. | *Bacillus anthracis* HIV |
| 4 | Elevado risco individual e elevado risco para a comunidade | Patógeno que representa grande ameaça para o ser humano e para aos animais, representando grande risco a quem o manipula e tendo grande poder de transmissibilidade de um indivíduo a outro. Normalmente não existem medidas preventivas e de tratamento para esses agentes. | Vírus Ebola |

Fonte: Adaptado de Cadernos de Biossegurança (BRASIL, 2002).

## Considerações finais

O desenvolvimento da biotecnologia e a sua aplicação nas mais diversas áreas, como na agricultura, na pecuária, na medicina, na indústria farmacêutica, dentre outras, tem trazido enormes benefícios para a sociedade. Contudo, a utilização desta tecnologia tão poderosa deve ser feita de modo controlado, sendo que cada país deve estabelecer leis bem claras que regulamentem a produção e a utilização dos produtos biotecnológicos.

No Brasil, o crescente desenvolvimento biotecnológico tornou imprescindível a criação de uma legislação para assegurar que a biotecnologia fosse utilizada de modo racional e seguro para a população e o meio ambiente. No início, entretanto, esta legislação era muito restritiva, acarretando atrasos e prejuízos para o crescimento da biotecnologia no país. Atualmente, a legislação brasileira continua visando um controle rigoroso da produção biotecnológica, mas com a introdução de menos empecilhos e barreiras que possam atrapalhar o seu desenvolvimento. Assim, através de uma legislação que tem como objetivo a proteção da sociedade, mas que atua a favor do crescimento biotecnológico, toda a população brasileira pode se beneficiar com as diversas aplicações desta tecnologia.

# REFERÊNCIAS

ANVISA. Símbolo dos transgênicos. Disponível em: <http://portal.anvisa.gov.br/wps/wcm/connect/1e3d43804ac0319e9644bfa337abae9d/Portaria_2685_de_22_de_dezembro_de_2003.pdf?MOD=AJPERES>. Acesso em: 28 nov. 2013.

BAHIA. Secretaria da Saúde. Superintendência de Vigilância e Proteção da Saúde. Diretoria de Vigilância e Controle Sanitário. BRASIL. Universidade Federal da Bahia. Instituto de Ciências da Saúde. *Manual de Biossegurança*. Salvador. 2001. Disponível em<http://www1.saude.ba.gov.br/divisa/arquivos/mat-publico/manual-biosseguranca.pdf>. Acesso em 20 abr. 2010.

BERG, P. et al., Summary statement of the Asilomar Conference on recombinant DNA Molecules. *Proc. Nat. Acad. Sci.*, USA, v. 72, n. 6, p. 1981-1984, jun. 1975.

BRASIL. Decreto nº 4.680, de 24 de abril 2003. Regulamenta o direito à informação, assegurado pela Lei nº 8.078, de 11 de setembro de 1990, quanto aos alimentos e ingredientes alimentares destinados ao consumo humano ou animal que contenham ou sejam produzidos a partir de organismos geneticamente modificados, sem prejuízo do cumprimento das demais normas aplicáveis. *Diário Oficial da União*, Brasília, 28 abr. 2003. Disponível em <http://www.ctnbio.gov.br/index.php/content/view/11963.html>. Acesso em: 24 abr. 2010.

BRASIL. Decreto nº 6.041, de 8 de fevereiro de 2007. Institui a Política de Desenvolvimento da Biotecnologia, cria o Comitê Nacional de Biotecnologia e dá outras providências. *Diário Oficial da União*. Brasília, 09 fev. 2007. 2007a. Disponível em <http://www.planalto.gov.br/ccivil_03/_Ato2007-2010/2007/Decreto/D6041.htm>. Acesso em: 24 abr. 2010.

BRASIL. Lei nº 8.974, de 5 de janeiro de 1995. Regulamenta os incisos II e V do § 1º do art. 225 da Constituição Federal, estabelece normas para o uso das técnicas de engenharia genética e liberação no meio ambiente de organismos geneticamente modificados, autoriza o Poder Executivo a criar, no âmbito da Presidência da República, a Comissão Técnica Nacional de Biossegurança, e dá outras providências. *Diário Oficial da União*, Brasília, 6 jan. 1995. Disponível em <http://www010.dataprev.gov.br/sislex/paginas/42/1995/8974.htm>. Acesso em: 24 abr. 2010.

BRASIL. Lei nº 11.105, de 24 de março de 2005. Regulamenta os incisos II, IV e V do § 1º do art. 225 da Constituição Federal, estabelece normas de segurança e mecanismos de fiscalização de atividades que envolvam organismos geneticamente modificados – OGM e seus derivados, cria o Conselho Nacional de Biossegurança – CNBS, reestrutura a Comissão Técnica Nacional de Biossegurança – CTNBio, dispõe sobre a Política Nacional de Biossegurança – PNB, revoga a Lei no 8.974, de 5 de janeiro de 1995, e a Medida Provisória nº 2.191-9, de 23 de agosto de 2001, e os arts. 5º, 6º, 7º, 8º, 9º, 10 e 16 da Lei nº 10.814, de 15 de dezembro de 2003, e dá outras providências. *Diário Oficial da União*, Brasília, 28 mar. 2005. 2005a. Disponível em <http://www.ctnbio. gov.br/index.php/content/view/11992.html>. Acesso em: 24 abr. 2010.

BRASIL. Lei nº 11.196, de 21 de novembro de 2005. Institui o Regime Especial de Tributação para a Plataforma de Exportação de Serviços de Tecnologia da Informação – REPES, o Regime Especial de Aquisição de Bens de Capital para Empresas Exportadoras – RECAP e o Programa de Inclusão Digital; dispõe sobre incentivos fiscais para a inovação tecnológica e dá outras providências. *Diário Oficial da União*. Brasília, 22 nov. 2005. 2005b. Disponível em <http://www.receita.fazenda.gov.br/Legislacao/Leis/2005/lei11196.htm>. Acesso em: 24 abr. 2010.

BRASIL. Lei nº 11.460, de 21 de março de 2007. Dispõe sobre o plantio de organismos geneticamente modificados em unidades de conservação; acrescenta dispositivos à Lei nº 9.985, de 18 de julho de 2000, e à Lei nº 11.105, de 24 de março de 2005; revoga dispositivo da Lei nº 10.814, de 15 de dezembro de 2003; e dá outras providências. *Diário Oficial da União*. Brasília, 22 mar. 2007. 2007b. Disponível em <http://www.ctnbio.gov.br/index.php/content/view/11993.html>. Acesso em: 24 abr. 2010.

BRASIL. Ministério da Ciência e Tecnologia. *Cadernos de Biossegurança Legislação*. Brasília, 2002. Disponível em <http://www.ctnbio.gov.br/upd_blob/0000/8.pdf>. Acesso em 25 abr. 2010.

BRASIL. Ministério da Ciência, Tecnologia e Inovação. *Comissão Técnica Nacional de Biossegurança – CTNBio*. Brasília, 2006. Disponível em <http://www. ctnbio.gov.br/index.php/content/view/143.html>. Acesso em 25 abr. 2010.

BRASIL. Ministério do Meio Ambiente. *Protocolo de Cartagena sobre Biossegurança*. Brasília, 2010. Disponível em: <http://www.mma.gov.br/biodiversidade/

convencao-da-diversidade-biologica/protocolo-de-cartagena-sobre-biosseguranca>. Acesso em 20 abr. 2010.

BRASIL. Ministério do Meio Ambiente. Secretaria de Biodiversidade e Florestas. *A Convenção sobre Biodiversidade Biológica: cópia do decreto legislativo no. 2, de 5 de junho de 1992.* Brasília, 2000. (Série Biodiversidade, 1). Disponível em: <http://www.mma.gov.br/estruturas/sbf_chm_rbbio/_arquivos/cdbport_72.pdf>. Acesso em: 23 abr. 2010.

CARRILHO, C. Biossegurança no Brasil. *Jornal da Ciência*, nº 2026. Sociedade Brasileira para o Progresso da Ciência – SBPC, 2002. Disponível em <http://www.jornaldaciencia.org.br/Detalhe.jsp?id=2089>. Acesso em: 23 de abr. 2010.

CONSELHO DE INFORMAÇÕES SOBRE BIOTECNOLOGIA. *Biotecnologia consegue tornar os alimentos mais nutritivos.* 2004b. CIB, 2004. Disponível em: <http://www.cib.org.br/pdf/biotech10.pdf>. Acesso em: 20 de abr. 2010.

CONSELHO DE INFORMAÇÕES SOBRE BIOTECNOLOGIA. *Biotecnologia também pode contribuir para a recuperação de áreas poluídas.* 2004c. CIB, 2004. Disponível em <http://www.cib.org.br/pdf/biotech08.pdf>. Acesso em: 20 abr. 2010.

CONSELHO DE INFORMAÇÕES SOBRE BIOTECNOLOGIA. *Ingestão de aflatoxina pode causar câncer.* 2004a. CIB, 2004. Disponível em: <http://www.cib.org.br/pdf/biotech09.pdf>. Acesso em: 20 abr. 2010.

CONSELHO DE INFORMAÇÕES SOBRE BIOTECNOLOGIA. *O que você precisa saber sobre transgênicos.* 2012. São Paulo: CIB, 2012. Disponível em <http://cib.org.br/wp-content/uploads/2012/08/Guia_Transgenicos_2012.pdf>. Acesso em: 25 ago. 2013.

CRIBB, A. Y. (2004) Sistema agroalimentar brasileiro e biotecnologia moderna: oportunidades e perspectivas. *Cadernos de Ciência & Tecnologia*, Brasília, v. 21, n. 1, p. 169-195, jan./abr. 2004.

DONATZ, V.; ZAHNER, J. Genetically engineered drugs and their application with the example of erythropoietin. *Anasthesiol Intensivmed Notfallmed Schmerzther*, v. 36, n. 7, p. 440-444. 2001.

FÁRI, M. G.; KRALOVÁNSZKY, U. P. The founding father of biotechnology: Károly (Karl) Ereky. *International Journal of Horticultural Science*, Debrecen, v. 12, n. 1, p. 9-12. 2006.

HOUDEBINE, L. M. Production of pharmaceutical proteins by transgenic animals. *Comparative Immunology, Microbiology and Infectious Diseases*, Jouy en Josas, v. 32, p. 107.121. 2009.

JAMES, C. Global Status of Commercialized Biotech/GM Crops: 2011. *ISAAA Brief* nº 43. ISAAA: Ithaca, NY, 2011. Disponível em <http://cib.org. br/wp-content/uploads/2012/09/ISAAA2011.pdf>. Acesso em 20 ago. 2013.

KAVAMURA, V. N.; ESPOSITO, E. Biotechnological strategies applied to the decontamination of soils polluted with heavy metals. *Biotechnol. Adv.*, v. 28, p. 61-69. 2010.

KUTZLER, M.A.; WEINER, D.B. DNA vaccines: ready for prime time? *Nat. Rev. Genet.*, v. 9, p. 776-788. 2008.

PIERCE, B. Tecnologia do DNA Recombinante. In: PIERCE, B. *Genética: um enfoque conceitual.* Rio de Janeiro: Guanabara Koogan, 2011. Cap. 19, p. 484-527.

SILVA, C. L. et al. Vacinas Gênicas. In: MIR, L. *Genômica*. São Paulo: Atheneu, 2004. Cap. 23, p. 463-493.

SILVEIRA, J. M. F. J. et al. Evolução recente da biotecnologia no Brasil. *Texto para discussão do Instituto de Economia da Unicamp*, nº 114. 2004.

TORTORA, G. J. et al. Procariotos: Domínios *Bacteria* e *Archea*. In: TORTORA, G.J. et al. *Microbiologia.* Porto Alegre: Artmed, 2005. Cap. 11, p. 304-334.

ZATZ, M. *Genética:* escolhas que nossos avós não faziam. São Paulo: Globo, 2011.

ZHU, C. et al. Transgenic strategies for the nutricional enhancement of plants. *Trends Plant Sci.*, v. 12, p. 548-555. 2007.

# Anexo I

## Tabela 7.1 – Área global de culturas biotecnológicas

| Posição | País | Área (milhões de hectares) | Culturas GM |
|---|---|---|---|
| 1 | EUA* | 69,0 | Milho, soja, algodão, canola, beterraba, alfafa, mamão, abóbora |
| 2 | Brasil* | 30,3 | Soja, milho, algodão |
| 3 | Argentina* | 23,7 | Soja, milho, algodão |
| 4 | Índia* | 10,6 | Algodão |
| 5 | Canadá | 10,4 | Canola, milho, soja, beterraba |
| 6 | China* | 3,9 | Algodão, mamão, álamo, tomate, pimentão |
| 7 | Paraguai* | 2,8 | Soja |
| 8 | Paquistão | 2,6 | Algodão |
| 9 | África do Sul* | 2,3 | Milho, soja, algodão |
| 10 | Uruguai* | 1,3 | Soja, milho |
| 11 | Bolívia* | 0,9 | Soja |
| 12 | Austrália | 0,7 | Algodão, canola |
| 13 | Filipinas* | 0,6 | Milho |
| 14 | Mianmar* | 0,3 | Algodão |
| 15 | Burquina Fasso* | 0,3 | Algodão |
| 16 | México* | 0,2 | Algodão, soja |
| 17 | Espanha* | 0,1 | Milho |
| 18 | Colômbia | <0,1 | Algodão |
| 19 | Chile | <0,1 | Milho, soja, canola |
| 20 | Honduras | <0,1 | Milho |

*Megapaíses biotecnológicos, cultivando 50 mil hectares, ou mais, de culturas GM.

Fonte: Adaptada de James (2011).

# 8

# SEGREGAÇÃO
# DE RESÍDUOS

ANA PAULA BUSATO
MARIA EUGÊNIA RIBEIRO DE SENA
MARIA DE FÁTIMA DA COSTA ALMEIDA

**Ana Paula Busato**
Graduada em Farmácia Industrial pela Universidade Estadual de Maringá (UEM), concluiu mestrado e doutorado em Ciências (Bioquímica) pela Universidade Federal do Paraná (UFPR) na área de Concentração Química de Carboidratos Vegetais. Foi instrutora do Senac Curitiba (Paraná) e atualmente é professora titular da Faculdade Evangélica do Paraná e coordenadora da Comissão Própria de Avaliação (CPA) da instituição. Pós-doutora pela UFPR, Departamento de Bioquímica e Biologia Molecular, atua na pesquisa de biopolímeros com potencial utilização como matriz na liberação controlada de fármacos. Tem experiência em pesquisa com produtos naturais, análise estrutural de biomoléculas, reologia e cromatografia líquida de alta eficiência (HPLC).

**Maria Eugênia Ribeiro de Sena**
Graduada em Engenharia Química pela Universidade Católica de Pernambuco (Unicap), concluiu mestrado e doutorado em Ciência e Tecnologia de Polímeros pela Universidade Federal do Rio de Janeiro (UFRJ). Atualmente, é professora adjunta da UFRJ e atua como membro da Comissão de Biossegurança no Instituto de Biociências – disciplinas nos cursos de Ciências Ambientais (Química Geral & Inorgânica) e bacharelado em Biomedicina (Química Analítica). Tem experiência na área de Engenharia Química, com ênfase em polímeros, com atuação principalmente em pesquisa e desenvolvimento de membranas aplicadas aos processos de osmose inversa, nanofiltração e permeação de gases.

**Maria de Fátima da Costa Almeida**
Doutora em Fisiologia pela Universidade Federal de São Paulo (Unifesp) e mestre em Ciências Biológicas (Biofísica) pelo Instituto de Biofísica Carlos Chagas Filho, da Universidade Federal do Rio de Janeiro (UFRJ), Graduou-se em Ciências Biológicas-Biomedicina pela Universidade do Estado do Rio de Janeiro (Uerj). Professora adjunta da Universidade Federal de Mato Grosso (UFMT), foi instrutora do Senac Curitiba (Paraná) e professora de pós-graduação do Instituto Brasileiro de Pós-graduação e Extensão (IBPEX) e da Faculdade Evangélica do Paraná, instituições nas quais participou da elaboração de cursos de nível médio e de pós-graduação. Participou como membro e coordenadora de Comitês de Ética em Pesquisa e como assessora da Faculdade Evangélica do Paraná (Comissão Própria de Avaliação – CPA), onde também atua como coordenadora de Iniciação Científica. Tem experiência na área de Biofísica e Fisiologia Humana, Bioética e Biossegurança.

# CAPÍTULO 8

## Segregação de Resíduos

### Resumo

Este capítulo contém um breve histórico sobre a segregação de resíduos. Assinala a importância dos centros de pesquisa, universidades e hospitais como geradores de lixos perigosos. Descreve a legislação, incluindo a Lei nº 12.305/2010, que instituiu a Política Nacional de Resíduos Sólidos (PNRS), amplamente discutida no Congresso Nacional por aproximadamente 21 anos, e que articula institucionalmente a União, Estados e Municípios para normatizar a segregação dos resíduos. E ainda pontua a identificação dos coletores de lixo segundo o Conselho Nacional do Meio Ambiente (Conama). Descreve os procedimentos para realizar a identificação e segregação correta dos materiais produzidos no ambiente de trabalho, bem como os cuidados relativos ao armazenamento temporário, o armazenamento externo e o transporte, interno e externo, abordando também a classificação e a correta destinação final dos resíduos. Cabe ressaltar que o Decreto nº 7.404/2010 estabeleceu a obrigatoriedade da elaboração de uma Versão Preliminar do PNRS a ser colocada em discussão com a sociedade civil, com o objetivo de em 2014 atingir as metas de gestão compartilhada dos resíduos sólidos, prevista na Lei nº 12.305/2010.

### 8.1 Introdução

#### 8.1.1 Resíduos químicos

O gerenciamento de resíduos químicos em laboratórios de ensino e pesquisa no Brasil começou a ser amplamente discutido na década de 1990

(AFONSO et al., 2003), embora ainda seja um assunto deixado em segundo plano por grande parte das instituições de ensino. A conscientização da necessidade de se minimizar a utilização de reagentes e do gerenciamento correto de substâncias classificadas como perigosas tem ocorrido mais no setor industrial do que no acadêmico. Na grande maioria das universidades, a gestão dos resíduos gerados nas suas atividades rotineiras é inexistente e, devido à falta de um órgão fiscalizador, o descarte quase sempre é inadequado (JARDIM, 1998; ZANCANARO JUNIOR, 2002). Essa atitude, bastante comum no meio acadêmico, se deve ao fato de os resíduos perigosos gerados por uma instituição de ensino parecerem insignificantes diante da quantidade de resíduos gerada no setor industrial. De acordo com Borges (2002), este fato estimula o descarte dos resíduos de maneira inadequada, por pias e ralos, desconsiderando-se a grande diversidade e possível toxicidade dos mesmos e o impacto ao meio ambiente.

Por outro lado, algumas universidades e outras instituições de ensino e pesquisa estão começando a dedicar parte de suas atividades e de recursos a esse setor, resolvendo de forma exemplar seus próprios problemas e indicando ou orientando as soluções para outras atividades comerciais, industriais ou de prestação de serviços que não possuem tais recursos nem conhecimento necessários para as questões relativas a lixo, resíduos, efluentes etc.

Dentre os resíduos químicos gerados por instituição de ensino e pesquisa podem ser incluídos aqueles de serviços de saúde (ver Capítulo 9 e NR 32), tais como medicamentos vencidos, vacinas, termômetros, saneantes, desinfetantes, quimioterápicos, material radioativo e outros materiais (cortantes ou não) descartáveis. Ou ainda, resíduos gerados pelos laboratórios, tais como sobras de soluções preparadas durante as aulas práticas, solventes orgânicos, resíduos de reações, reagentes contaminados, degradados ou fora do prazo de validade, soluções-padrão, fases móveis de cromatografia e outros.

Após o tratamento adequado, o que era resíduo químico pode se transformar em produto químico recuperado; por exemplo, via o processo de destilação, tornando-o disponível para reutilização. Assim, a tomada de uma consciência ética com relação ao uso e descarte de produtos químicos busca atingir os conceitos denominados "5Rs": *reduzir, reutilizar, recuperar, reaproveitar* e *reprojetar;* isto é, reduzir a quantidade de produtos químicos a ser utilizados, reprojetando o volume do sistema previsto na metodologia experimental, viabilizando a reutilização após recuperá-los e reaproveitá-los (ALBERGUINII; SILVA; REZENDE, 2003).

## 8.2 Legislação e normatização

Para as instituições de ensino e pesquisa, é importante conhecer a classificação NBR 10.004/1987, da Associação Brasileira de Normas Técnicas (ABNT), que trata da classificação de resíduos sólidos quanto aos riscos potenciais ao meio ambiente e à saúde pública e é empregada pelo setor industrial. Nessa classificação, os resíduos sólidos podem ser separados em:

– Classe I: perigosos.
– Classe II: não inertes.
– Classe III: inertes.

De acordo com a NBR 10.004, os resíduos perigosos (classe I) são aqueles que apresentam periculosidade (podendo acarretar riscos à saúde pública ou ao meio ambiente), ou ainda uma das seguintes características: toxicidade, reatividade, inflamabilidade, corrosividade ou patogenicidade. Os resíduos não inertes (classe II) não se enquadram nas classes I e III, nos termos da NBR 10.004, podendo ser combustíveis, biodegradáveis ou solúveis em água. Os resíduos inertes (classe III) são aqueles que, quando amostrados de forma representativa, segundo a NBR 10.007, e submetidos a teste de solubilização, conforme a NBR 10.006, não tiveram nenhum dos seus constituintes solubilizados a concentrações superiores aos padrões de potabilidade de água.

Nos anexos deste capítulo estão relacionadas as NBRs e também a Lei nº 12.305/2010 que estabelecem os requisitos exigidos para manuseio, acondicionamento, tratamento, coleta, transporte interno e externo e a destinação final de resíduos

O conhecimento dessas normas técnicas, especialmente a NBR 10.004, nas instituições de ensino e pesquisa é necessário, visto que há utilização de reagentes e de produtos classificados como perigosos, que são perfeitamente enquadrados na classe I devido à semelhança com atividade industrial. Por outro lado, também há a geração de resíduos químicos característicos de atividade hospitalar. A RDC 306/2004 da Anvisa, dispõe sobre o regulamento técnico para o gerenciamento de resíduos de serviços de saúde (ver Capítulo 9). Além disso, a Resolução nº 5/1993 do Conselho Nacional do Meio Ambiente (Conama) define normas mínimas para tratamento e disposição de resíduos sólidos oriundos de serviços de saúde, e a Resolução nº 283/2001 dispõe sobre o tratamento e a destinação final desses resíduos.

A Resolução nº 283/2001 do Conama descreve os resíduos com risco químico (grupo B) como aqueles que apresentam risco à saúde pública e ao meio ambiente devido a suas características físicas, químicas e físico-químicas, estando incluídos nesse grupo: drogas quimioterápicas e outros produtos que possam causar mutagenicidade e genotoxicidade e os materiais por elas contaminados; medicamentos vencidos, parcialmente interditados, não utilizados, alterados, e medicamentos impróprios para o consumo, antimicrobianos e hormônios sintéticos; demais produtos considerados perigosos, conforme classificação da NBR 10.004 da ABNT.

A Resolução nº 275/2001 do Conama estabelece o seguinte código de cores para a identificação de coletores e transportadores, essenciais para a coleta seletiva de diferentes resíduos. A recomendação é utilizar os seguintes códigos de cores:

- **Azul**: papel/papelão.
- **Vermelho**: plástico.
- **Verde**: vidro.
- **Amarelo**: metal.
- **Preto**: madeira.
- **Laranja**: resíduos perigosos.
- **Branco**: resíduos ambulatoriais e de serviços de saúde.
- **Roxo**: resíduos radioativos.
- **Marrom**: resíduos orgânicos.
- **Cinza**: resíduo geral não reciclável ou misturado, ou contaminado não passível de separação.

A RDC nº 306/2004 está fundamentada nos princípios de biossegurança e tem como objetivo aplicar medidas técnicas, administrativas e normativas para prevenir acidentes, preservando a saúde pública e o meio ambiente. Os órgãos fiscalizadores são a Vigilância Sanitária dos Estados, dos Municípios e do Distrito Federal, com o apoio dos órgãos responsáveis pelo meio ambiente, limpeza urbana, e da Comissão Nacional de Energia Nuclear (CNEN), que possuem a função de divulgar, orientar e fiscalizar o cumprimento desta Resolução. Estes órgãos poderão estabelecer normas de caráter supletivo ou complementar, a fim de adequá-lo às regionais. Esta Resolução não se aplica a fontes radioativas seladas, que devem seguir as determinações da CNEN, e às indústrias de produtos para a saúde, que devem observar as condições específicas de acordo com seu licenciamento ambiental.

Os conceitos definidos na RDC 306/2004 estão relacionados a seguir.

## 8.2.1 Conceitos da RDC-306-04

O manejo dos Resíduos de Serviços de Saúde (RSS) é entendido como a ação de gerenciar os resíduos em seus aspectos intra e extraestabelecimento, desde a geração até a disposição final, que incluem as seguintes etapas:

1. SEGREGAÇÃO – Consiste na separação dos resíduos no momento e local de sua geração, de acordo com as características físicas, químicas, biológicas, o seu estado físico e os riscos envolvidos.

2. ACONDICIONAMENTO – Consiste no ato de embalar os resíduos segregados, em sacos ou recipientes que evitem vazamentos e resistam às ações de punctura e ruptura. A capacidade dos recipientes de acondicionamento deve ser compatível com a geração diária de cada tipo de resíduo:
   Os resíduos sólidos devem ser acondicionados em saco constituído de material resistente à ruptura e vazamento, impermeável, baseado na NBR 9.191/2000 da ABNT, respeitados os limites de peso de cada saco, sendo proibido o seu esvaziamento ou reaproveitamento.
   Os sacos devem estar contidos em recipientes de material lavável, resistente à punctura, ruptura e vazamento, com tampa provida de sistema de abertura sem contato manual, com cantos arredondados, e devem ser resistentes ao tombamento.
   Os recipientes de acondicionamento existentes nas salas de cirurgia e nas salas de parto não necessitam de tampa para vedação.
   Os resíduos líquidos devem ser acondicionados em recipientes constituídos de material compatível com o líquido armazenado, resistentes, rígidos e estanques, com tampa rosqueada e vedante.

3. IDENTIFICAÇÃO – Esta consiste no conjunto de medidas que permite o reconhecimento dos resíduos contidos nos sacos e recipientes, fornecendo informações ao correto manejo dos RSS.
   a) A identificação deve estar nos sacos de acondicionamento, nos recipientes de coleta interna e externa, nos recipientes de transporte interno e externo, e nos locais de armazenamento; em local de fácil visualização, de forma indelével, utilizando-se símbolos, cores e frases, atendendo aos parâmetros referenciados na norma NBR 7.500 da ABNT, além de outras exigências relacionadas à identificação de conteúdo e ao risco específico de cada grupo de resíduos.

b) A identificação dos sacos de armazenamento e dos recipientes de transporte poderá ser feita por adesivos, desde que seja garantida a resistência destes aos processos normais de manuseio dos sacos e recipientes.

c) O Grupo A é identificado pelo símbolo de substância infectante, conforme a norma brasileira de transporte, a NBR 7.500 da ABNT, com rótulos de fundo branco, desenho e contornos pretos.

d) O Grupo B é identificado através do símbolo de risco associado, de acordo com a NBR 7 500 da ABNT e com discriminação de substância química e frases de risco.

e) O Grupo C é representado pelo símbolo internacional de presença de radiação ionizante (trifólio de cor magenta) em rótulos de fundo amarelo e contornos pretos, acrescido da expressão "REJEITO RADIOATIVO".

f) O Grupo E é identificado pelo símbolo de substância infectante constante na NBR 7.500 da ABNT, com rótulos de fundo branco, desenho e contornos pretos, acrescido da inscrição de "RESÍDUO PERFUROCORTANTE", indicando o risco que apresenta o resíduo.

4. TRANSPORTE INTERNO – Consiste no traslado dos resíduos dos pontos de geração até local destinado ao armazenamento temporário ou armazenamento externo com a finalidade de apresentação para a coleta.

a) O transporte interno de resíduos deve ser realizado atendendo a roteiro previamente definido e em horários não coincidentes com a distribuição de roupas, alimentos e medicamentos, períodos de visita ou de maior fluxo de pessoas ou de atividades. Deve ser feito separadamente de acordo com o grupo de resíduos e em recipientes específicos a cada um.

b) Os recipientes para transporte interno devem ser constituídos de material rígido, lavável, impermeável, provido de tampa articulada ao próprio corpo do equipamento, cantos e bordas arredondados, e serem identificados com o símbolo correspondente ao risco do resíduo neles contidos, de acordo com este Regulamento Técnico. Devem ser providos de rodas revestidas de material que reduza o ruído. Os recipientes com mais de 400 litros de capacidade devem possuir válvula de dreno no fundo. O uso de recipientes desprovidos de rodas deve observar os limites de carga permitidos para o transporte pelos trabalhadores, conforme normas reguladoras do Ministério do Trabalho e Emprego.

5. ARMAZENAMENTO TEMPORÁRIO – Consiste na guarda temporária dos recipientes contendo os resíduos já acondicionados, em local próximo aos pontos de geração, visando agilizar a coleta dentro do estabelecimento e otimizar o deslocamento entre os pontos geradores e o ponto destinado à apresentação para coleta externa. Não poderá ser feito armazenamento temporário com disposição direta dos sacos sobre o piso, sendo obrigatória a conservação dos sacos em recipientes de acondicionamento.

a) O armazenamento temporário poderá ser dispensado nos casos em que a distância entre o ponto de geração e o armazenamento externo justifiquem.

b) A sala para guarda de recipientes de transporte interno de resíduos deve ter pisos e paredes lisas e laváveis, sendo o piso ainda resistente ao tráfego dos recipientes coletores. Deve possuir ponto de iluminação artificial e área suficiente para armazenar, no mínimo, dois recipientes coletores, para o posterior traslado até a área de armazenamento externo. Quando a sala for exclusiva para o armazenamento de resíduos, deve estar identificada como "SALA DE RESÍDUOS".

c) A sala para o armazenamento temporário pode ser compartilhada com a sala de utilidades. Neste caso, deverá dispor de área exclusiva de no mínimo 2m², para armazenar, dois recipientes coletores para posterior traslado até a área de armazenamento externo.

d) No armazenamento temporário, não é permitida a retirada dos sacos de resíduos de dentro dos recipientes ali estacionados.

e) Os resíduos de fácil putrefação que venham a ser coletados por período superior a 24 horas de seu armazenamento devem ser conservados sob refrigeração; quando não for possível, devem ser submetidos a outro método de conservação.

f) O armazenamento de resíduos químicos deve atender à NBR 12.235/92 da ABNT.

6. TRATAMENTO – Consiste na aplicação de método, técnica ou processo que modifique as características dos riscos inerentes aos resíduos, reduzindo ou eliminando o risco de contaminação, de acidentes ocupacionais ou de dano ao meio ambiente. O tratamento pode ser aplicado no próprio estabelecimento gerador ou em outro, observadas, nesse caso, as condições de segurança para o transporte entre o estabelecimento gerador e o local do tratamento. Os sistemas para tratamento de resíduos de serviços de saúde devem ser objeto de licenciamento ambiental, de acordo com a Resolução

nº 237/1997 do Conama, e são passíveis de fiscalização e de controle pelos órgãos de vigilância sanitária e de meio ambiente.

a) O processo de autoclavação[1] aplicado em laboratórios para redução de carga microbiana de culturas e estoques de microrganismos está dispensado de licenciamento ambiental, ficando sob a responsabilidade dos serviços que as possuírem a garantia da eficácia dos equipamentos mediante controles químicos e biológicos periódicos devidamente registrados.

b) Os sistemas de tratamento térmico por incineração (ver item 8.11) devem obedecer ao estabelecido na Resolução nº 316/2002 do Conama.

7. ARMAZENAMENTO EXTERNO – Consiste na guarda dos recipientes de resíduos até a realização da etapa de coleta externa, em ambiente exclusivo, com acesso facilitado para os veículos coletores.

a) No armazenamento externo, não é permitida a manutenção dos sacos de resíduos fora dos recipientes ali estacionados.

8. COLETA E TRANSPORTE EXTERNOS – Consistem na remoção dos RSS do abrigo de resíduos (armazenamento externo) até a unidade de tratamento ou disposição final, utilizando-se técnicas que garantam a preservação das condições de acondicionamento e a integridade dos trabalhadores, da população e do meio ambiente, devendo estar de acordo com as orientações dos órgãos de limpeza urbana.

a) A coleta e transporte externos dos RSS devem ser realizados de acordo com as normas NBR 12.810 e NBR 14.652 da ABNT.

9. DISPOSIÇÃO FINAL – Consiste na disposição de resíduos no solo previamente preparado para recebê-los, obedecendo a critérios técnicos de construção e operação, e com licenciamento ambiental de acordo com a Resolução nº 237/97 do Conama. Ainda de acordo com esta resolução, compete aos serviços geradores de RSS a elaboração do Plano de Gerenciamento de Resíduos de Serviços de Saúde (PGRSS) (ver Capítulo 9), obedecendo a critérios técnicos, legislação ambiental, normas de coleta e transporte dos serviços locais de limpeza urbana e outras orientações. Também é preciso designar um profissional com registro ativo junto ao

---

[1] Autoclavação: processo de esterilização de materiais com temperaturas de 121°C (ver Capítulo 1).

seu Conselho de Classe, com apresentação de Anotação de Responsabilidade Técnica (ART), RRT-CAU[2] ou Certificado de Responsabilidade Técnica ou documento similar, quando couber, para exercer a função de responsável pela elaboração e implantação do PGRSS, que deverá seguir os seguintes procedimentos:

a) Os serviços que geram rejeitos radioativos devem contar com profissional devidamente registrado pela CNEN nas áreas de atuação correspondentes, conforme a Norma NE 6.01 ou NE 3.03 da CNEN. Além disso, os dirigentes ou responsáveis técnicos dos serviços de saúde podem ser responsáveis pelo PGRSS, desde que atendam aos requisitos acima descritos.

b) O Responsável Técnico dos serviços de atendimento individualizado pode ser o responsável pela elaboração e implantação do PGRSS, e deverá ocorrer a designação de responsável pela coordenação da execução do PGRSS, possibilitando a capacitação e o treinamento de forma continuada para o pessoal envolvido no gerenciamento de resíduos, que é objeto da RDC-306/2004.

NOTA: É importante ressaltar que as empresas prestadoras de serviços terceirizados devem ter a licença ambiental para o tratamento ou disposição final dos resíduos de serviços de saúde, e documento de cadastro emitido pelo órgão responsável de limpeza urbana para a coleta e o transporte dos resíduos. Os registros de operação, de venda ou de doação, dos resíduos destinados à reciclagem ou compostagem devem ser feitos e mantidos até a próxima inspeção.

10. RESPONSABILIDADE PELO DESCARTE – A responsabilidade dos detentores de registro do produto a ser descartado, classificado no Grupo B, está em fornecer informações documentadas referentes ao risco inerente do manejo e disposição final do produto ou do resíduo. Em 2002, a Resolução 307 do Conama, alterada pela Resolução 348/2004, determinou que o gerador deve ser responsável pelo gerenciamento desses resíduos. Dessa forma, as informações do produto ou resíduo devem acompanhar até o gerador do resíduo.

Em especial, o setor de medicamentos deve manter atualizado o registro do produto, junto à Gerência Geral de Medicamentos (GGMED) da Anvisa.

---

[2] CAU (Conselho de Arquitetura e Urbanismo): criado pela Lei nº 12.378/2010, que regulamentou o exercício da Arquitetura e Urbanismo e criou o Conselho de Arquitetura e Urbanismo (CAU-BR) e os regionais. (http://www.cau.org.br\img\anexos\lei-12378-2010-cria-o-CAU-BR-e-CAU-UF.pdf)

A listagem dos produtos deve priorizar o tipo de princípio ativo e forma farmacêutica, sem oferecer riscos de manejo e disposição final. Desta forma, o responsável pelo registro comercial deve informar o nome comercial, o princípio ativo, a forma farmacêutica e o respectivo registro do produto. Essa listagem ficará disponível no endereço eletrônico da Anvisa, para consulta dos geradores de resíduos.

Na área de medicamentos, o controle ainda é precário, assim treinamento e divulgação dos procedimentos adequados para a população em geral se fazem necessários. De acordo com a RDC 306/04 da Anvisa, os resíduos de medicamentos enquadram-se entre os resíduos com risco químico (grupo B).

### 8.2.2 Classificação de resíduos Grupo B: características gerais

1. As características dos riscos destas substâncias constam da Ficha de Informações de Segurança de Produtos Químicos (FISPQ), conforme NBR 14.725 da ABNT e Decreto/PR 26.57/98. A FISPQ não se aplica aos produtos farmacêuticos e cosméticos.

2. Resíduos químicos que apresentam risco à saúde ou ao meio ambiente, quando não forem submetidos a processo de reutilização, recuperação ou reciclagem, devem ser submetidos a tratamento ou disposição final específicos, como definido antes no texto. Em particular, o manuseio de resíduos químicos necessitam de cuidados especiais, que são:
   a) Resíduos químicos no estado sólido, quando não tratados, devem ser dispostos em aterro de resíduos perigosos – Classe I.
   b) Resíduos químicos no estado líquido devem ser submetidos a tratamento específico, sendo vedado o seu encaminhamento para disposição final em aterros.
   c) Os resíduos de substâncias químicas constantes do Apêndice 1 (ver Anexo II), quando não fizerem parte de mistura química, devem ser obrigatoriamente segregados e acondicionados de forma isolada.

3. O material de embalagem do resíduo químico deve ser compatível com o resíduo, a fim de evitar reação química que leve à deterioração da embalagem. Dessa forma, o estudo de compatibilidade química[3] dos resíduos entre si (ver Anexo II, Apêndice 2), com os materiais das embalagens é de

---

[3] Ver Figura 10.1 – Compatibilidade de "Famílias" Químicas.

extrema importância. Testes de permeabilidade do material de embalagem com os componentes do resíduo a ser descartado é um indicativo da escolha correta do material de embalagem. É importante que o recipiente de acondicionamento seja impermeável aos componentes do resíduo químico. Quando este recipiente for constituído de polietileno de alta densidade (PEAD),[4] deverá ser observada a compatibilidade prevista em legislação.

4. Quando destinados à reciclagem ou reaproveitamento, os resíduos devem ser acondicionados em recipientes individualizados, observadas as exigências de compatibilidade química com os materiais das embalagens, conforme mencionado anteriormente.

5. Os resíduos líquidos devem ser acondicionados em recipientes constituídos de material compatível com o líquido armazenado, resistentes, rígidos e estanques, com tampa rosqueada e vedante. Devem ser identificados como consta em item anterior.

6. Os resíduos sólidos devem ser acondicionados em recipientes de material rígido, adequados para cada tipo de substância química, respeitadas as suas características físico-químicas e seu estado físico, e identificados de acordo com o descrito.

7. As embalagens secundárias não contaminadas pelo produto devem ser fisicamente descaracterizadas e acondicionadas como Resíduo do Grupo D, podendo ser encaminhadas para processo de reciclagem.

8. As embalagens e materiais contaminados por substâncias caracterizadas no item 2 devem ser tratados da mesma forma que a substância que as contaminou.

9. Os resíduos gerados pelos serviços de assistência domiciliar devem ser acondicionados, identificados e recolhidos pelos próprios agentes de atendimento ou por pessoa treinada para a atividade como profissionais de Enfermagem, fisioterapeutas e médicos da familia, de acordo com este regulamento, e encaminhados ao estabelecimento de saúde de referência.

---

[4] PEAD: polietileno de alta densidade ou HDPE ou PE-HD. Ver Apêndice VII – RDC-306/04.

10. As excretas de pacientes tratados com quimioterápicos antineoplásicos podem ser eliminadas no esgoto, desde que haja sistema de tratamento de esgotos na região onde se encontra o serviço. Caso não exista tratamento de esgoto, devem ser submetidas a tratamento prévio no próprio estabelecimento.

11. Resíduos de produtos hormonais e produtos antimicrobianos; citostáticos; antineoplásicos; imunossupressores; digitálicos; imunomoduladores; antiretrovirais, quando descartados por serviços assistenciais de saúde, farmácias, drogarias e distribuidores de medicamentos ou apreendidos, devem ter seu manuseio conforme descrito.

12. Os resíduos de produtos e de insumos farmacêuticos, sujeitos a controle especial, especificados na Portaria MS 344/1998 e suas atualizações, devem atender à legislação sanitária em vigor.

13. Os reveladores utilizados em radiologia podem ser submetidos a processo de neutralização para alcançarem pH entre 7 e 9, sendo posteriormente lançados na rede coletora de esgoto ou em corpo receptor, desde que atendam às diretrizes estabelecidas pelos órgãos ambientais, gestores de recursos hídricos e de saneamento competentes.

14. Os fixadores usados em radiologia podem ser submetidos a processo de recuperação da prata ou então serem submetidos ao constante do item 16.

15. O descarte de pilhas, baterias e acumuladores de carga contendo chumbo (Pb), cádmio (Cd) e mercúrio (Hg) e seus compostos deve ser feito de acordo com a Resolução nº 257/1999 do Conama.

16. Os demais resíduos sólidos contendo metais pesados podem ser encaminhados a Aterro de Resíduos Perigosos Classe I ou serem submetidos a tratamento de acordo com as orientações do órgão local de meio ambiente, em instalações licenciadas para este fim. Os resíduos líquidos deste grupo devem seguir orientações específicas dos órgãos ambientais locais.

17. Os resíduos contendo mercúrio (Hg) devem ser acondicionados em recipientes sob selo d'água e encaminhados para recuperação.

18. Resíduos químicos que não apresentam risco à saúde ou ao meio ambiente:
    a) Não necessitam de tratamento, podendo ser submetidos a processo de reutilização, recuperação ou reciclagem.
    b) Resíduos no estado sólido, quando não submetidos à reutilização, recuperação ou reciclagem devem ser encaminhados para sistemas de disposição final, desde que tenham a referida licença ambiental.
    c) Resíduos no estado líquido podem ser lançados na rede coletora de esgoto ou em corpo receptor, desde que atendam respectivamente às diretrizes estabelecidas pelos órgãos ambientais, gestores de recursos hídricos e de saneamento competentes.

19. Os resíduos de produtos ou de insumos farmacêuticos que, em função de seu princípio ativo e forma farmacêutica, não oferecem risco à saúde e ao meio ambiente, conforme descrito anteriormente, quando descartados por serviços assistenciais de saúde, farmácias, drogarias e distribuidores de medicamentos ou apreendidos, devem atender ao disposto no item anterior.

20. Os resíduos de produtos cosméticos, quando descartados por farmácias, drogarias e distribuidores ou quando apreendidos, devem ter seu manuseio conforme acima para resíduos químicos de acordo com a substância química de maior risco e concentração existente em sua composição, independente da forma farmacêutica.

21. Os resíduos químicos oriundos dos equipamentos automáticos de laboratórios clínicos e dos laboratórios clínicos, quando misturados, devem ser avaliados pelo maior risco ou conforme as instruções contidas na FISPQ e tratados conforme o descrito para resíduos químicos que apresentam risco à saúde e aqueles que não apresentam risco à saúde e ao meio ambiente.

## 8.2.3 Grupo B: características especiais

No Brasil, a Lei nº 12.305, ao estabelecer a Política Nacional de Resíduos Sólidos (PNRS), instituiu a responsabilidade compartilhada de medicamentos e outros resíduos; isto é, a PNRS viabiliza a política de logística reversa (Portaria nº 113/2011), na qual os fabricantes, importadores, distribuidores e comerciantes são corresponsáveis pós-consumo. E, portanto, a vida útil do descarte não terminará após o consumo. O reaproveitamento ou a destinação do descarte ambientalmente adequado será compartilhada por todos, desde o fabricante até o comerciante e representantes dos Estados e Municípios. Inicialmente, o Ministério do Meio Ambiente anunciou que no segundo semestre de 2012 cinco grupos de produtos poderão ter regras fixas, determinadas pelo Governo Federal, para o descarte. São eles: os eletroeletrônicos e seus componentes, medicamentos, embalagens, óleos lubrificantes e seus resíduos e embalagens, pneus, pilhas e baterias, agrotóxicos e seus resíduos e embalagens, lâmpadas fluorescentes, de vapor de sódio e mercúrio e de luz mista.

• **Grupo B1** – Descarte de resíduos de medicamentos ou insumos farmacêuticos.
Esses materiais quando apresentarem datas de validade vencidas, contaminados, parcialmente utilizados e com aspectos de cor alterado ou rasura nas embalagens são considerados impróprios para consumo e oferecem risco a saúde. Incluem-se neste grupo:

– Produtos hormonais de uso sistêmico.
– Produtos hormonais de uso tópico, quando descartados por serviços de saúde, farmácias, drogarias e distribuidores de medicamentos.
– Produtos antibacterianos de uso sistêmico.
– Produtos antibacterianos de uso tópico, quando descartados por serviços de saúde, farmácias, drogarias e distribuidores de medicamentos.
– Medicamentos citostáticos.
– Medicamentos antineoplásicos.
– Medicamentos digitálicos.
– Medicamentos imunossupressores.
– Medicamentos imunomoduladores.
– Medicamentos antirretrovirais.

• **Grupo B2** – Resíduos dos medicamentos ou dos insumos farmacêuticos que em função de seu princípio ativo e forma farmacêutica, não oferecem risco.
Incluem-se neste grupo todos os medicamentos não classificados no Grupo B1 e os antibacterianos e hormônios para uso tópico, quando descartados individualmente pelo usuário domiciliar.

• **Grupo B3** – Os resíduos e insumos farmacêuticos dos medicamentos controlados pela Portaria MS 344/98 e suas atualizações.

• **Grupo B4** – Saneantes, desinfetantes.

• **Grupo B5** – Substâncias para revelação de filmes usados em raios X.

• **Grupo B6** – Resíduos contendo metais pesados.

• **Grupo B7** – Reagentes para laboratório, isolados ou em conjunto.

• **Grupo B7** – Outros resíduos contaminados com substâncias químicas perigosas.

É importante ressaltar que os materiais perfurocortantes contaminados com substâncias químicas devem ser considerados como resíduos do Grupo E.

## 8.3 Gerenciamento de resíduos sólidos

Para normatizar o gerenciamento de resíduos sólidos em 2010, foi sancionada a lei que instituiu a Política Nacional de Resíduos Sólidos – Lei nº 12.305, de 2 de agosto de 2010 –, dispondo sobre seus princípios, objetivos e instrumentos, bem como sobre as diretrizes relativas à gestão integrada e ao gerenciamento de resíduos sólidos, incluídos os perigosos, às responsabilidades dos geradores e do poder público e aos instrumentos econômicos aplicáveis; cuja responsabilidade inclui as pessoas físicas ou jurídicas, de direito público ou privado, responsáveis, direta ou indiretamente, pela geração de resíduos sólidos e as que desenvolvem ações relacionadas à gestão integrada ou ao gerenciamento de resíduos sólidos .

Também aos resíduos sólidos aplicam-se, além do disposto da lei acima, e nas Leis nºs 11.445 (Saneamento Básico), de 5 de janeiro de 2007, 9.974 (Agrotóxicos), de 6 de junho de 2000, e 9.966, de 28 de abril de 2000 (Óleos e seus Resíduos), as normas estabelecidas pelos órgãos do Sistema Nacional do Meio Ambiente (Sisnama), do Sistema Nacional de Vigilância Sanitária (SNVS), do Sistema Unificado de Atenção à Sanidade Agropecuária (Suasa) e do Sistema Nacional de Metrologia, Normalização e Qualidade Industrial (Sinmetro).

### 8.3.1 Conceitos segundo a Lei nº 12.305–2010

Os conceitos definidos por esta norma estão enumerados a seguir.

1. Acordo setorial: ato de natureza contratual firmado entre o poder público e fabricantes, importadores, distribuidores ou comerciantes, tendo em vista a implantação da responsabilidade compartilhada pelo ciclo de vida do produto.

2. Área contaminada: local onde há contaminação causada pela disposição, regular ou irregular, de quaisquer substâncias ou resíduos.

3. Área órfã contaminada: área contaminada cujos responsáveis pela disposição não sejam identificáveis ou individualizáveis.

4. Ciclo de vida do produto: série de etapas que envolvem o desenvolvimento do produto, a obtenção de matérias-primas e insumos, o processo produtivo, o consumo e a disposição final.

5. Coleta seletiva: coleta de resíduos sólidos previamente segregados, conforme sua constituição ou composição.

6. Controle social: conjunto de mecanismos e procedimentos que garantam à sociedade informações e participação nos processos de formulação, implementação e avaliação das políticas públicas relacionadas aos resíduos sólidos.

7. Destinação final ambientalmente adequada: destinação de resíduos que inclui a reutilização, a reciclagem, a compostagem, a recuperação e o aproveitamento energético ou outras destinações admitidas pelos órgãos competentes do Sisnama, do SNVS e do Suasa, entre elas a disposição final, observando normas operacionais específicas de modo a evitar danos ou riscos à saúde pública e à segurança e a minimizar os impactos ambientais adversos.

8. Disposição final ambientalmente adequada: distribuição ordenada de rejeitos em aterros, observando normas operacionais específicas de modo a evitar danos ou riscos à saúde pública e à segurança e a minimizar os impactos ambientais adversos.

9. Geradores de resíduos sólidos: pessoas físicas ou jurídicas, de direito público ou privado, que geram resíduos sólidos por meio de suas atividades, nelas incluído o consumo.

10. Gerenciamento de resíduos sólidos: conjunto de ações exercidas, direta ou indiretamente, nas etapas de coleta, transporte, transbordo, tratamento e destinação final ambientalmente adequada dos resíduos sólidos e disposição final ambientalmente adequada dos rejeitos, de acordo com plano municipal de gestão integrada de resíduos sólidos ou com plano de gerenciamento de resíduos sólidos (ver a seguir os requisitos para plano, exigidos na forma da Lei nº 12.305/2010).

11. Gestão integrada de resíduos sólidos: conjunto de ações voltadas para a busca de soluções para os resíduos sólidos, de forma a considerar as dimensões política, econômica, ambiental, cultural e social, com controle social e sob a premissa do desenvolvimento sustentável.

12. Logística reversa: instrumento de desenvolvimento econômico e social caracterizado por um conjunto de ações, procedimentos e meios destinados a viabilizar a coleta e a restituição dos resíduos sólidos ao setor empresarial, para reaproveitamento, em seu ciclo ou em outros ciclos produtivos, ou outra destinação final ambientalmente adequada.

13. Padrões sustentáveis de produção e consumo: produção e consumo de bens e serviços de forma a atender as necessidades das atuais gerações e permitir melhores condições de vida, sem comprometer a qualidade ambiental e o atendimento das necessidades das gerações futuras.

14. Reciclagem: processo de transformação dos resíduos sólidos que envolve a alteração de suas propriedades físicas, físico-químicas ou biológicas, com vistas à transformação em insumos ou novos produtos, observadas as condições e os padrões estabelecidos pelos órgãos competentes do Sisnama e, se couber, do SNVS e do Suasa.

15. Rejeitos: resíduos sólidos que, depois de esgotadas todas as possibilidades de tratamento e recuperação por processos tecnológicos disponíveis e economicamente viáveis, não apresentem outra possibilidade que não seja a disposição final ambientalmente adequada.

16. Resíduos sólidos: material, substância, objeto ou bem descartado resultante de atividades humanas em sociedade, cuja destinação final se procede, se propõe proceder ou se está obrigado a proceder, nos estados sólido ou semissólido, bem como gases contidos em recipientes e líquidos cujas particularidades tornem inviável o seu lançamento na rede pública de esgotos ou em corpos d'água, ou exijam para isso soluções técnica ou economicamente inviáveis em face da melhor tecnologia disponível.

17. Responsabilidade compartilhada pelo ciclo de vida dos produtos: conjunto de atribuições individualizadas e encadeadas dos fabricantes, importadores, distribuidores e comerciantes, dos consumidores e dos titulares dos serviços públicos de limpeza urbana e de manejo dos resíduos sólidos, para minimizar

o volume de resíduos sólidos e rejeitos gerados, bem como para reduzir os impactos causados à saúde humana e à qualidade ambiental decorrentes do ciclo de vida dos produtos, nos termos desta lei.

18. Reutilização: processo de aproveitamento dos resíduos sólidos sem sua transformação biológica, física ou físico-química, observadas as condições e os padrões estabelecidos pelos órgãos competentes do Sisnama e, se couber, do SNVS e do Suasa;

19. Serviço público de limpeza urbana e de manejo de resíduos sólidos: conjunto de atividades previstas no art. 7º da Lei nº 11.445, de 2007.

## 8.3.2 Classificação de resíduos sólidos

De acordo com a Lei 12.305/2010, os resíduos sólidos são classificados como segue:

1. quanto à origem:
a) resíduos domiciliares: os originários de atividades domésticas em residências urbanas;
b) resíduos de limpeza urbana: os originários da varrição, limpeza de logradouros e vias públicas e outros serviços de limpeza urbana;
c) resíduos sólidos urbanos: os englobados nos itens "a" e "b";
d) resíduos de estabelecimentos comerciais e prestadores de serviços: os gerados nessas atividades, excetuados os referidos nos itens "b", "e", "g", "h" e "j";
e) resíduos dos serviços públicos de saneamento básico: os gerados nessas atividades, excetuados os referidos no item "c";
f) resíduos industriais: os gerados nos processos produtivos e instalações industriais;
g) resíduos de serviços de saúde: os gerados nos serviços de saúde, conforme definido em regulamento ou em normas estabelecidas pelos órgãos do Sisnama e do SNVS;
h) resíduos da construção civil: os gerados nas construções, reformas, reparos e demolições de obras de construção civil, incluídos os resultantes da preparação e escavação de terrenos para obras civis;
i) resíduos agrossilvopastoris: os gerados nas atividades agropecuárias e silviculturais, incluídos os relacionados a insumos utilizados nessas atividades;
j) resíduos de serviços de transportes: os originários de portos, aeroportos, terminais alfandegários, rodoviários e ferroviários e passagens de fronteira;

k) resíduos de mineração: os gerados na atividade de pesquisa, extração ou beneficiamento de minérios;

2. quanto à periculosidade:

a) resíduos perigosos: aqueles que, em razão de suas características de inflamabilidade, corrosividade, reatividade, toxicidade, patogenicidade, carcinogenicidade, teratogenicidade e mutagenicidade, apresentam significativo risco à saúde pública ou à qualidade ambiental, de acordo com lei, regulamento ou norma técnica;

b) resíduos não perigosos: aqueles não enquadrados no parágrafo acima.

## 8.4 Planos de resíduos sólidos

Há vários tipos de planos de resíduos sólidos classificados por hierarquia como consta abaixo:

– O Plano Nacional de Resíduos Sólidos (PNRS), planos estaduais, planos microrregionais de resíduos sólidos e os planos de resíduos sólidos de regiões metropolitanas ou aglomerações urbanas, intermunicipais, municipais de gestão integrada de resíduos sólidos e os planos de gerenciamento de resíduos sólidos (PGRS). Neste caso, a legislação também definiu quem deve elaborar o PGRS, estando sujeitos à elaboração de plano de gerenciamento de resíduos sólidos os seguintes:

1. os geradores de resíduos sólidos previstos na classificação dos resíduos citadas acima (art. 13);

2. os estabelecimentos comerciais e de prestação de serviços que:

a) gerem resíduos perigosos;

b) gerem resíduos que, mesmo caracterizados como não perigosos, por sua natureza, composição ou volume, não sejam equiparados aos resíduos domiciliares pelo poder público municipal;

3. as empresas de construção civil, nos termos do regulamento ou de normas estabelecidas pelos órgãos do Sisnama;[5]

4. os responsáveis pelos terminais e outras instalações referidas no art. 13, alinea "j" da lei em questão e, nos termos do regulamento ou de normas

---

[5] Sisnama: Sistema Nacional do Meio Ambiente.

estabelecidas pelos órgãos do Sisnama e, se couber, do SNVS, as empresas de transporte; e

5. os responsáveis por atividades agrossilvopastoris, se exigido pelo órgão competente do Sisnama, do SNVS[6] ou do Suasa.[7]

### 8.4.1 Itens obrigatórios para elaborar um PGRS

Os requisitos mínimos para elaboração do Plano de Gerenciamento de Resíduos Sólidos (PGRS) incluem:

1. descrição do empreendimento ou atividade;

2. diagnóstico dos resíduos sólidos gerados ou administrados, contendo a origem, o volume e a caracterização dos resíduos, incluindo os passivos ambientais a eles relacionados;

3. observadas as normas estabelecidas pelos órgãos do Sisnama, do SNVS e do Suasa e, se houver, o plano municipal de gestão integrada de resíduos sólidos:
   a) explicitação dos responsáveis por cada etapa do gerenciamento de resí-
      duos sólidos;
   b) definição dos procedimentos operacionais relativos às etapas do geren-
      ciamento de resíduos sólidos sob responsabilidade do gerador;

4. identificação das soluções consorciadas ou compartilhadas com outros geradores;

5. ações preventivas e corretivas a serem executadas em situações de gerenciamento incorreto ou acidentes;

6. metas e procedimentos relacionados à minimização da geração de resíduos sólidos e, observadas as normas estabelecidas pelos órgãos do Sisnama, do SNVS e do Suasa, à reutilização e reciclagem;

---

[6] SNVS: Sistema Nacional de Vigilância Sanitária.
[7] Suasa: Sistema Único de Atenção à Sanidade Agropecuária.

7. se couber, ações relativas à responsabilidade compartilhada pelo ciclo de vida dos produtos, como consta desta lei;

8. medidas saneadoras dos passivos ambientais relacionados aos resíduos sólidos; e

9. periodicidade de sua revisão, observado, se couber, o prazo de vigência da respectiva licença de operação a cargo dos órgãos do Sisnama.

## 8.4.2 Proibições com relação ao gerenciamento de resíduos sólidos

Com relação às proibições, estão contempladas as seguintes formas de destinação ou disposição final de resíduos sólidos ou rejeitos:

1. lançamento em praias, no mar ou em quaisquer corpos hídricos;

2. lançamento *in natura* a céu aberto, excetuados os resíduos de mineração;

3. queima a céu aberto ou em recipientes, instalações e equipamentos não licenciados para essa finalidade; e

4. outras formas vedadas pelo poder público.

Quando for decretada emergência sanitária, a queima de resíduos a céu aberto pode ser realizada, desde que autorizada e acompanhada pelos órgãos competentes do Sisnama, do SNVS e, quando couber, do Suasa.

Assegurada a devida impermeabilização, as bacias de decantação de resíduos ou rejeitos industriais ou de mineração, devidamente licenciadas pelo órgão competente do Sisnama, não são consideradas corpos hídricos para efeitos do disposto no item acima. Ainda são proibidas, nas áreas de disposição final de resíduos ou rejeitos, as seguintes atividades:

a) utilização dos rejeitos dispostos como alimentação;
b) catação, observado o disposto anteriormente
c) criação de animais domésticos;
d) fixação de habitações temporárias ou permanentes; e
e) outras atividades vedadas pelo poder público.

Esta Lei também definiu que é proibida a importação de resíduos sólidos perigosos e rejeitos, bem como de resíduos sólidos cujas características causem dano ao meio ambiente, à saúde pública e animal e à sanidade vegetal, ainda que para tratamento, reforma, reúso[8] reutilização,[9] ou recuperação.

## 8.5 Programa de gerenciamento de resíduos químicos de laboratórios

A classificação e a segregação de resíduos químicos dependem de vários fatores, como a natureza do resíduo e o tipo de tratamento que este necessita, as quantidades geradas, as condições de armazenagem, transporte e destino final. Cada instituição deve ter seu próprio Programa de Gerenciamento de Resíduos (PGR), pois as variáveis citadas impossibilitam simplesmente copiar o modelo de outra instituição o que levaria a um sistema certamente ineficiente. Sendo assim, o PGR constitui-se de um conjunto de procedimentos de gestão, planejados e implementados a partir de bases científicas e técnicas, normativas e legais, com o objetivo de minimizar a produção de resíduos e proporcionar aos gerados, um encaminhamento seguro, de forma eficiente, visando à proteção dos trabalhadores, à preservação da saúde pública, dos recursos naturais e do meio ambiente.

De acordo com a Anvisa, na RDC 306/2004, que dispõe sobre o Regulamento Técnico para o Gerenciamento de Resíduos de Serviços de Saúde, para os serviços que gerem exclusivamente resíduos químicos e comuns é necessário profissional de nível superior com habilitação na área de química (engenheiro químico, químico, farmacêutico, biólogo), com treinamento em gerenciamento de resíduos de serviço de saúde, independente do volume de resíduos gerados.

A implementação de um programa de gestão de resíduos (Lei nº 12.378/2010) exige antes de tudo mudança de atitudes e, por isso, é uma atividade que deverá trazer resultados a médio e longo prazo, além de requerer a reeducação e uma persistência contínuas. Portanto, além da Instituição, disposta a implementar e sustentar o programa, o aspecto humano é muito importante, pois o êxito depende muito da colaboração de todos os membros da unidade geradora (AFONSO et al., 2003).

Para o correto gerenciamento dos resíduos e a minimização de possíveis efeitos danosos ao meio ambiente, os profissionais envolvidos deverão ser devidamente capacitados. É difícil estabelecer regras gerais para o manejo de resíduos químicos que podem ser gerados em uma instituição de ensino e pesquisa porque a variedade de produtos químicos é muito grande. No entanto, é

---

[8] Reúso: após processamento usar não com mesma finalidade.
[9] Reutilizar é usar um produto mais do que uma vez, independentemente de se o produto é utilizado novamente na mesma função ou não.

importante estabelecer regras gerais, sendo que os responsáveis pelo estabelecimento devem fornecer treinamento adequado e continuado, que deve incluir:

## 8.6 Segregação dos resíduos

A capacitação de recurso humano quanto às diferentes legislações existentes, para diminuir o impacto ambiental, deve fazer parte da conscientização e rotina de toda e qualquer instituição, pública e privada. Os regimentos de cada instituição para criar a política de educação ambiental consciente são necessários, a fim de promover a educação ambiental, sanitária e em biossegurança com sucesso. Dessa forma, é de fundamental importância adotar o processo de segregação de resíduos, que obedece à norma NBR 10.004 da ABNT, conforme mostra o fluxograma a seguir.

**Figura 8.1** – Diagrama de fluxo que ilustra o manejo dos resíduos de serviços de saúde, desde a sua geração até o destino final

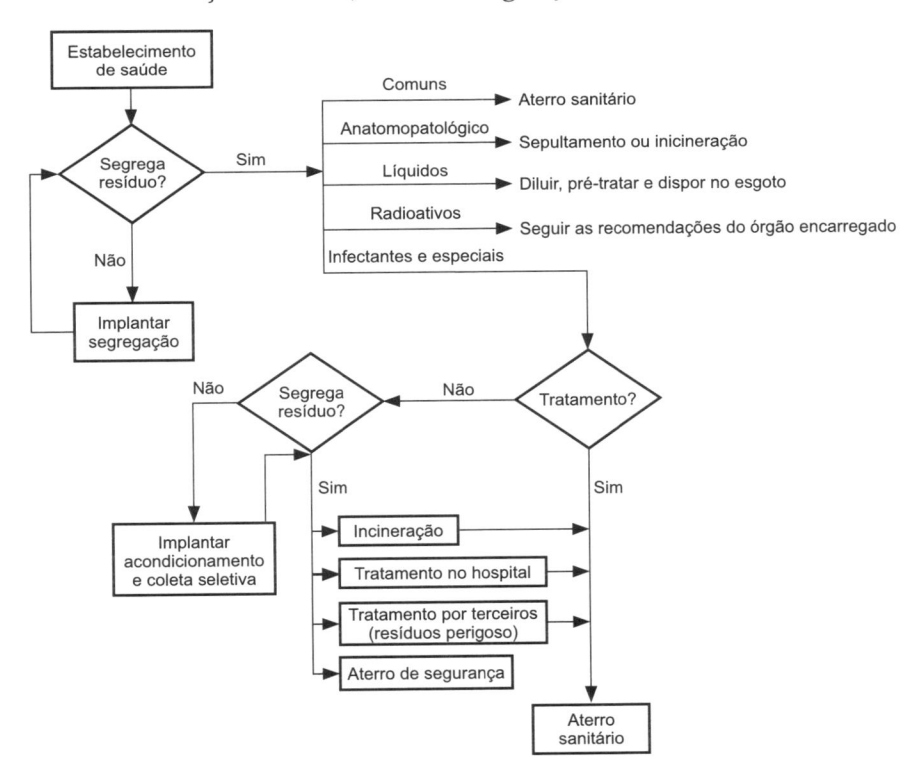

Fonte: Cussiol (2000).

Deve-se manter um registro dos treinamentos, indicando conteúdo programático, relação dos funcionários participantes e suas respectivas áreas e data da realização.

Os resíduos químicos gerados em laboratórios de ensino e pesquisa necessitam de cuidados especiais. Algumas etapas para a implantação de um Programa de Gerenciamento de Resíduos Químicos em laboratórios são sugeridas a seguir.

1. Inventário: levantamento do passivo (reativos e resíduos sem identificação) e do ativo (gerados rotineiramente nos laboratórios) (AFONSO et al., 2003). O responsável pelo laboratório deve elaborar um inventário com os resíduos existentes (composição e quantidade) e variedade dos resíduos gerados, através da relação das operações e análises efetuadas no laboratório. Uma lista contendo uma estimativa da geração de resíduos (quantidade/mês ou ano) também é muito importante.

2. Levantamento de informações de segurança: a reatividade, toxicidade, compatibilidade e os procedimentos de segurança devem ser pesquisados antes de iniciar os procedimentos de descarte das substâncias. Essas podem ser encontradas no MSDS (*Material Safety Data Sheets*), disponíveis em vários sites da internet listados em anexo. Além disso, deve ser realizado um estudo do processo adequado a ser utilizado para recuperação, neutralização e descarte do resíduo.

3. Minimização ou substituição: estudo da possibilidade de substituição de substâncias perigosas por outras, ou mudança de processos, ou ainda minimização das substâncias problemáticas geradoras de resíduos perigosos. Sempre que possível adotar métodos analíticos que utilizem o mínimo de amostras, utilizar procedimentos de reutilização, recuperação e tratamento, e reduzir a frequência de utilização de substâncias ou materiais perigosos. Ações neste sentido deverão ser adotadas em todas as atividades (graduação e pesquisa) que envolverem substâncias químicas.

4. Classificação do resíduo laboratorial considerando as características físico-químicas, periculosidade, compatibilidade e o destino final. A segregação dos resíduos deve ser realizada conforme a classifi-

cação: metais, resíduos sólidos, solventes inflamáveis não clorados, solventes clorados, outros.

5. Rotulagem para identificação do tipo de resíduo químico temporariamente armazenado (dados do produto, nome do responsável, data do experimento).

6. Tratamento e armazenamento: o tratamento é específico para cada resíduo ou classe de resíduos químicos. Para a mistura de resíduos em um mesmo recipiente é fundamental a realização do teste de incompatibilidade. Os resíduos compatíveis devem ser armazenados em bombonas e recipientes apropriados.

7. Destino final: solicitação de licenciamento junto ao órgão responsável para encaminhamento aos locais destinados à eliminação dos resíduos (incineração, aterro ou processos oxidativos avançados). Levantamento das empresas que realizam o tratamento de resíduos ou o aterramento dos mesmos, de acordo com cada caso. É importante conhecer as metodologias de trabalho dessas empresas, procedimentos necessários para o encaminhamento dos resíduos, bem como custos associados. Os veículos e equipamentos para o transporte de resíduos químicos perigosos para destino final devem, ainda, atender ao disposto na norma NBR 7.500.

## 8.7 Classificação dos resíduos químicos

Os resíduos de laboratório de instituições de ensino e pesquisa podem ser inicialmente separados em resíduos químicos perigosos e não perigosos.

### Resíduos químicos não perigosos

São aqueles resultantes de atividades laboratoriais e de estabelecimentos de prestação de serviços de saúde que não apresentam características de toxicidade, reatividade, inflamabilidade ou corrosividade de acordo com a NBR 10.004. Esses resíduos enquadram-se no grupo D (resíduos comuns), conforme Resolução nº 283/2001 do Conama.

Essas substâncias não inflamáveis, não corrosivas, não metálicas, sem odor e solúveis em água podem ser descartadas no ralo da pia do laboratório, seguidos por uma grande quantidade de água (diluídas aproximadamente 100 vezes e sob água corrente) (BARKER, 2002). Misturas contendo compostos pouco solúveis em água, em concentrações abaixo de 2% podem ser descartadas na pia. Compostos com ponto de ebulição inferior a 50°C não devem ser descartados na pia, mesmo que extremamente solúveis em água e pouco tóxicos.

Para o descarte de compostos diretamente na pia, deve-se considerar também a quantidade e concentração da substância. Compostos com características ácidobásicas pronunciadas (pH < 6 ou pH > 8) deverão ser neutralizados antes do descarte.

Alguns exemplos de substâncias sem risco químico, utilizadas em laboratórios de ensino e pesquisa, estão listados a seguir.

*Substâncias orgânicas:*

É preciso que sejam facilmente biodegradáveis. Quantidade máxima recomendável: 100g ou 100ml, por ponto de descarte, por dia. São exemplos:

- Carboidratos (amido).
- Acetatos e seus sais (Ca, Na, $NH_4$ e K).
- Aminoácidos e seus sais.
- Ácido cítrico e seus sais (Ca, Na, Mg, $NH_4$ e K).
- Ácido lático e seus sais (Na, K, Mg, Ca, $NH_4$).

*Substâncias inorgânicas:*

- Bicarbonatos, brometos e iodetos: Na e K.
- Boratos: Ca, Na, Mg e K.
- Carbonatos, cloretos e silicatos: Ca, Na, Mg e K.
- Fluoreto: Ca.
- Óxidos: B, Mg, Ca, Al, Si, Sr, Ti, Mn, Co, Cu, Zn e Fe.
- Fosfatos e sulfatos: Ca, Na, Mg, $NH_4$ e K.

Outros materiais de laboratório, quando não contaminados com produtos químicos perigosos:

- Adsorventes cromatográficos: sílica, alumina etc.
- Material de vidro.
- Papel de filtro.

### Resíduos químicos perigosos

São aqueles pertencentes ao Grupo B, conforme Resolução do Conama nº 283/2001, e classificados como perigosos, de acordo com a NBR 10.004, por apresentarem características de toxicidade, reatividade, inflamabilidade ou corrosividade. Mesmo que um resíduo de laboratório não se enquadre em nenhuma dessas classes, deve haver regras específicas de descarte definidas no âmbito da própria instituição.

Os resíduos químicos também podem ser classificados como resíduos de processo ou descarte de materiais químicos comerciais. Esta distinção é importante na rotulagem. Um resíduo de processo é aquele que, em virtude de algum uso, processo ou procedimento, não atende às especificações originais do fabricante. Exemplos: efluentes de colunas cromatográficas, produtos diluídos, misturas reacionais, papéis contaminados etc.

Um produto comercial (nunca processado) deve ser descartado no frasco original. Exemplos: pequenos frascos de produtos antigos, nunca utilizados e provenientes de laboratórios, áreas de serviço etc.

## 8.8 Rotulagem dos resíduos químicos

Ao se rotularem resíduos de laboratório, é importante levar em conta que as classificações gerais ou específicas devem ser usadas como diretrizes básicas e que sempre se deve fazer um diagnóstico local pormenorizado de itens, características toxicológicas, natureza das exposições a estes resíduos, volumes envolvidos etc., para que os materiais descartados possam ser manipulados com segurança.

A simbologia de risco desenvolvida pela NFPA (National Fire Protection Association), representada pelo Diamante do Perigo, pode ser utilizada para indicar a toxidade, a inflamabilidade e a reatividade de produtos químicos perigosos (ver capítulos 3 e 10). Esse diagrama possui sinais de fácil reconhecimento e entendimento, os quais podem dar uma ideia geral do perigo desses materiais, assim como o grau de periculosidade. Para o preenchimento do Diagrama, podem-se consultar as fichas MSDS (*Material Safety Data Sheet*), ou também chamados a FISPQ (Ficha de Informação de Segurança de Produto Químico), nas quais a classificação de cada produto químico pode ser encontrada. Essas informações estão disponíveis em vários sites (ver anexos).

Além do Diagrama de Hommel, o rótulo deve estar totalmente preenchido (Figura 8.3). Na descrição (composição) do resíduo devem constar tanto o produto ou resíduo principal quanto os produtos ou resíduos secundários, mesmo os que apresentam concentrações muito baixas (traços de elementos) e inclusive água. A classificação do resíduo deve priorizar o produto mais perigoso do frasco, mesmo que este esteja em menor quantidade. Informações como o nome do responsável, procedência do material e data são de grande importância para uma precisa caracterização do material.

É recomendável descrever o conteúdo sem usar fórmulas químicas ou siglas. A etiqueta deve ser colocada no frasco antes de se inserir o resíduo químico para evitar erros. Se a etiqueta for impressa em preto e branco, esta deve ser preenchida usando canetas das respectivas cores do Diagrama. Fixar o rótulo com filme adesivo transparente (tipo papel Contact®). Os rótulos deverão obter informações claras, a fim de facilitar o destino final

**Figura 8.2** – Rótulo padrão

*Instituto de Pesquisa*

FICHA DE IDENTIFICAÇÃO DE RESÍDUOS
PARA COLETA EM LABORATÓRIO

Constituinte(s): ______________________

Concentração: ______________________

Quantidade: ______________________

Lab. Gerador: ______________________

Data: ____________ Horas: ____________

Responsável/Coleta: ______________________

SE NÃO ESTIVER HABILITADO. NÃO MANIPULE ESTE PRODUTO

Fonte: Adaptada de Tavares e Bendassolli (2005).

**Figura 8.3 –** Rótulo padrão

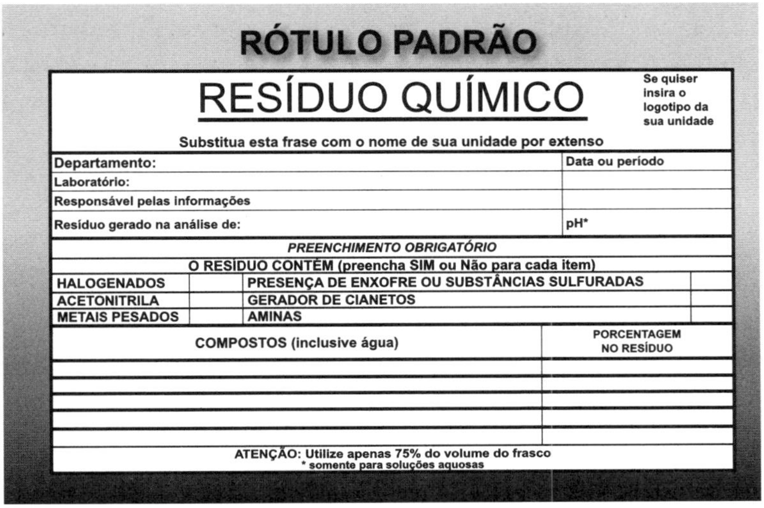

Fonte: Tavares e Bendassolli (2005).

**Figura 8.4 –** Rótulos para descarte de resíduos químicos

| LOGOTIPO | FICHA PARA DESCARTE DE RESÍDUO QUÍMICO | | |
|---|---|---|---|
| | DESCRIÇÃO (COMPOSIÇÃO) | | |
| | Nome da substância | Quantidade (ml ou g) | OBS. |
| | 1. | | |
| | 2. | | |
| Quantidade (litros) | 3. | | |
| | 4. | | |
| Laboratório | 5. | | |
| | 6. | | |
| Departamento | 7. | | |
| | 8. | | |
| Data | 9. | | |
| | 10. | | |
| Responsável | 11. | | |
| | 12. | | |

Fonte: ESALQ–USP (2008).

## 8.9 Coleta e armazenamento de resíduos de laboratórios

Para a coleta e o armazenamento de resíduos químicos produzidos em laboratórios de ensino e pesquisa, os recipientes para coleta podem ser classificados de acordo com a Tabela 8.1.

**Tabela 8.1** – Classificação dos recipientes para a coleta de resíduos químicos

| Recipiente coletor | Resíduo |
|---|---|
| A | Solventes orgânicos e soluções de substâncias orgânicas que não contenham halogênios. |
| B | Solventes orgânicos e soluções orgânicas que contenham halogênios. |
| C | Resíduos sólidos de produtos químicos orgânicos que são acondicionados em sacos plásticos ou barricas originais do fabricante, devidamente rotulados e separados por material adsorvente, como vermiculite[10] ou argila. |
| D | Soluções salinas; nestes recipientes deve-se manter o pH entre 6 e 8, acondicionados em frascos individuais, devidamente rotulados e separados por material adsorvente, como vermiculite ou argila. |
| E | Resíduos inorgânicos tóxicos, como por exemplo, sais de metais pesados e suas soluções; descartar em frascos resistentes ao rompimento com identificação clara e visível. |
| F | Compostos combustíveis tóxicos; em frascos resistentes ao rompimento com alta vedação e identificação clara e visível. |
| G | Mercúrio e resíduos de seus sais inorgânicos. |
| H | Resíduos de sais metálicos regeneráveis; cada metal deve ser recolhido separadamente. |
| I | Sólidos inorgânicos. |

Fonte: Merck (1996); Zancanaro Júnior (2002).

Nos recipientes C, E e I, os resíduos são colocados em embalagens separadas devendo ser de plástico resistente ao rompimento. Para se proteger de danos no transporte, é necessário utilizar-se material de amortecimento (por

---

[10] Vermiculite: é um mineral natural, que se expande com a aplicação de calor.

exemplo, vermiculita). Os recipientes coletores devem ser caracterizados claramente de acordo com o seu conteúdo, o que também implica colocarem-se símbolos de periculosidade. Deve-se lembrar que aqui são descritas regras gerais, que devem ser utilizadas como apoio, mas recomenda-se que antes da produção de qualquer resíduo se faça um planejamento específico. Para se eliminar resíduos de laboratório, é frequentemente necessário que sejam inativados conforme um dos métodos a seguir.

Ao se manejar produtos químicos de laboratório e principalmente ao se desativar produtos químicos, deve-se ter a máxima precaução, visto que são muitas vezes reações perigosas. Todos os trabalhos devem ser executados por pessoal habilitado com o uso de roupas e material de proteção adequados a cada finalidade. A seguir são indicados métodos de eliminação e desativação de produtos de laboratório (MERCK, 1996; ZANCANARO JUNIOR, 2002).

Soluções aquosas de ácidos orgânicos são neutralizadas cuidadosamente com bicarbonato de sódio ou hidróxido de sódio – Recipiente Coletor D. Os ácidos carboxílicos aromáticos são precipitados com ácido clorídrico diluído e filtrados. O precipitado é recolhido no Coletor C e a solução aquosa no Coletor D.

1. Bases orgânicas e aminas na forma dissociada – Recipiente Coletor A ou B. Recomenda-se frequentemente, para se evitar maiores odores, a cuidadosa neutralização com ácido clorídrico ou sulfúrico diluído.

2. Nitrilos e mercaptanas são oxidados por agitação por várias horas (preferivelmente à noite) com solução de hipoclorito de sódio. Um possível excesso de oxidante é eliminado com tiossulfato de sódio. A fase orgânica é recolhida no Recipiente A ou B e a fase aquosa no Recipiente D.

3. Aldeídos hidrossolúveis são transformados com uma solução concentrada de hidrogenossulfito de sódio a derivados de bissulfitos – Recipiente Coletor A ou B.

4. Compostos organometálicos, geralmente dispersos em solventes orgânicos, sensíveis à hidrólise, são gotejados cuidadosamente sob agitação em n-butanol na capela. Agita-se durante a noite e se adiciona de imediato um excesso de água. A fase orgânica é recolhida no Coletor A e a fase aquosa no Recipiente D.

5. Produtos cancerígenos e compostos combustíveis, classificados como tóxicos ou muito tóxicos – Recipiente Coletor F.

6. Peróxidos orgânicos são destruídos e as fases orgânicas colocadas no Recipiente A ou B e aquosa no Recipiente D.

7. Halogenetos de ácido são transformados em ésteres metílicos, usando-se excesso de metanol. Para acelerar a reação podem-se adicionar algumas gotas de ácido clorídrico. Neutraliza-se com solução de hidróxido de potássio – Recipiente Coletor B.

8. Ácidos inorgânicos são diluídos em processo normal ou em alguns casos sob agitação em capela adicionando-se água. A seguir neutraliza-se com solução de hidróxido de sódio – Recipiente Coletor D.

9. Bases inorgânicas são diluídas como ácidos e neutralizadas com ácido sulfúrico – Recipiente Coletor D.

10. Sais inorgânicos: Recipiente Coletor I. Soluções: Recipiente Coletor D.

11. Soluções e sólidos que contêm metais pesados: Recipiente Coletor E.

12. No caso de sais de tálio, altamente tóxicos e suas soluções aquosas é necessário precaução especial – Recipiente Coletor E. As soluções são precipitadas com hidróxido de sódio (formam-se óxidos de tálio) com condições de neutralização.

13. Compostos inorgânicos de selênio: Recipiente Coletor E. O selênio elementar pode ser recuperado, oxidando-se os concentrados em capela com ácido nítrico concentrado. Após a adição de hidrogenossulfito de sódio o selênio elementar é precipitado – Recipiente Coletor E.

14. No caso de berílio e sais de berílio (altamente cancerígenos) recomendam-se precauções especiais – Recipiente Coletor E.

15. Compostos de urânio e tório devem ser eliminados conforme legislação especial.

16. Resíduos inorgânicos de mercúrio: Recipiente Coletor G.

17. Cianetos são oxidados com hipoclorito de sódio, preferencialmente à noite. O excesso de oxidante é destruído com tiossulfato – Recipiente Coletor D.

18. Peróxidos inorgânicos são oxidados com bromo ou iodo e tratados com tiossulfato de sódio – Recipiente Coletor D.

19. Ácido fluorídrico e soluções de fluoretos inorgânicos são tratados com carbonato de cálcio e filtra-se o precipitado. Sólido: Recipiente Coletor I. Solução aquosa: Recipiente Coletor D.

20. Resíduos de halogênios inorgânicos, líquidos e sensíveis à hidrólise são agitados na capela em solução de ferro e deixados em repouso, durante a noite. Neutraliza-se com solução de hidróxido de sódio – Recipiente Coletor E.

21. Fósforo e seus compostos são muito inflamáveis. A desativação deve ser feita em atmosfera de gás protetor em capela. Adiciona-se 100ml de solução de hipoclorito de sódio 5% contendo 5ml de hidróxido de sódio 50%, gota a gota, em banho de gelo, à substância que se quer desativar. Os produtos de oxidação são precipitados e separados por sucção. Precipitado: Recipiente Coletor I; solução aquosa: Recipiente Coletor D.

22. Metais alcalinos e amidas de metais alcalinos, bem como os hidretos, decompõem-se explosivamente com a água. Por isso estes compostos são colocados com a máxima precaução em 2-propanol, em capela com tela protetora e óculos de segurança. Se a reação ocorrer muito lentamente, pode-se acelerar com adição cuidadosa de metanol. Em caso de aquecimento da solução alcoólica, deve-se interromper o processo de destruição da amostra. Observação: nunca esfriar com gelo, água ou gelo seco. Deixar em repouso durante a noite, diluindo-se no dia seguinte com um pouco de água e neutralizando-se com ácido sulfúrico – Recipiente Coletor A.

23. Os resíduos que contenham metais preciosos devem ser recolhidos no recipiente Coletor H para reciclagem. Solução aquosa: Recipiente Coletor D.

24. Alquilas de alumínio são extremamente sensíveis à hidrólise. Para o manejo seguro destes recomenda-se o uso de seringa especial. Deve-se colocar, se possível, no frasco original ou no Recipiente Coletor F.

25. Os produtos para limpeza que contenham substâncias contaminantes são colocados no Recipiente D.

Para a mistura de resíduos em um mesmo recipiente coletor, é importante também a realização do teste de incompatibilidade. Esse teste consiste em juntar em um Becker uma amostra de uma gota do resíduo neutralizado com uma amostra de 1 gota do conteúdo do recipiente coletor. Caso não haja reação violentamente exotérmica nem liberação de gás, o teste deve ser repetido com 1ml de cada resíduo. Caso não haja reação violentamente exotérmica nem liberação de gás, os resíduos serão considerados compatíveis. O teste deve ser realizado na capela (CUNHA, 2001). Também durante o armazenamento é muito importante a separação de substâncias que reagem periculosamente entre si, e que essa separação seja ideal, mesmo que possa representar alto custo devido à enorme quantidade de produtos existentes. Por exemplo, a separação por classes do tipo combustíveis com combustíveis, oxidantes com oxidantes, redutores com redutores, ácidos fortes com ácidos fortes etc., é sempre possível e com certeza diminui significativamente o risco de acidentes graves como explosões, incêndios, intoxicações etc. (ZANCANARO JUNIOR, 2002). A Tabela 8.2 fornece subsídios para esse trabalho de separação.

Para que tais resíduos de laboratório possam ser eliminados de forma adequada é necessário ter à disposição um recipiente de tipo e tamanho adequados. Os recipientes coletores devem ter alta vedação e ser confeccionados de material estável, como o apresentado na Figura 8.5. Deve-se colocar em local ventilado, principalmente quando contiverem solventes.

**Figura 8.5 –** Bombonas plásticas retangulares com alça flexível com capacidade para 20 e 60 litros, em polietileno de alta densidade (PEAD) atóxico e com tampa de lacre

Fonte: Acervo das autoras.

Alguns produtos químicos, quando armazenados, podem gerar peróxidos na presença de oxigênio. A presença de peróxidos pode ser notada pelo surgimento de sólidos nos líquidos. Algumas precauções podem ser tomadas com produtos químicos peroxidáveis, tais como: adquirir frascos pequenos para consumo rápido, ao receber o produto, anotar a data no frasco e respeitar a validade. Na Tabela 8.2 estão relacionados alguns produtos que podem formar peróxidos durante o armazenamento (BORGES, 2002).

**Tabela 8.2** – Produtos químicos que podem formar
peróxidos durante armazenamento

| Lista A: Tarja vermelha Tempo máximo: 3 meses de armazenagem | Lista B: Tarja laranja Tempo máximo: 12 meses de armazenamento | Lista C: Tarja amarela Risco de polimerização iniciada pela formação de peróxidos |
|---|---|---|
| | | Lista C-1 Tempo máximo: normalmente 6 meses de armazenagem |
| Amida potássica | Acetal | |
| Amida sódica | Cicloexano | Acetato de vinila |
| Cloreto de vinilideno | Cumeno | Cloroprene (2-cloro-1,3 butadieno) |
| Divinilacetileno | Decaidronaftaleno | Estireno |
| Éter isopropílico | Diacetileno | Vinilpiridina |
| Potássio metálico | Diciclopentadieno | |
| | Dioxano | Lista C-2 Tempo máximo: normalmente 12 meses de armazenagem |
| | Éter dimetílico | Butadieno |
| | Éter etílico | Cloreto de vinila |
| | Éteres vinílicos | Tetrafluoretileno |

*continua...*

*continuação*

| Lista A: Tarja vermelha<br>Tempo máximo:<br>3 meses de<br>armazenagem | Lista B: Tarja laranja<br>Tempo máximo:<br>12 meses de<br>armazenamento | Lista C: Tarja amarela<br>Risco de polimerização<br>iniciada pela formação de<br>peróxidos |
|---|---|---|
| | Furano | Vinilacetileno |
| | Monoésteres<br>do etilenoglicol | |
| | Metilacetileno | |
| | Metilisobutilcetona | |
| | Metilciclopentano | |
| | Tetraidrofurano | |
| | Tetraidronaftaleno | |

Fonte: Borges (2002).

## 8.10 Armazenamento externo de resíduos químicos

De acordo com a RDC 306/04 da Anvisa, os resíduos químicos (Grupo B) devem ser armazenados em local exclusivo com dimensionamento compatível com as características quantitativas e qualitativas dos resíduos gerados. O abrigo de resíduos do Grupo B, quando necessário, deve ser projetado e construído em alvenaria, fechado, dotado apenas de aberturas para ventilação adequada, com tela de proteção contra insetos; piso e paredes revestidos internamente de material resistente, impermeável e lavável, com acabamento liso. O piso deve ser inclinado, com caimento indicando para as canaletas. Deve possuir sistema de drenagem com ralo sifonado provido de tampa que permita a sua vedação. Possuir porta com abertura para fora, dotada de proteção inferior para impedir o acesso de vetores e roedores.

O abrigo de resíduos do Grupo B deve estar identificado, em local de fácil visualização, com sinalização de segurança "RESÍDUOS QUÍMICOS" e símbolo com base na norma ABNT NBR 7.500. O armazenamento de resíduos perigosos deve contemplar ainda as orientações contidas na norma NBR 12.235 da ABNT – Armazenamento de resíduos sólidos perigosos.

O abrigo de resíduos deve possuir área específica de higienização para limpeza e desinfecção simultânea dos recipientes coletores e demais equipamentos utilizados no manejo dos resíduos de serviço de saúde. A área deve ter cobertura, dimensões compatíveis com os equipamentos que serão submetidos à limpeza e higienização, piso e paredes lisos, impermeáveis, laváveis, providos de pontos de iluminação e tomada elétrica, ponto de água, preferencialmente quente e sob pressão, canaletas de escoamento de águas servidas direcionadas para a rede de esgotos do estabelecimento e ralo sifonado provido de tampa que permita a sua vedação.

O trajeto para o translado de resíduos desde a geração até o armazenamento externo deve permitir livre acesso dos recipientes coletores de resíduos, possuir piso com revestimento resistente à abrasão, superfície plana, regular, antiderrapante e rampa, quando necessária, com inclinação de acordo com a RDC 50 da Anvisa, de fevereiro de 2002, ou outra substitutiva.

O estabelecimento gerador de RSS cuja produção semanal não exceda 700 litros e cuja produção diária não exceda 150 litros pode optar pela instalação de um abrigo reduzido exclusivo, com as seguintes características:

– Ser construído em alvenaria, fechado, dotado apenas de aberturas teladas para ventilação, restrita a duas aberturas de 10 x 20cm cada uma delas, uma a 20cm do piso e a outra a 20cm do teto, abrindo para a área externa. A critério da autoridade sanitária, estas aberturas podem dar para áreas internas da edificação.

– Piso, paredes, porta e teto de material liso, impermeável e lavável. Caimento de piso para ao lado oposto ao da abertura com instalação de ralo sifonado ligado à instalação de esgoto sanitário do serviço.

– Identificação na porta com o símbolo de acordo com o tipo de resíduo armazenado, conforme NBR-7500 da ABNT.

– Ter localização tal que não abra diretamente para a área de permanência de pessoas, tais como salas de curativos, circulação de público ou outros procedimentos, dando-se preferência por locais de fácil acesso à coleta externa e próximos a áreas de guarda de material de limpeza ou expurgo.

## 8.11 Destino final dos resíduos químicos

Uma das alternativas é a recuperação dos resíduos, que podem ser reutilizados, reduzindo-se custos com a compra de reagentes e, ao mesmo tempo, diminuindo-se o volume de resíduos gerados (BORGES, 2002). No entanto, nem sempre é possível e viável a recuperação dos resíduos químicos. Nesse caso, podem ser empregados outros tratamentos, tais como incineração, aterramento e degradação através de processos oxidativos avançados.

INCINERAÇÃO: A incineração é uma solução para resíduos com alto poder calorífico, tais como solventes inflamáveis, e que substituem os combustíveis tradicionais. Um dos métodos utilizados é o coprocessamento em forno de cimento (CUNHA, 2001), sendo uma solução para resíduos que apresentam características semelhantes às matérias-primas utilizadas na fabricação do cimento e resíduos com poder calorífico. Segundo a Resolução nº 316 (2002) do Conama, que dispõe sobre procedimentos e critérios para o funcionamento de sistemas de tratamento térmico de resíduos, esse corresponde a todo e qualquer processo cuja operação seja realizada acima da temperatura mínima de 800°C. Conforme a Resolução nº 264 (1999), do Conama, não podem ser coprocessados: resíduos domiciliares brutos, resíduos de serviço de saúde, resíduos radioativos, resíduos explosivos, resíduos organoclorados, resíduos de agrotóxicos e afins.

ATERRO INDUSTRIAL: O aterro industrial é utilizado para disposição final de resíduos industriais no solo, sem causar danos ou riscos à saúde pública e à sua segurança, minimizando os impactos ambientais. Esse método utiliza princípios de engenharia para confinar os resíduos industriais, tanto perigosos (Classe I) quanto não inertes (Classe II), à menor área possível e reduzi-los ao menor volume permissível, cobrindo-os com uma camada de terra na conclusão de cada jornada de trabalho ou a intervalos menores se for necessário. Deve atender às normas da ABNT NBR 8.418 (apresentação de projetos de aterros de resíduos industriais perigosos – procedimento). É utilizado para resíduos de difícil tratamento, tais como metais pesados (BORGES, 2002), sendo uma das saídas mais viáveis para o destino final de passivos (ZANCANARO JUNIOR, 2002).

DEGRADAÇÃO ATRAVÉS DE PROCESSOS OXIDATIVOS AVANÇADOS: Os processos oxidativos avançados têm sido uma alternativa de grande interesse para o tratamento de matrizes contaminadas com compostos orgânicos. Estes processos são mais intensivamente utilizados para o tratamento de efluentes em fase aquosa e gasosa e, mais recentemente, têm sido aplicados para matrizes sólidas, como solos e sedimentos. Os processos oxidativos geralmente envolvem geração de espécies altamente oxidantes e não seletivas, como o radical hidroxila (•OH) e, em alguns casos, o oxigênio singlete. O radical •OH pode ser gerado por processos fotoquímicos ou não fotoquímicos para oxidar contaminantes no ambiente, convertendo-os em espécies inócuas (TEIXEIRA et al., 2003).

Apresentam elevada capacidade para degradar inúmeras espécies de relevância ambiental, resistentes a outros tipos de tratamento, em tempos relativamente curtos (KUNZ et al., 2001). Corantes naturais ou sintéticos, acetato de uranila, azida sódica (BORGES, 2002) e sílica-gel (TEIXEIRA et al., 2003) podem ser eliminados com esse procedimento.

## 8.12 Destino final dos resíduos de material biológico e radioativos

A regulamentação para uso de descarte de material biológico ou infectante, incluindo OGMs, está contemplada na Lei nº 11.105, de 24 de março de 2005, sobre a Política Nacional de Biossegurança (PNB), pela NR 32 da Anvisa editada no mesmo ano sobre Segurança e Saúde no Trabalho, e pela RDC nº 306-04, de 7 de dezembro de 2004, que trata do Regulamento Técnico para o gerenciamento de resíduos de serviços de saúde. E, também, consta da Constituição Federal no seu artigo 225. Na primeira, no seu artigo 16, que incluiu autorizações, registros e fiscalização das atividades com esses materiais, descarte, transporte e análise da possibilidade de degradação do meio ambiente. Na NR 32 estão incluídos ainda cuidados com manuseio de quimioterápicos e de material radioativo.

O descarte de material biológico proveniente de hospitais, laboratórios, institutos de pesquisa, instituições de ensino e classificados como A-1 e E (perfurocortante)[11] obedece à legislação vigente. Após a coleta, o processo pode incluir, por exemplo: separação, processamento em micro-ondas a vapor, procedimento que é realizado por empresas certificadas; e, em seguida, descarte em aterro sanitário com garantia de ausência de contaminação (ver também Capítulo 9). Em casos de materiais biológicos de outros tipos de acordo com a mesma classificação, são destinados imediatamente à incineração ou seu descarte orientado por órgãos especiais como no caso de materiais radioativos sob orientação da CNEN[12] ou nas suas unidades: Rio de Janeiro (IEN), São Paulo (IPEN), Belo Horizonte (CDTN), Goiânia (CRCN-CO) e Recife (CRCN-NE) etc.

A função desta comissão é estabelecer normas de controle que cobrem as atividades relativas ao gerenciamento de material radioativo, de origem ao

---

[11] Classificação dos resíduos de serviços de saúde (Anvisa RDC nº 306, Conama 385/05, Lei 12.305, de 2010).

[12] CNEN – Comissão Nacional de Energia Nuclear: <www.cnen.gov.br>.

destino final. Em 2001, entrou em vigor uma lei federal[13] que determina detalhadamente os procedimentos em relação aos rejeitos. Estes materiais são os que têm radionuclídeos em quantidades superiores a limites estabelecidos pela CNEN. São originados em unidades que produzem combustível nuclear, usinas como Angra I e Angra II, instalações que usam materiais radioativos, como clínicas, hospitais, indústrias, universidades, centros de pesquisa, entre outros. Resíduos mais comuns como fontes seladas, para-raios radioativos e detetores de fumaça possuem um procedimento para o armazenamento, definido pela CNEN.

---

[13] Esta lei estabelece normas para o destino final dos rejeitos radioativos produzidos em território nacional, incluídos a seleção de locais, a construção, o licenciamento, a operação, a fiscalização, os custos, a indenização, a responsabilidade civil e as garantias referentes aos depósitos radioativos.

# REFERÊNCIAS

AGÊNCIA NACIONAL DE VIGILÂNCIA SANITÁRIA. *Resolução RDC nº 306, de 07 de dezembro de 2004.* Diário Oficial da União, Brasília, 10 dez. de 2004. Disponível em: <http://e-legis.bvs.br/leisref/public/search.php>. Acesso em: 2 mar. 2005.

ASSOCIAÇÃO BRASILEIRA DE NORMAS TÉCNICAS. *NBR 10.004*: *Resíduos sólidos.* Rio de Janeiro, 1987.

ASSOCIAÇÃO BRASILEIRA DE NORMAS TÉCNICAS. *NBR 11.174*: *Armazenamento de resíduos classes II – não inertes e III – inertes.* Rio de Janeiro, 1990.

AFONSO, J. C.; NORONHA, L. A.; FELIPE, R. P. *Laboratory waste management: recovery of elements and final disposal.* Quím. Nova, v. 26, n. 4, p. 602-611, jul/ago. 2003.

ALBERGUINI, L. B. A.; SILVA, L. C.; REZENDE, M. O. O. *Laboratório de resíduos químicos do campus USP – São Carlos: resultados da experiência pioneira em gestão e gerenciamento de resíduos químicos em um campus universitário.* Quím. Nova, v. 26, n. 2, p. 291-295, mar./abr., 2003.

ARMOUR, M. A. *Hazardous Laboratory Chemicals Disposal Guide.* 2. ed. Boca Raton: CRC press, 1991, p. 464.

BARKER, K. *Na bancada:* manual de iniciação científica em laboratório de pesquisas biomédicas. Porto Alegre: Artmed, 2002, p. 474.

BORGES, M. S. *Manual e regras básicas de segurança e gerenciamento de resíduos de laboratório.* Universidade Federal do Paraná – Setor de Ciências Biológicas, 2002.

BRASIL. Ato 2004-2006/2005. Lei no 11.105. Disponível em: <http://www.planalto.gov.br/ccivil_03/_ato2004-2006/2005/lei/l11105.htm>. Acesso em: 25 set. 2013.

BRASIL. Ministério do Trabalho e Emprego. NR 32. Disponível em: <http://portal.mte.gov.br/data/files/8A7C812D36A280000138812EAFCE19E1/NR-32%20(atualizada%202011).pdf >. Acesso em: 10 maio. 2007.

BRASIL, 2011. *NR 32 – Segurança e Saúde no Trabalho em Serviços de Saúde.* (Alterado pela Portaria GM n.º 1.748, de 30 de setembro de 2011.) Diretrizes Gerais para o trabalho em contenção com material biológico.

BRASIL, 2010 – *Lei nº 12.305 – Politica Nacional de Resíduos Sólidos.* DOU de 2 de agosto 2010. Disponível em: <http://www.planalto.gov.br/ccivil_03/_...2010/2010/lei/l12305.htm>. Acesso em: 31 ago. 2010.

CARVALHO, P. R. *Boas práticas químicas em biossegurança.* Rio de Janeiro: Interciência, 1999.

CONSELHO NACIONAL DO MEIO AMBIENTE (CONAMA). *Resolução nº 5, de 5 de agosto de 1993.* Diário Oficial da União, Brasília, 31 ago. 1993. Disponível em: <http://www.mma.gov.br/port/conama>. Acesso em: 10 mar. 2005.

CONSELHO NACIONAL DO MEIO AMBIENTE (CONAMA). *Resolução nº 264, de 26 de agosto de 1999.* Diário Oficial da União, Brasília, 20 mar. 2000. Disponível em: <http://www.mma.gov.br/port/conama>. Acesso em: 10 mar. 2005.

CONSELHO NACIONAL DO MEIO AMBIENTE (CONAMA). *Resolução nº 275, de 25 de abril de 2001.* Diário Oficial da União, Brasília, 19 jun. 2001. Disponível em: <http://www.mma.gov.br/port/conama>. Acesso em: 10 mar. 2005.

CONSELHO NACIONAL DO MEIO AMBIENTE (CONAMA). *Resolução nº 283, de 12 de julho de 2001.* Diário Oficial da União, Brasília, 1 out. 2001. Disponível em: <http://www.mma.gov.br/port/conama>. Acesso em: 10 mar. 2005.

CONSELHO NACIONAL DO MEIO AMBIENTE (CONAMA). *Resolução nº 316, de 29 de outubro de 2002.* Diário Oficial da União, Brasília, 20 nov. 2002. Disponível em: <http://www.mma.gov.br/port/conama>. Acesso em: 10 mar. 2005.

CUNHA, C. J. *O programa de gerenciamento dos resíduos laboratoriais do departamento de química da UFPR.* Quim. Nova, v. 4, n. 3, p. 424-427, 2001.

CUSSIOL, N.A.M. Dissertação de pós-graduação em Meio Ambiente. Disponível em: <http://biblioteca.cdtn.br/cdtn/arpel/adobe/Tese_Noil_AM-Cussiol.pdf>. Acesso em: 8 set. 2009.

ESALQ-USP. Ficha para descarte de resíduos químicos. Piracicaba: 2008. Disponível em: <http://www.esalq.usp.br/lab_residuos/docs/pgrq_norma_03.pdf> Acesso em: 25 set. 2013.

JARDIM, W. F. *Gerenciamento de resíduos químicos em laboratórios de ensino e pesquisa.* Quím. Nova, v. 21, n. 5, p. 671-673, 1998.

KUNZ, A.; REGINATTO, V.; DURAN, N. *Chemosphere*, v. 44, p. 281, 2001.

LUNN, G.; SANSONE, E. B. *Destruction of hazardous chemicals in the laboratory.* John Wiley & Sons, 1994.

MANAN, S. E. *Hazardous waste chemistry, toxicology and treatment.* Lewis Pub., 1990.

MINISTÉRIO DA SAÚDE. *Gerenciamento de resíduos de serviços de saúde.* Secretaria Executiva. Projeto Reforsus. Brasília, 2001.

TEIXEIRA, P.; VALLE, S. *Biossegurança: uma abordagem multidisciplinar.* Rio de Janeiro: Fiocruz, 2002, p. 326.

TEIXEIRA, S. C. G.; MATHIAS, L.; CANELA, M. C. Recuperação de sílica-gel utilizando processos oxidativos avançados: uma alternativa simples e de baixo custo. *Quím. Nova*, São Paulo, v. 26, n. 6, 2003.

ZANCANARO JUNIOR; O. *Manuseio de produtos químicos e descarte de seus resíduos.* In: HIRATA, H. H.; FILHO, J. M. Manual de Biossegurança. São Paulo: Manole, 2002.

**Sites de interesse:**

Classificação de cada produto químico (fichas MSDS) e códigos NFPA para centenas de substâncias podem ser encontrados nos seguintes sites (em inglês):

http://www.jtbaker.com

http://www.osha.gov (OSHA regulations & guidance)

http://www.acs.org (American Chemical Society)

Catálogo NFPA: http://catalogonfpa.org/membresianfpa.php

MSDS - http://www.msds.com/

Avantor Performance Material - http://www.avantormaterials.com/

http://cursos.eie.ucr.ac.cr/

# ANEXO I

## NORMAS TÉCNICAS (NBR)

As normas técnicas NBR são diretrizes elaboradas pela Associação Brasileira de Normas Técnicas (ABNT). A seguir, são relacionadas as NBRs que estabelecem os requisitos exigidos para manuseio, acondicionamento, tratamento, coleta, transporte e destino final de resíduos (www.abnt.org.br):

– NBR 7.500: Símbolos de riscos e manuseio para o transporte e armazenamento de materiais.

– NBR 8.418: Apresentação de projetos de aterros de resíduos industriais perigosos.

– NBR 8.419: Apresentação de projetos de aterros sanitários de resíduos sólidos urbanos.

– NBR 9.190: Sacos plásticos para acondicionamento de lixo – Classificação.

– NBR 9.191: Sacos plásticos para acondicionamento de lixo – Especificação.

– NBR 9.195: Sacos plásticos para acondicionamento de lixo – Método de ensaio.

– NBR 10.004: Resíduos sólidos – Classificação.

– NBR 10.005: Lixiviação de resíduos – Procedimento.

– NBR 10.006: Solubilização de resíduos – Procedimento.

– NBR 10.007: Amostragem de resíduos – Procedimento.

– NBR 10.157: Aterros de resíduos perigosos – critérios para projeto, construção e operação – Procedimento.

– NBR 12.235: Armazenamento de resíduos sólidos perigosos.

– NBR 12.807: Resíduos de serviços de saúde – Terminologia.

– NBR 12.808: Resíduos de serviços de saúde – Classificação.

– NBR 12.809: Manuseio de resíduos de saúde – Procedimentos.

– NBR 12.810: Coleta de resíduos de saúde – Procedimentos.

– NBR 12.980: Coleta, varrição e acondicionamento de resíduos sólidos urbanos – Terminologia.

– NBR 13.055: Sacos plásticos para acondicionamento de lixo – Determinação de capacidade volumétrica.

– NBR 13.056: Filmes plásticos para sacos plásticos para acondicionamento de lixo – Verificação de transparência. Método de ensaio.

– NBR 13.221: Transporte de resíduo.

– NBR 13.853: Coletores para resíduos de serviços de saúde perfurantes ou cortantes – Requisitos e métodos de ensaio.

# ANEXO II

## APÊNDICE I

Lista das principais substâncias utilizadas em serviços de saúde
que reagem com embalagens de Polietileno de Alta Densidade (PEAD)

| | |
|---|---|
| Ácido butírico | Dietil benzeno |
| Ácido nítrico | Dissulfeto de carbono |
| Ácidos concentrados | Éter |
| Bromo | Fenol/clorofórmio |
| Bromofórmio | Nitrobenzeno |
| Álcool benzílico | o-diclorobenzeno |
| Anilina | Óleo de canela |
| Butadieno | Óleo de cedro |
| Cicloexano | p-diclorobenzeno |
| Cloreto de etila, forma líquida | Percloroetileno |
| Cloreto de tionila | Solventes bromados e fluorados |
| Bromobenzeno | Solventes clorados |
| Cloreto de Amila | Tolueno |
| Cloreto de vinilideno | Tricloroeteno |
| Cresol | Xileno |

Fonte: Chemical Waste Management Guide – University of Florida –
Division of Environmental Health & Safety – abril de 2001(RDC 306-2004).

# APÊNDICE II

Tabela de incompatibilidade das principais
substâncias utilizadas em serviços de saúde

| Substância | Incompatível com |
|---|---|
| Acetileno | Cloro, bromo, flúor, cobre, prata, mercúrio. |
| Ácido acético | Ácido crômico, ácido perclórico, peróxidos, permanganatos, ácido nítrico, etilenoglicol. |
| Acetona | Misturas de ácidos sulfúrico e nítrico concentrados, peróxido de hidrogênio. |
| Ácido crômico | Ácido acético, naftaleno, cânfora, glicerol, turpentine, álcool, outros líquidos inflamáveis. |
| Ácido hidrociânico | Ácido nítrico, álcalis. |
| Ácido fluorídrico anidro, fluoreto de hidrogênio | Amônia (aquosa ou anidra). |
| Ácido nítrico concentrado | Ácido cianídrico, anilinas, óxidos de cromo VI, sulfeto de hidrogênio, líquidos e gases combustíveis, ácido acético, ácido crômico. |
| Ácido oxálico | Prata e mercúrio. |
| Ácido perclórico | Anidrido acético, álcoois, bismuto e suas ligas, papel, madeira. |
| Ácido sulfúrico | Cloratos, percloratos, permanganatos e água. |
| Alquil alumínio | Água. |
| Amônia anidra | Mercúrio, cloro, hipoclorito de cálcio, iodo, bromo, ácido fluorídrico. |
| Anidrido acético | Compostos contendo hidroxil, tais como etilenoglicol, ácido perclórico. |
| Anilina | Ácido nítrico, peróxido de hidrogênio. |
| Azida sódica | Chumbo, cobre e outros metais. |

*continua...*

*continuação*

| Substância | Incompatível com |
|---|---|
| Bromo e cloro | Benzeno, hidróxido de amônio, benzina de petróleo, hidrogênio, acetileno, etano, propano, butadienos, pós-metálicos. |
| Carvão ativo | Dicromatos, permanganatos, ácido nítrico, ácido sulfúrico, hipoclorito de sódio. |
| Cloro | Amônia, acetileno, butadieno, butano, outros gases de petróleo, Hidrogênio, carbeto de sódio, turpentine, benzeno, metais finamente divididos, benzinas e outras frações do petróleo. |
| Cianetos | Ácidos e álcalis. |
| Cloratos, percloratos, clorato de potássio | Sais de amônio, ácidos, metais em pó, matérias orgânicas particuladas, substâncias combustíveis. |
| Cobre metálico | Acetileno, peróxido de hidrogênio, azidas. |
| Dióxido de cloro | Amônia, metano, fósforo, sulfeto de hidrogênio. |
| Flúor | Isolado de tudo. |
| Fósforo | Enxofre, compostos oxigenados, cloratos, percloratos, nitratos, permanganatos. |
| Halogênios (flúor, cloro, bromo e iodo) | Amoníaco, acetileno e hidrocarbonetos. |
| Hidrazida | Peróxido de hidrogênio, ácido nítrico e outros oxidantes. |
| Hidrocarbonetos (butano, propano, tolueno) | Ácido crômico, flúor, cloro, bromo, peróxidos. |
| Iodo | Acetileno, hidróxido de amônio, hidrogênio. |
| Líquidos inflamáveis | Ácido nítrico, nitrato de amônio, óxido de cromo VI, peróxidos, flúor, cloro, bromo, hidrogênio. |
| Mercúrio | Acetileno, ácido fulmínico, amônia. |
| Metais alcalinos | Dióxido de carbono, tetracloreto de carbono, outros hidrocarbonetos clorados. |

*continua...*

*continuação*

| Substância | Incompatível com |
|---|---|
| Nitrato de amônio | Ácidos, pós-metálicos, líquidos inflamáveis, cloretos, enxofre, compostos orgânicos em pó. |
| Nitrato de sódio | Nitrato de amônio e outros sais de amônio. |
| Óxido de cálcio | Água. |
| Óxido de cromo VI | Ácido acético, glicerina, benzina de petróleo, líquidos inflamáveis, naftaleno. |
| Oxigênio | Óleos, graxas, hidrogênio, líquidos, sólidos e gases inflamáveis. |
| Perclorato de potássio | Ácidos. |
| Permanganato de potássio | Glicerina, etilenoglicol, ácido sulfúrico. |
| Peróxido de hidrogênio | Cobre, cromo, ferro, álcoois, acetonas, substâncias combustíveis. |
| Peróxido de sódio | Ácido acético, anidrido acético, benzaldeído, etanol, metanol, etilenoglicol, acetatos de metila e etila, furfural. |
| Prata e sais de Prata | Acetileno, ácido tartárico, ácido oxálico, compostos de amônio. |
| Sódio | Dióxido de carbono, tetracloreto de carbono, outros hidrocarbonetos clorados. |
| Sulfeto de hidrogênio | Ácido nítrico fumegante, gases oxidantes. |

Fonte: Manual de Biossegurança, Mario Hiroyuki Hirata; Jorge Mancini Filho.
RDC 306-04 da Anvisa.

# GERENCIAMENTO DE RESÍDUOS DE SERVIÇOS DE SAÚDE

**NEUZA ANTUNES RODRIGUES**
**MARIA APARECIDA CAMPANA PEREIRA**

**Neuza Antunes Rodrigues**
Mestranda do curso de Promoção da Saúde e Prevenção da Violência da Faculdade de Medicina da Universidade Federal de Minas Gerais (UFMG) e especialista em Gestão de Recursos Hídricos pelo Instituto de Ciências Biológicas da (UFMG). Possui pós-graduação em nível de aperfeiçoamento em Gestão de Resíduos de Serviços de Saúde pelo Hospital das Clínicas da UFMG. Graduada em Letras pela Faculdade de Filosofia Ciências e Letras de Belo Horizonte e técnica em Química pelo Instituto Orville Carneiro, foi presidente da Cipa (gestão 2002) no Instituto de Ciências Biológicas (ICB) da UFMG e membro do Comitê de Ética em Pesquisa (Coep) da UFMG. Atualmente, é coordenadora do curso de Biossegurança em Laboratório do Centro de Extensão (Cenex) no ICB-UFMG. É autora da Cartilha *A segurança no trabalho depende de todos*, coautora do Plano de Gerenciamento de Resíduos de Serviços de Saúde (PGRSS) do Laboratório de Genética Bioquímica (LGB) do ICB-UFMG e autora do Programa Integrado de Gerenciamento de Resíduos de Serviços de Saúde e Efluentes Líquidos (PIGRSSEL). Também é responsável técnica pelo LGB do Departamento de Bioquímica e Imunologia e membro da Comissão Interna de Biossegurança (CIBio), ambos no ICB-UFMG. Tem experiência na área de Biossegurança em Laboratório, Gestão de Resíduos de Serviços de Saúde e técnicas em Biologia Molecular.

**Maria Aparecida Campana Pereira**
Mestre em Bioquímica pela Universidade Federal de Minas Gerais (UFMG) com aperfeiçoamento em Gestão de Resíduos de Serviços de Saúde pelo Hospital das Clínicas e graduação em Farmácia--Bioquímica, ambos na UFMG. Membro do Comitê de Ética em Experimentação Animal (Cetea) da UFMG, autora e responsável técnica (RT) pelo Plano de Gerenciamento de Resíduos de Serviços de Saúde (PGRSS) do ICB-UFMG, coautora do Plano de Gerenciamento de Resíduos de Serviços de Saúde (PGRSS) do Laboratório de Genética Bioquímica do ICB-UFMG e subcoordenadora do Curso de Biossegurança em Laboratório do Centro de Extensão (Cenex) no ICB--UFMG. Atualmente exerce a função de Gerente de Resíduos desse instituto, com experiência na área de Gestão de Resíduos de Serviços de Saúde, Gestão de Resíduos Químicos Perigosos, Coleta Seletiva e Biossegurança em Laboratório.

# CAPÍTULO 9

## Gerenciamento de Resíduos de Serviços de Saúde

### 9.1 Introdução

As rápidas transformações científicas, tecnológicas e culturais deste século, não podem emergir separadamente de um pensamento ético em relação ao meio ambiente. A reflexão sobre este tema deve ser extensa, para a partir daí surgirem novas formas de comportamento social integral na Terra.

Estamos diante de um momento crítico na história terrestre, num tempo em que a humanidade deve escolher o seu futuro e se responsabilizar por suas escolhas. Toda pessoa, instituição e governo têm o dever de promover metas indivisíveis de justiça para todos, com sustentabilidade, paz mundial, respeito e cuidado com a vida e conscientizar-se de que, à medida que o mundo torna-se cada vez mais interdependente e frágil, o futuro representa, ao mesmo tempo, grandes promessas e grandes perigos.

Para seguir adiante, devemos reconhecer que, no meio da magnífica diversidade de culturas e formas de vida, somos uma família humana e uma comunidade terrestre com um destino comum. Temos que somar forças para gerar uma sociedade planetária sustentável baseada no respeito à natureza, aos direitos humanos universais, à justiça econômica e a uma cultura da paz.

A Terra está viva com uma comunidade de vida única. As forças da natureza fazem da existência uma aventura exigente e incerta, mas a Terra providenciou as condições essenciais para a evolução da vida. A capacidade de recuperação da vida e o bem-estar da humanidade dependem da manutenção de uma biosfera saudável com todos seus sistemas ecológicos, uma rica variedade de plantas e animais, solos férteis, águas puras e ar limpo. O meio ambiente global com seus recursos finitos deve ser uma preocupação comum de todas as pessoas e a proteção da vitalidade, diversidade e beleza da Terra é um dever sagrado.

Os padrões dominantes de produção e consumo estão causando devastação ambiental, redução dos recursos e uma massiva extinção de espécies. O crescimento sem precedentes da população humana tem sobrecarregado o sistema ecológico e social. As bases da segurança global estão ameaçadas. É urgente assumir que são necessárias mudanças fundamentais dos nossos valores e modos de vida. Devemos entender que, quando as necessidades básicas forem atingidas, o desenvolvimento humano será primariamente voltado a ser mais, não a ter mais. Temos o conhecimento e a tecnologia necessários para abastecer todos e reduzir nossos impactos ao meio ambiente.

A humanidade deve, portanto, manejar o uso de recursos renováveis como água, solo, produtos florestais e vida marinha de forma que não excedam as taxas de regeneração e que protejam a sanidade dos ecossistemas; prevenir o dano ao ambiente com o melhor método de proteção ambiental; assumir uma postura de precaução quando o conhecimento for limitado; orientar ações para evitar a possibilidade de sérios ou irreversíveis danos ambientais mesmo quando a informação científica for incompleta ou não conclusiva e adotar padrões de produção, consumo e reprodução que protejam as capacidades regenerativas da Terra, os direitos humanos e o bem-estar comunitário.

Dentro desta perspectiva apresentada, o homem moderno enfrenta hoje grandes desafios para gerenciar corretamente os resíduos gerados pelas suas atividades sociais e profissionais, incluindo a redução, reutilização e reciclagem de materiais usados nos sistemas de produção e consumo. Esta é uma necessidade que se apresenta inquestionável e requer não apenas a organização e sistematização das fontes geradoras, mas principalmente o despertar de uma consciência coletiva quanto às responsabilidades individuais no que se refere a esta questão. Assim o estabelecimento desse novo modo de viver depende de um trabalho contínuo de conscientização e educação, o que implica uma grande tarefa para essa geração atual e para as próximas, na construção de um novo modelo de mundo. Acreditamos que a educação será efetiva através de ações concretas que apresentem resultados visíveis a toda sociedade.

A educação ambiental está comprometida com a transformação social, com a emancipação do sujeito, com vistas à formação para a cidadania, à medida que nos educamos, dialogando com nós mesmos, com a comunidade, com a humanidade, com os outros seres vivos, enfim, com o mundo, atuando como um ser social e planetário.

(LOUREIRO, 2004, p. 24)

## 9.2 Histórico

O desenvolvimento científico e tecnológico gera conflitos com os quais se depara o homem pós-moderno diante dos graves problemas sanitários e ambientais advindos de sua própria criatividade. Entre esses, situam-se aqueles criados pelo descarte inadequado de resíduos que criaram, e ainda criam, enormes passivos ambientais, colocando em risco os recursos naturais e a qualidade de vida das presentes e futuras gerações. A disposição inadequada desses resíduos, decorrentes da ação de agentes físicos, químicos ou biológicos, cria condições ambientais potencialmente perigosas que modificam esses agentes e propiciam sua disseminação no ambiente, o que afeta, consequentemente, a saúde humana.

Os "lixões" (vazadouros a céu aberto) ainda são o destino final dos resíduos sólidos em 50,8% dos municípios brasileiros (Política Nacional de Saneamento Básico – PNSD/2008), embora tenha ocorrido uma mudança significativa nos últimos 20 anos, pois em 1989, eles representavam o destino final de resíduos sólidos em 88,2% dos municípios.

**Tabela 9.1** – Destino final dos resíduos sólidos, por unidades de destino dos resíduos Brasil – 1989/2008

| Ano | Destino final dos resíduos sólidos, por unidades de destino dos resíduos (%) | | |
| --- | --- | --- | --- |
| | Vazadoudo a céu aberto | Aterro controlado | Aterro sanitário |
| 1989 | 88,2 | 9,6 | 1,1 |
| 2000 | 72,3 | 22,3 | 17,3 |
| 2008 | 50,8 | 22,5 | 27,7 |

Fonte: PNSB/IBGE (2008).

Embora a geração de resíduos oriundos das atividades humanas faça parte da própria história do homem, é a partir da segunda metade do século 20,

271

com os novos padrões de consumo da sociedade industrial, que a produção de resíduos vem crescendo continuamente em ritmo superior à capacidade de absorção da natureza. No período de 1989 a 2000, a população brasileira cresceu 16,4% (146 para 170 milhões de habitantes), enquanto que a geração de resíduos cresceu 48% (100 para 149 mil toneladas de lixo/dia) (Política Nacional de Saneamento Básico – PNSB, 2000) e o IBGE estima que o Brasil tenha alcançado 201.032.714 habitantes em julho de 2013. Este aumento na geração de resíduos pode ser visto no aumento da produção (velocidade de geração) e concepção dos produtos (alto grau de descartabilidade dos bens consumidos), como também nas características "não degradáveis" dos resíduos gerados. Aliado a isso, o avanço tecnológico das últimas décadas, se, por um lado, possibilitou conquistas surpreendentes no campo das ciências, por outro, contribuiu para o aumento da diversidade de produtos com componentes e materiais de difícil degradação e maior toxicidade.

Os resíduos provenientes de estabelecimentos de saúde, dentre outros, chamados de Resíduos de Serviços de Saúde (RSS) se inserem dentro desta problemática e vêm assumindo grande importância nos últimos anos. É importante salientar que das 149 mil toneladas de resíduos residenciais e comerciais geradas diariamente no Brasil (Sistema Nacional de Informações sobre Saneamento – SNIS, 2006), apenas uma fração inferior a 2% é composta por RSS e, destes, apenas 10% a 25% necessitam de cuidados especiais. Portanto, a implantação de processos de segregação dos diferentes tipos de resíduos em sua fonte e no momento de sua geração conduz certamente à minimização de resíduos, em especial àqueles que requerem um tratamento prévio à disposição final.

No início da década de 1990, os RSS ganharam destaque legal ao ser aprovada a Resolução nº 006/1991 do Conselho Nacional do Meio Ambiente (Conama), que desobrigou a incineração ou qualquer outro tratamento de queima dos resíduos sólidos provenientes dos estabelecimentos de saúde, dando competência aos órgãos estaduais de meio ambiente de estabelecerem normas para estados e municípios que optaram pela não incineração. Posteriormente a Resolução nº 005/1993 do Conama aprimorada e atualizada na Resolução nº 283/2001 do Conama estabeleceu parâmetros para o tratamento e disposição final dos RSS, além de definir procedimentos gerais para o manejo dos resíduos através da exigência da elaboração e implementação de um Plano de Gerenciamento de Resíduos de Serviços de Saúde (PGRSS). Esta responsabilidade legal ainda não havia sido contemplada em nenhuma outra resolução ou norma federal.

Neste cenário, a Agência Nacional da Vigilância Sanitária – Anvisa, cumprindo sua missão de "proteger e promover a saúde da população garantindo a segurança sanitária de produtos e serviços, e participando da construção de seu acesso", dentro da competência legal que lhe é atribuída pela Lei nº 9.782/99, também chamou para si esta responsabilidade e passou a promover um grande debate público para orientar a publicação de uma norma específica. Fruto disso, em 2003, foi promulgado a Resolução de Diretoria Colegiada, RDC Anvisa nº 33/2003, com enfoque na metodologia de manejo interno de resíduos, na qual se consideraram os riscos envolvidos para os trabalhadores, para a saúde e para o meio ambiente. A adoção dessa metodologia de análise de risco resultou na classificação e na definição de regras de manejo que, entretanto, não se harmonizavam com as orientações da área ambiental estabelecidas na Resolução Conama nº 283/2001.

Esta situação levou os dois órgãos a buscar a harmonização das regulamentações. O entendimento foi alcançado com a revogação da RDC Anvisa nº 33/2003 e a publicação da RDC nº 306 pela Anvisa, em dezembro de 2004, e da Resolução nº 358 pelo Conama, em abril de 2005. Este consenso dos dois órgãos constitui um avanço na definição de regras equivalentes para o tratamento dos RSS no país, com o desafio de considerar as especificidades locais de cada estado e município. Os principais aspectos alcançados com estas resoluções estão relacionados com a definição de procedimentos seguros, considerando as realidades e peculiaridades regionais, e com a classificação e procedimentos recomendados de segregação e manejo seguros dos RSS.

Diante disso, políticas públicas têm sido discutidas e legislações elaboradas com vistas a garantir o desenvolvimento sustentável e a preservação da saúde pública. Essas políticas fundamentam-se em concepções abrangentes no sentido de estabelecer interfaces entre a saúde pública e as questões ambientais. Neste contexto a Política Nacional de Resíduos Sólidos, aprovada em agosto de 2010, (PNRS – Lei nº 12.305/2010) vem consolidar o estabelecimento das diretrizes do Governo Federal que envolve os resíduos sólidos como um todo, enfocando a complexidade do gerenciamento de cada tipo de resíduo, além de reforçar a responsabilidade dos órgãos federais (Sistema Nacional de Vigilância Sanitária – SNVS – e Sistema Nacional do Meio Ambiente – Sisnama) pela regulamentação que envolve todas as etapas do gerenciamento dos resíduos de serviços de saúde.

## 9.3 Resíduos de Serviços de Saúde – RSS

**Figura 9.1** – Etapas do gerenciamento de RSS

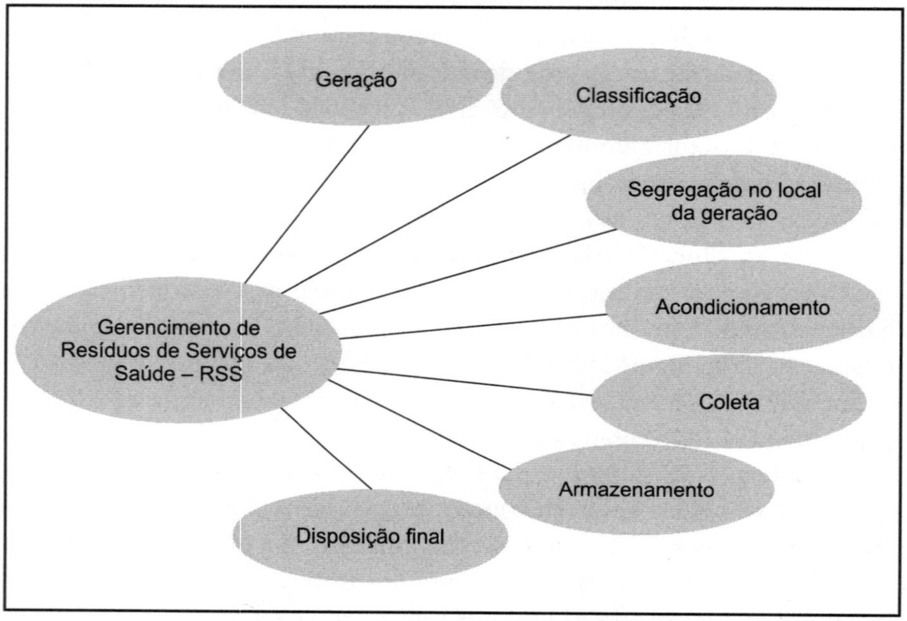

Fonte: Acervo das autoras.

Segundo a Resolução 358/2005 da Conama em seu artigo 1º e a RDC 306/2005 da Anvisa em seu Capítulo II, são geradores de resíduos de serviços de saúde:

> Todos os serviços relacionados à saúde humana ou animal, inclusive os serviços de assistência domiciliar e de trabalhos de campo; laboratórios analíticos de produtos para saúde; necrotérios, funerárias e serviços onde se realizem atividades de embalsamento (tanatopraxia e somotoconservação); serviços de medicina legal; drogarias e farmácias inclusive as de manipulação; estabelecimentos de ensino e pesquisa na área de saúde; centros de controle de zoonoses; distribuidores de produtos farmacêuticos; importadores, distribuidores e produtores de materiais e controles para diagnóstico *in vitro;* unidades móveis de atendimento à saúde; serviços de acupuntura; serviços de tatuagem, entre outros similares.

Assim, a Anvisa define Resíduos de Serviços de Saúde (RSS) como todos aqueles resultantes de atividades exercidas nos serviços definidos neste artigo 1º que, por suas características, necessitam de processos diferenciados em seu manejo, exigindo ou não tratamento prévio à sua disposição final.

Os resíduos de serviços de saúde, embora representem uma pequena parcela dos resíduos gerados em um município (cerca de 1% a 3% do total), são parte importante do total de resíduos sólidos urbanos gerados, dado o potencial de risco que representam para a saúde da população e para o meio ambiente.

Dentro deste universo, os RSS, constituem um desafio com características especiais, uma vez que, além das questões ambientais próprias de qualquer resíduo, trazem também consigo uma preocupação em relação ao controle de infecções nos ambientes prestadores de serviços nos aspectos da saúde ocupacional, individual e à saúde pública.

Segundo a Agência de Proteção Ambiental (EPA), o Instituto Nacional de Saúde (NIH) e o Centro de Controle de Doenças (CDC) dos Estados Unidos, os RSS não constituem risco adicional para a saúde, em relação a qualquer outra forma de resíduos sólidos gerados nas cidades. Porém, mesmo assim, parece haver uma preocupação maior em gerenciar cerca de 600 toneladas/dia geradas na América Latina em comparação com a preocupação com cerca de 330 mil toneladas/dia de resíduos domiciliares, que representam um potencial de risco muito maior.

O correto gerenciamento interno dos RSS, nos estabelecimentos que o geram, oferece uma enorme redução de riscos para os trabalhadores que o manuseiam. Além disso, a disposição final desses resíduos em aterros sanitários e não em "lixões", sujeitos à ação de catadores, também representa uma medida importante para não trazer problemas adicionais para o meio ambiente em países como o Brasil.

Para todos os locais que geram RSS, a legislação estabelece a obrigatoriedade da elaboração e implementação de um Plano de Gerenciamento de Resíduos de Serviços de Saúde (PGRSS), com o objetivo de minimizar a produção de resíduos e dar aos resíduos gerados um encaminhamento seguro, visando à proteção dos trabalhadores, à preservação da saúde pública, dos recursos naturais e do meio ambiente. Com este plano em funcionamento, certamente estes locais estarão operando dentro das normas legais e contribuindo para a preservação do meio ambiente.

## 9.3.1 Aspectos legais e normativos

O Brasil tem vários instrumentos legais e normativos referentes ao tema do gerenciamento de resíduos, ressaltando-se que, além das leis federais, existem as legislações estaduais, municipais e do Distrito Federal que devem ser cumpridas, prevalecendo sempre a mais restritiva.

A Lei da Política Nacional de Resíduos Sólidos – PNRS (Lei nº 12.305/2010) reúne o conjunto de princípios, objetivos, instrumentos, diretrizes, metas e ações adotadas pelo Governo Federal, isoladamente ou em regime de cooperação com Estados, Distrito Federal, Municípios ou particulares, com vistas à gestão integrada e ao gerenciamento ambientalmente adequado dos resíduos sólidos.

A Constituição Federal Brasileira (1988) estabelece que *compete à União, aos Estados, ao Distrito Federal e aos Municípios proteger o meio ambiente e combater a poluição em qualquer das suas formas ( artigo 23, inciso VI).* Além disso, em seu artigo 24, inciso VI, estabelece a competência da União, dos Estados e do Distrito Federal em legislar concorrentemente sobre *"proteção ao meio ambiente e controle da poluição"* (inciso VI) e, no artigo 30, incisos I e II, estabelece que cabe ainda ao poder público "legislar sobre os assuntos de interesse local e suplementar a legislação federal e a estadual no que couber".

A Lei de Crimes Ambientais (Brasil, nº 9.605/1998) dispõe sobre as sanções penais e administrativas de condutas e atividades lesivas ao meio ambiente e dá outras providências. Esta lei penaliza o lançamento de resíduos sólidos, líquidos ou gasosos em desacordo com as exigências estabelecidas em leis ou regulamentos (artigo 54, parágrafo 2º, inciso V) e também quem deixar de adotar medidas de precaução em caso de risco de dano ambiental grave ou irreparável (artigo 54, parágrafo 3º). A PNRS em seu artigo 53 modificou o artigo 56 da Lei de Crimes Ambientais. Agora, com o novo texto (alterado na Lei Federal nº 12.305/2010 – PNRS), incorre em pena de reclusão de um a quatro anos e multa quem abandona produto ou substância tóxica, perigosa ou nociva à saúde humana ou ao meio ambiente, em desacordo com as exigências estabelecidas em leis, ou os utiliza em desacordo com as normas ambientais ou de segurança, ou ainda, manipula, acondiciona, armazena, coleta, transporta, reutiliza, recicla ou dá destinação final a resíduos perigosos de forma indevida. Dessa forma, na maioria das vezes, a responsabilidade pelo descarte indevido dos produtos recai sobre o gerador. Cabe ressaltar que quando se trata de dano ambiental a responsabilidade civil é objetiva, ou seja, independe de culpa, por isso o consumidor pessoa física ou jurídica, que descarta de forma indevida estes resíduos, deve ficar atento, pois também é responsável solidário pelos danos ambientais decorrentes pela contaminação. Neste ponto, a Lei da PNRS trouxe imposições também ao consumidor final do produto e o ao titular dos serviços públicos de limpeza urbana.

Em relação aos RSS existe, no âmbito federal, a Resolução da Diretoria Colegiada RDC nº 306 da Anvisa, de 07 de dezembro de 2004, que dispõe sobre o regulamento técnico sobre o gerenciamento de resíduos de serviços de saúde e a Resolução do Conama nº 358, de 29 de abril de 2005, que dispõe sobre tratamento e disposição final destes resíduos.

A normalização técnica para o gerenciamento dos RSS é dada pela Associação Brasileira de Normas Técnicas – ABNT e pela Comissão Nacional de Energia Nuclear – CNEN quando se refere à gerência de rejeitos radioativos (Anexo II). As principais normas da ABNT sobre resíduos encontram-se no Anexo I.

Caberá sempre ao responsável legal pelo estabelecimento, a responsabilidade pelo gerenciamento de seus resíduos desde a geração até a disposição final, de forma a atender aos requisitos ambientais e de saúde pública, sem prejuízo da responsabilidade civil solidária, penal e administrativa de outros sujeitos envolvidos, em especial os transportadores e depositários finais.

## 9.3.2 Aspectos técnicos e operacionais

**Etapas do gerenciamento e fluxograma:**

O Plano de Gerenciamento dos Resíduos de Serviços de Saúde (PGRSS) é o documento que aponta e descreve as ações relativas ao manejo de resíduos sólidos, que corresponde às etapas de: segregação, acondicionamento, coleta, armazenamento, transporte, tratamento e disposição final. Deve considerar as características e riscos associados aos resíduos, as ações de proteção à saúde e ao meio ambiente e os princípios da biossegurança de empregar medidas técnicas administrativas e normativas para prevenir acidentes.

É importante salientar que o PGRSS deve contemplar medidas de envolvimento coletivo. O planejamento do programa deve ser feito em conjunto com todos os setores definindo-se responsabilidades e obrigações de cada um em relação aos riscos. Além disto, a elaboração, implantação e desenvolvimento do PGRSS devem envolver os setores de higienização e limpeza, a Comissão de Coleta Seletiva, a Comissão de Controle de Infecção Hospitalar (CCIH) ou Comissões de Biossegurança e os Serviços de Engenharia de Segurança e Medicina no Trabalho (SESMT), onde houver obrigatoriedade de existência desses serviços, através de seus responsáveis, abrangendo toda a comunidade do estabelecimento, em consonância com as legislações de saúde, ambiental e de energia nuclear vigentes. Também devem fazer parte do plano: ações para emergências e acidentes, ações de controle integrado de pragas e de controle químico, compreendendo medidas preventivas e corretivas assim como de prevenção de saúde ocupacional.

Para fins de gerenciamento de RSS, devem ser consideradas duas fases: a intraestabelecimento de saúde e a extraestabelecimento de saúde, sendo compostas de etapas sucessivas, abrangendo desde a geração dos RSS até o tratamento e disposição final, conforme fluxograma apresentado a seguir.

**Figura 9.2** – Fluxograma de Planos de Gerenciamento de Resíduos de Serviços de Saúde (PGRSS)

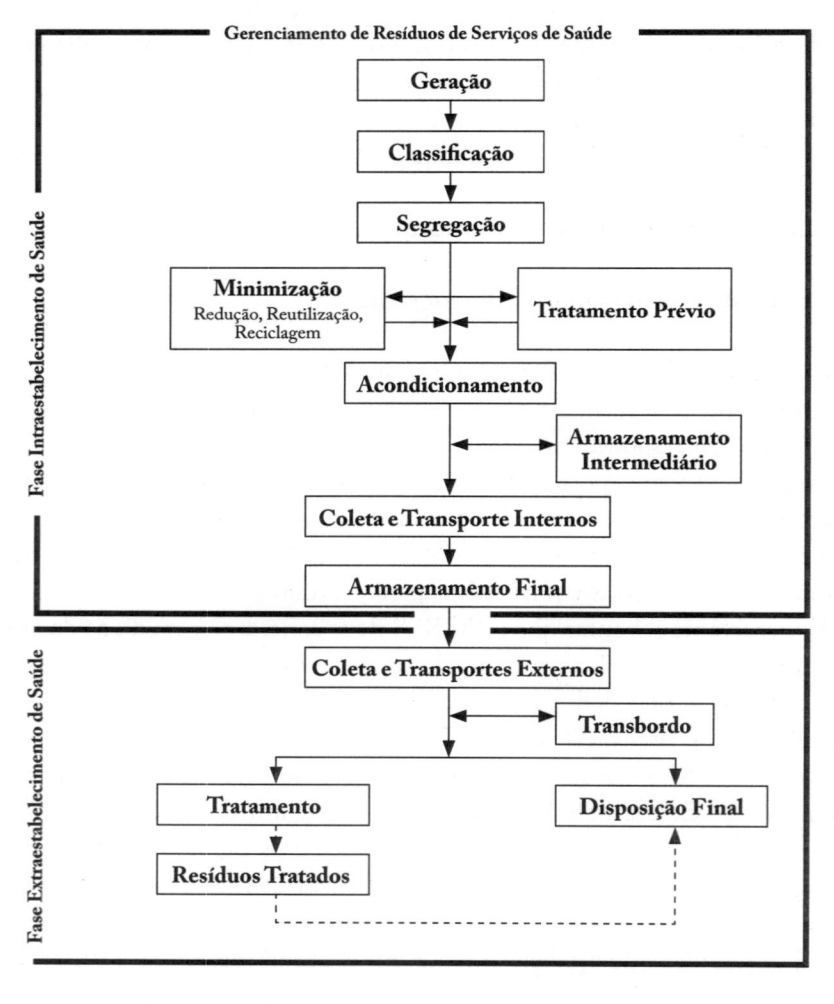

Fonte: Manual de Gerenciamento de Resíduos de Serviços de Saúde de Belo Horizonte – MG – COPAGRESS, 1999.

## Fase intraestabelecimento

### Geração:

A geração de RSS, qualitativa e quantitativa, é decorrente da categoria, porte e complexidade do estabelecimento de saúde, da frequência dos serviços que oferta, das tecnologias empregadas, bem como da eficiência dos serviços desenvolvidos.

A composição e a taxa de geração dos resíduos de um estabelecimento deverão ser quantificadas para fazer parte do diagnóstico inicial da situação dos resíduos gerados. Normalmente na composição dos RSS encontra-se uma mistura de componentes de origem biológica, química, radiológica e inertes. A taxa de geração depende do tipo de serviços prestados no estabelecimento, número de atendimentos, recursos humanos entre outros.

No processo de gerenciamento de resíduos, a geração de resíduos de serviços de saúde, sempre que possível, deve contemplar sua minimização, como estratégia fundamental no processo, com a adoção de técnicas que possibilitem a redução do volume e/ou a toxicidade dos resíduos gerados e, consequentemente sua carga poluidora.

A minimização da geração se mostra fundamental, pois permite não só diminuir os riscos de exposição a agentes perigosos presentes em algumas frações, como também reduzir os custos de seu gerenciamento, nas etapas de tratamento e disposição final.

### Classificação:

Para se definir as estratégias do gerenciamento de resíduos, é primordial conhecer as especificidades dos resíduos gerados em função de suas características e consequentes riscos potenciais à saúde ocupacional e ao meio ambiente. Com base nestes aspectos, os RSS foram classificados em cinco grupos, de acordo com a Resolução RDC nº 306/2004 da Anvisa e Resolução nº 358/2005 do Conama:

GRUPO A – Potencialmente infectantes;
GRUPO B – Químicos;
GRUPO C – Rejeitos radioativos;
GRUPO D – Comuns; e
GRUPO E – Perfurocortantes.

**Figura 9.3** – Classificação de RSS

| | | |
|---|---|---|
| GRUPO A INFECTANTES<br><br>Subgrupos A1, A2, A3, A4, A5 | 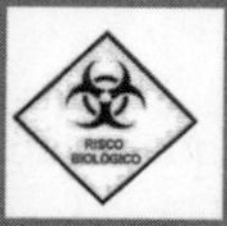 | Possível presença de agente biológico<br>⇩<br>Risco de infecção |
| GRUPO B QUÍMICOS | 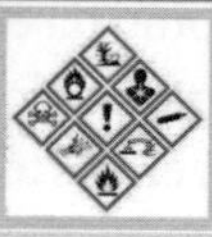 | Presença de substâncias químicas (inflamável, corrosivo, tóxico, reativo) |
| GRUPO C RADIOATIVOS | 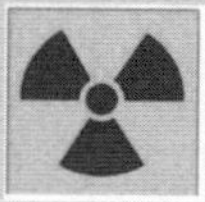 | Contém radionuclídeos |
| GRUPO D COMUNS (RECICLÁVEIS E NÃO RECICLÁVEIS) | 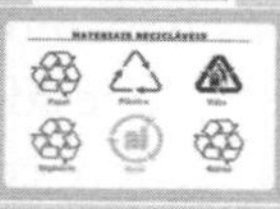 | Semelhantes aos resíduos domiciliares |
| GRUPO E PERFUROCORTANTES | 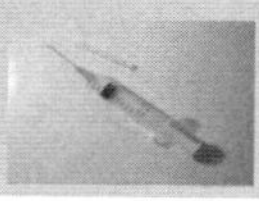 | Materiais perfurocortantes ou escarificantes |

Fonte: Acervo das autoras.

**GRUPO A**: Resíduos com a possível presença de agentes biológicos que, por suas características de maior virulência ou concentração, podem apresentar risco de infecção.

a) Subgrupo A1

1. culturas e estoques de microrganismos; resíduos de fabricação de produtos biológicos, exceto os hemoderivados; descarte de vacinas de microrganismos vivos ou atenuados; meios de cultura e instrumentais utilizados para transferência, inoculação ou mistura de culturas; resíduos de laboratórios de manipulação genética;

2. resíduos resultantes da atenção à saúde de indivíduos ou animais, com suspeita ou certeza de contaminação biológica por agentes classe de risco 4, microrganismos com relevância epidemiológica e risco de disseminação ou causador de doença emergente que se torne epidemiologicamente importante ou cujo mecanismo de transmissão seja desconhecido;

3. bolsas transfusionais contendo sangue ou hemocomponentes rejeitadas por contaminação ou por má conservação, ou com prazo de validade vencido, e aquelas oriundas de coleta incompleta; e

4. sobras de amostras de laboratório contendo sangue ou líquidos corpóreos, recipientes e materiais resultantes do processo de assistência à saúde, contendo sangue ou líquidos corpóreos na forma livre.

b) Subgrupo A2

1. carcaças, peças anatômicas, vísceras e outros resíduos provenientes de animais submetidos a processos de experimentação com inoculação de microrganismos, bem como suas forrações, e os cadáveres de animais suspeitos de serem portadores de microrganismos de relevância epidemiológica e com risco de disseminação, que foram submetidos ou não a estudo anatomopatológico ou confirmação diagnóstica.

c) Subgrupo A3

1. peças anatômicas (membros) do ser humano; produto de fecundação sem sinais vitais, com peso menor que 500 gramas ou estatura menor que 25 centímetros ou idade gestacional menor que 20 semanas, que não tenham valor científico ou legal e não tenha havido requisição pelo paciente ou familiares.

d) Subgrupo A4

1. *kits* de linhas arteriais, endovenosas e dialisadores, quando descartados;

2. filtros de ar e gases aspirados de área contaminada; membrana filtrante de equipamento médico-hospitalar e de pesquisa, entre outros similares;

3. sobras de amostras de laboratório e seus recipientes contendo fezes, urina e secreções, provenientes de pacientes que não contenham e nem sejam suspeitos de conter agentes Classe de Risco 4, e nem apresentem relevância epidemiológica e risco de disseminação, ou microrganismo causador de doença emergente que se torne epidemiologicamente importante ou cujo mecanismo de transmissão seja desconhecido ou com suspeita de contaminação com príons;

4. resíduos de tecido adiposo proveniente de lipoaspiração, lipoescultura ou outro procedimento de cirurgia plástica que gere este tipo de resíduo;

5. recipientes e materiais resultantes do processo de assistência à saúde, que não contenha sangue ou líquidos corpóreos na forma livre;

6. peças anatômicas (órgãos e tecidos) e outros resíduos provenientes de procedimentos cirúrgicos ou de estudos anatomopatológicos ou de confirmação diagnóstica;

7. carcaças, peças anatômicas, vísceras e outros resíduos provenientes de animais não submetidos a processos de experimentação com inoculação de microrganismos, bem como suas forrações; e

8. bolsas transfusionais vazias ou com volume residual pós-transfusão.

e) Subgrupo A5

1. órgãos, tecidos, fluidos orgânicos, materiais perfurocortantes ou escarificantes e demais materiais resultantes da atenção à saúde de indivíduos ou animais, com suspeita ou certeza de contaminação com príons.

**GRUPO B**: Resíduos contendo substâncias químicas que podem apresentar risco à saúde pública ou ao meio ambiente, dependendo de suas características de inflamabilidade, corrosividade, reatividade e toxicidade.

a) produtos hormonais e produtos antimicrobianos; citostáticos; antineoplásicos; imunossupressores; digitálicos; imunomoduladores; antirretrovirais, quando descartados por serviços de saúde, farmácias, drogarias e distribuidores de medicamentos ou apreendidos e os resíduos e insumos farmacêuticos dos medicamentos controlados pela Portaria MS 344/1998 e suas atualizações;

b) resíduos de saneantes, desinfetantes, desinfestantes; resíduos contendo metais pesados; reagentes para laboratório, inclusive os recipientes contaminados por estes;

c) efluentes de processadores de imagem (reveladores e fixadores);

d) efluentes dos equipamentos automatizados utilizados em análises clínicas; e

e) demais produtos considerados perigosos, conforme classificação da NBR 10.004 da ABNT (tóxicos, corrosivos, inflamáveis e reativos).

**GRUPO C**: Quaisquer materiais resultantes de atividades humanas que contenham radionuclídeos em quantidades superiores aos limites de eliminação especificados nas normas da Comissão Nacional de Energia Nuclear (CNEN) e para os quais a reutilização é imprópria ou não prevista.

a) enquadram-se neste grupo quaisquer materiais resultantes de laboratórios de pesquisa e ensino na área de saúde, laboratórios de análises clínicas e serviços de medicina nuclear e radioterapia que contenham radionuclídeos em quantidade superior aos limites de eliminação.

**GRUPO D**: Resíduos que não apresentem risco biológico, químico ou radiológico à saúde ou ao meio ambiente, podendo ser equiparados aos resíduos domiciliares.

a) papel de uso sanitário e fralda, absorventes higiênicos, peças descartáveis de vestuário, resto alimentar de paciente, material utilizado em antissepsia e hemostasia de venóclises, equipo de soro e outros similares não classificados como A1;

b) sobras de alimentos e do preparo de alimentos;

c) resto alimentar de refeitório;

d) resíduos provenientes das áreas administrativas;

e) resíduos de varrição, flores, podas e jardins; e

f) resíduos de gesso provenientes de assistência à saúde.

**GRUPO E**: Materiais perfurocortantes ou escarificantes, tais como: lâminas de barbear, agulhas, escalpes, ampolas de vidro, brocas, limas endodônticas, pontas diamantadas, lâminas de bisturi, lancetas; tubos capilares; micropipetas; lâminas e lamínulas; espátulas; e todos os utensílios de vidro quebrados no laboratório (pipetas, tubos de coleta sanguínea e placas de Petri) e outros similares.

**Segregação:**

Consiste na separação dos resíduos no momento e local de sua geração, de acordo com as características físicas, químicas, biológicas, o seu estado físico e os riscos envolvidos. Esta é uma etapa muito importante para o gerenciamento, uma vez que a segregação dos resíduos no próprio ponto de geração permitirá um direcionamento para as etapas de tratamento e disposição final adequados.

A segregação é uma das operações fundamentais para permitir o cumprimento dos objetivos de um sistema eficiente de manuseio de resíduos. Essa operação deve ser realizada na fonte de geração e está condicionada à prévia capacitação do pessoal envolvido. Tem como principais objetivos:

– impedir que resíduos comuns sejam contaminados por outros tipos de resíduos, especialmente resíduos infectantes e químicos.

– racionalizar recursos e reduzir custos financeiros, uma vez que apenas resíduos que necessitam de tratamento (especialmente infectantes e químicos) serão tratados de maneira diferenciada.

– intensificar as medidas de segurança onde for necessário e facilitar as ações de descontaminação e limpeza em caso de acidentes.

– prevenir acidentes ocupacionais ocasionados pela inadequada segregação e condicionamento dos resíduos e materiais perfurocortantes; e

– possibilitar o envio dos resíduos comuns recicláveis – Grupo D, para a reciclagem, contribuindo para a sustentabilidade ambiental.

Deverão ser adotados os seguintes critérios:

– segregar os RSS, conforme classificação vigente, no momento e local de sua geração, acondicionando-os adequadamente;

– segregar os resíduos químicos em recipientes exclusivos e compatíveis, identificando cada embalagem, além de outros resíduos que necessitem de tratamento prévio ou diferenciado;

– segregar na origem os resíduos que requerem recipientes exclusivos para cada tipo de resíduo e identificá-los de forma clara para permitir o entendimento e cuidados necessários no manuseio de quem faz a coleta.

– segregar os resíduos radioativos em função da meia-vida do radionuclídio presente, anotando sempre a concentração de atividade no momento de geração;

– segregar, dentre os resíduos comuns, aqueles com possibilidade de reciclagem, transportando-os de forma segura e estocando-os em local próprio e exclusivo; e

– capacitar todos os funcionários quanto aos procedimentos de identificação, classificação e manuseio de RSS, ressaltando a obrigatoriedade de estarem portando os equipamentos de proteção individual (EPI) adequados, conforme especificações da NBR 12.010 da ABNT.

### Acondicionamento:

O acondicionamento consiste na preparação do resíduo para a coleta, transporte, armazenamento e disposição final, de maneira segura por meio de sua colocação em sacos plásticos, em recipientes ou em embalagens apropriadas de acordo com suas características. Tem como principais objetivos:

– minimizar o risco de exposição dos trabalhadores aos resíduos perigosos;

– possibilitar a identificação imediata dos resíduos;

– possibilitar a coleta diferenciada por tipo de RSS para atender ao processo de tratamento ou disposição final exigidos;

– facilitar o manuseio, o transporte e o armazenamento seguros nas fases intra e extraestabelecimento de saúde; e

– garantir a movimentação segura do RSS da unidade geradora até o abrigo intermediário ou externo de armazenamento final e até o tratamento ou disposição final.

Deverão ser adotados os seguintes critérios:

– acondicionar os resíduos, diferenciadamente e com segregação na origem, em sacos plásticos, em recipientes ou embalagens com características apropriadas a cada grupo de resíduo conforme disposições técnicas da legislação específica e da ABNT;

– fechar totalmente o saco plástico quando estiver com 2/3 de seu volume preenchido;

– conter o resíduo líquido em frasco ou recipiente compatível com o resíduo gerado, levando-se em consideração a quantidade gerada, o tipo de transporte a ser utilizado, a necessidade ou não de tratamento e a forma de disposição final a ser adotada;

– acondicionar os resíduos infectantes – grupo A, no local e no momento de sua geração, em sacos plásticos de cor branca leitosa, constituído de material impermeável e resistente a ruptura e vazamento, baseado na NBR 9.191/2000 da ABNT e com simbologia de resíduo infectante constante na NBR 7.500 da ABNT;

**Figura 9.4 –** Sacos plásticos e lixeiras para resíduo infectante – Grupo A

Fonte: Manual de Gerenciamento de RSS – FEAM (2008).

– para os resíduos infectantes – grupo A, os sacos plásticos deverão estar contidos em recipientes (lixeiras) confeccionadas com material lavável, resistentes a punctura, ruptura e vazamento, com tampa provida de sistema de abertura sem contato manual, com cantos arredondados e resistente ao tombamento;

– acondicionar resíduos químicos – Grupo B, observando a compatibilidade química dos resíduos entre si, bem como de cada resíduo com os materiais das embalagens de forma a se evitar reação química entre os componentes do resíduo e da embalagem, enfraquecimento ou deteriorização da mesma, ou a possibilidade de que o material da embalagem seja permeável aos componentes do resíduo. Devem ser feitas vistorias periódicas não só para verificar as condições de uso das embalagens, mas também para constatar possíveis degenerações dos frascos de produtos químicos armazenados por tempo prolongado; e

- identificar os resíduos químicos perigosos — Grupo B, para fins de transporte rodoviário, tratamento e disposição final externa, em consonância com a legislação vigente (Regulamento do Transporte Rodoviário de Produtos Perigosos — Resolução ANTT420/2004). Para esta identificação utilizar como referência o sistema de classificação Sistema Globalmente Harmonizado para a classificação e rotulagem de produtos químicos (GHS) da Organização das Nações Unidas (ONU) segundo a ABNT NBR 16725 desde fevereiro de 2011:

**Figura 9.5** – Pictogramas de perigo estabelecidas pelo GHS

| Categoria | 1 | 1 | 1 | 1 | 1A |
|---|---|---|---|---|---|
| Pictograma |  |  |  |  |  |
| Palavra de advertência | Perigo | Perigo | Perigo | Cuidado | Perigo |
| Frase de perigo | Explosivo instável | Líquidos e vapores extremamente inflamáveis | Pode provocar incêndio ou explosão comburente potente | Contém gás sob pressão: pode explodir sob efeito de calor | Causa queimadura severa à pele e dano aos olhos |

*continua...*

*continuação*

| Categoria | 1 | 1 | 1 | 1 | 2 |
|---|---|---|---|---|---|
| Pictograma | | | | | |
| Palavra de advertência | Perigo | Cuidado | Perigo | Cuidado | Perigo |
| Frase de perigo | Fatal se inalado | Pode causar reações alérgicas na pele | Pode ser mortal em caso de ingestão e por penetração nas vias respiratórias | Muito tóxico para a vida aquática | Muito tóxico para a vida aquática, com efeitos prolongados |

Fonte: ABNT NBR 16.722/2011.

– acondicionar os resíduos comuns – grupo D, em sacos plásticos de cor clara, diferente da cor branca leitosa, conforme norma técnica da ABNT e legislações pertinentes; e

– resíduos perfurocortantes – Grupo E, devem ser acondicionados em caixa rígida, resistente à punctura, ruptura e vazamento, com tampa, identificada pelo símbolo de substância infectante constante na NBR 7.500 da ABNT e a inscrição perfurocortante.

**Figura 9.6** – Caixa para descarte de resíduo perfurocortante

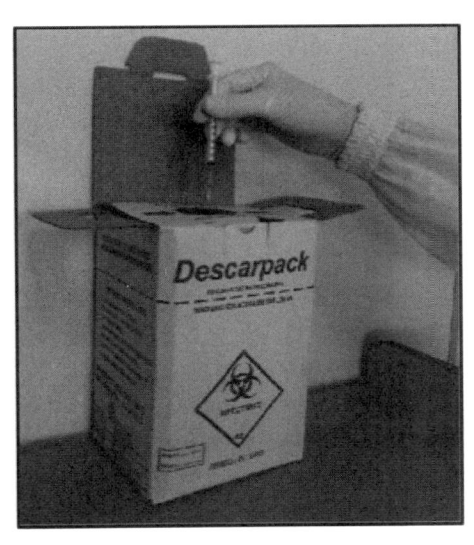

Fonte: Acervo das autoras.

### Coleta e transporte interno:

Consistem no translado dos resíduos dos pontos de geração até o local destinado ao armazenamento temporário ou armazenamento externo com a finalidade de apresentação para a coleta externa. Tem como principais objetivos:

– garantir a movimentação planejada dos RSS nas áreas de circulação do estabelecimento de saúde, sem oferecer riscos à integridade física e à saúde dos funcionários e da população; e

– evitar o acúmulo de resíduos no local de geração e prevenir acidentes ou incidentes.

Deverão ser adotados os seguintes critérios:

– o transporte interno de resíduos deve ser realizado atendendo roteiro previamente definido, menor percurso possível, sem provocar ruídos e em horários não coincidentes com horários de maior fluxo de pessoas ou de atividades. Deve ser feito separadamente, de acordo com o grupo de resíduos e em recipientes específicos a cada grupo de resíduos;

– os carros para transporte interno devem ser constituídos de material rígido, lavável, impermeável, provido de tampa articulada ao próprio corpo do equipamento, com cantos e bordas arredondados, e identificados com o símbolo correspondente ao risco do resíduo neles contidos (infectante, químico, comum ou radioativo). Devem ser providos de rodas revestidas de material que reduza o ruído. Os recipientes com mais de 400 litros de capacidade devem conter válvula de dreno no fundo;

– o carro de coleta interna de resíduos deve ser de uso exclusivo para este fim; e

– dependendo do tamanho do estabelecimento, a coleta pode ser dividida em duas etapas: coleta I, do ponto de geração até o armazenamento interno temporário e a coleta II que consiste no translado dos resíduos da sala de armazenamento temporário para o abrigo externo de resíduos ou diretamente para tratamento externo.

**Figura 9.7** – Carros para coleta de resíduo infectante e resíduo comum

Fonte: Acervo das autoras.

## Armazenamento:

O armazenamento final dos resíduos de serviços de saúde consiste no armazenamento externo, onde ocorre a contenção temporária dos resíduos em abrigos distintos e exclusivos, por grupo de resíduos conforme norma técnica da ABNT (NBR-12.809) e que atenda às condições básicas de segurança. Dependendo do tamanho do estabelecimento, pode-se ter uma sala para armazenamento interno dos resíduos (Sala de Resíduos), situada próxima ao local de geração, visando agilizar e otimizar a coleta e o transporte interno.

Tem como principais objetivos:

– manter a integridade das embalagens até sua remoção pela coleta intra e extraestabelecimento;

– agilizar a coleta dentro do estabelecimento e otimizar o deslocamento entre os pontos geradores e o ponto destinado à apresentação para coleta externa;

– garantir a guarda dos resíduos depositados em recipientes (contenedores), em condições seguras.

**Figura 9.8** – Abrigo de resíduo

Fonte: Manual de Gerenciamento de RSS – FEAM (2008).

Deverão ser adotados os seguintes critérios:

– o armazenamento deve ser feito de acordo com o tipo de resíduo (segundo a segregação prévia) de forma ordenada;

– os aspectos construtivos do abrigo de resíduos do grupo A, D e E devem obedecer à RDC nº 306/2004, à RDC nº 307/2002, à RDC nº 50/2002 e à RDC nº 189/2003, além de normas locais existentes;

– o abrigo de resíduos deve ser construído em ambiente exclusivo, com acesso externo facilitado à coleta, possuindo, no mínimo, um ambiente separado para atender o armazenamento de recipientes do Grupo A (infectante) juntamente com o Grupo E (perfurocortante) e um ambiente para o Grupo D (comum) e outro para resíduos recicláveis;

– a porta deve ter abertura para fora, tela de proteção contra roedores e largura compatível com os recipientes de coleta externa;

– o abrigo deve ter aberturas para ventilação de, no mínimo, 1/20 da área do piso e com tela de proteção contra insetos;

– o abrigo deve ser identificado por grupo de resíduo e restrito aos funcionários do gerenciamento de resíduos, ser de fácil acesso para os recipientes de transporte e para os veículos coletores. Os recipientes de transporte interno não devem transitar pela via pública externa à edificação para terem acesso ao abrigo de resíduos;

– não pode ser feito armazenamento temporário com disposição direta dos sacos sobre o piso, sendo obrigatória a conservação dos sacos em recipientes adequados para a guarda dos mesmos;

– a área destinada à guarda dos carros de transporte interno de resíduos deve ter pisos e paredes lisas, laváveis e resistentes ao processo de descontaminação utilizado. O piso deve, ainda, ser resistente ao tráfego dos carros coletores. Deve ter ponto de iluminação artificial e área suficiente para armazenar, no mínimo, dois carros coletores, para translado posterior até a área de armazenamento externo. Quando a sala for exclusiva para o armazenamento de resíduos, deve estar identificada como "SALA DE RESÍDUOS". Não é permitida a retirada dos sacos de resíduos de dentro dos recipientes ali estacionados;

– a localização da Sala de Resíduos deve ser próxima ao setor de geração e a mais isolada possível das áreas de circulação de pessoas, dispensa e cozinha;

– para o armazenamento de resíduos infectantes – Grupo A, o contenedor deve ser na cor branca (Resolução Conama nº 275/2001) e identificado com simbologia de resíduo infectante na cor preta de acordo com as Normas Técnicas da ABNT, em especial a NBR 7.500, a NBR 12.809, a NBR 13.853 e legislação pertinente;

– os resíduos de fácil putrefação – Grupo A, que venham a ser coletados por período superior a 24 horas de seu armazenamento, devem ser conservados sob refrigeração, e quando não for possível, devem ser submetidos a outro método de conservação;

– o armazenamento de resíduos químicos – Grupo B deve ser feito em local apropriado e exclusivo para este fim (NBR 12.235 da ABNT), mantendo os resíduos devidamente identificados com o nome da substância ou resíduo, sua concentração e principais características físico-químicas. A sala deve ter a identificação "ABRIGO DE RESÍDUOS QUÍMICOS" em local visível e deve ser observada a compatibilidade das substâncias químicas;

**Figura 9.9** – Abrigo de resíduos químicos

Fonte: Manual de Gerenciamento de RSS – FEAM (2008).

– para o armazenamento de resíduos do Grupo D, comum, o contenedor deve ser na cor cinza (Resolução Conama nº 275/2001) e identificado conforme norma técnica da ABNT; os resíduos recicláveis do grupo D deverão ser armazenados separadamente, em área exclusiva.

**Fase extraestabelecimento**

**Coleta e transporte externos:**

Consistem na remoção dos RSS do abrigo de resíduos (armazenamento externo) até a unidade de tratamento ou disposição final, utilizando-se técnicas que garantam a preservação das condições de acondicionamento e a integridade dos trabalhadores, da população e do meio ambiente, devendo estar de acordo com as orientações dos órgãos de limpeza urbana e com as normas NBR 12.810 e NBR 14.652 da ABNT. Estas operações podem ser executadas tanto pela administração pública como pela iniciativa privada, salientando que em ambos os casos permanece a corresponsabilidade da unidade geradora pela qualidade do serviço executado pela contratada.

A empresa transportadora deve obedecer ao Decreto Federal nº 96.044/1988, a Portaria Federal nº 204/1997, além do disposto na norma NBR 7.500 da ABNT e resoluções da Agência Nacional de Transportes Terrestres – ANTT (nº 420/2004, nº 701/2004 e nº 1.644/2006).

Tem como objetivos principais garantir a movimentação dos RSS em condições de segurança sem oferecer riscos à saúde e à integridade física dos funcionários e da população, além de facilitar o tratamento específico e/ou disposição final, pela adoção da coleta diferenciada dos RSS, devidamente segregados na origem.

Deverão ser adotados os seguintes critérios:

– fazer a remoção e o transporte dos RSS de forma planejada e exclusiva, com o uso de veículos próprios e específicos, observando-se as normas técnicas e a legislação vigente;

– para resíduos infectantes – Grupo A, adotar frequência diária de coleta ou em dias alternados se os recipientes contendo os resíduos forem armazenados à temperatura máxima de 4°C.

Tratamento:

O Conselho Nacional de Meio Ambiente (Resolução Conama nº 358/2005) define como sistema de tratamento dos RSS o conjunto de unidades, processos e procedimentos que alteram as características físicas, físico-químicas, químicas ou biológicas dos resíduos, podendo promover a sua descaracterização, visando a minimização do risco à saúde pública, a preservação da qualidade do meio ambiente, a segurança e a saúde do trabalhador. Tem como objetivos principais:

– a descontaminação e desinfecção dos resíduos infectantes para controlar riscos e facilitar as operações de gerenciamento interno e externo dos RSS,

– o tratamento dos grupos e subgrupos de resíduos, quando for o caso, com tecnologia apropriada, para reduzir ou eliminar os riscos para a saúde e para o ambiente e os gastos com o transporte, tratamento e disposição final.

O processo de tratamento a ser escolhido depende dos objetivos que se quer alcançar, quais sejam a desinfecção, esterilização, redução do volume, neutralização ou redução do risco de um resíduo perigoso ou tóxico.

Para a escolha da tecnologia a ser empregada no tratamento dos RSS, deve-se proceder a um estudo atento para a seleção da melhor processo, pois todas as tecnologias disponíveis no mercado apresentam alguns inconvenientes tanto do ponto de vista ambiental quanto econômico. Além disto, a operação deve ser feita por pessoal treinado e capacitado, pois uma operação incorreta dos sistemas de tratamento pode trazer sérios problemas de contaminação ambiental. Para prevenir estes problemas, a legislação exige que os sistemas de tratamento tenham licença ambiental.

Dentre os processos de tratamento disponíveis podemos citar: desinfecção química, autoclavação a vapor, autoclavação com vapor e microondas, autoclavação com solidificação, microondas, radiação ionizante, plasma e incineração. A maioria delas pode ser utilizada para tratamento de resíduos infectantes – grupo A, sendo que a incineração e o tratamento por plasma se aplicam também para tratar resíduos químicos – grupo B. Dentre as várias técnicas citadas as mais comumente utilizadas para o tratamento de RSS são a autoclavação a vapor e a incineração.

### Autoclavação a vapor:

É o processo no qual os resíduos são submetidos a vapor saturado sob pressão superior à atmosférica com a finalidade de se obter a esterilização através da destruição total da carga microbiana. A destruição das bactérias se verifica pela termocoagulação das proteínas citoplasmáticas, sendo suficiente uma exposição a 121ºC a 132ºC durante 15 a 30 minutos. Os resíduos tratados por este processo podem ser dispostos em aterros sanitários, juntamente com os resíduos domiciliares.

**Figura 9.10** – Autoclaves

Fonte: Acervo das autoras.

Neste processo o agente esterilizante é o vapor e seu grau de penetração é fator crítico para a eficácia do tratamento. Cuidados devem ser tomados com o volume e a compactação dos resíduos, pois estes podem impedir o contato do vapor com todas as suas porções e tornar a esterilização incompleta. Os sacos plásticos a serem utilizados para o acondicionamento dos resíduos devem ser compostos de polietileno e poliamida que resistem a altas temperaturas e apresentam boa permeabilidade de vapor, para assegurar uma penetração rápida e segura deste. É necessário, também, que se faça o monitoramento do processo de esterilização com indicadores de esterilização biológicos (*Bacillus stearothermophilus ou Bacillus subtilis*), bem como o controle da temperatura e pressão para que não haja problemas de operação, assegurando uma completa e eficiente esterilização do material.

Este processo é amplamente utilizado em laboratórios de pesquisa, laboratórios de análises clínicas, laboratórios anatomopatológicos e em bancos de sangue. Não se aplica para resíduos do grupo B – químico e grupo C – radioativo. É uma tecnologia bem conhecida, de fácil manuseio, baixo custo de investimento e quando corretamente operado, apresenta bom grau de segurança de esterilização. Por outro lado, há as desvantagens: não diminui significativamente nem a massa nem o volume dos resíduos; apresenta custo adicional das embalagens plásticas especiais (polietileno e poliamida) para autoclavação; a embalagem primária pode comprometer a eficiência do processo por dificultar a penetração do vapor; causa odores durante o processamento; é imprópria para o tratamento de grandes volumes de resíduos de uma só vez, pela dificuldade de penetração de vapor e de condução do calor por todo o material a ser esterilizado.

**Incineração:**

Consiste na oxidação dos materiais, a altas temperaturas, sob condições controladas, convertendo materiais combustíveis (RSS) em resíduos não combustíveis (escórias e cinzas) com a emissão de gases.

**Figura 9.11** – Incineração

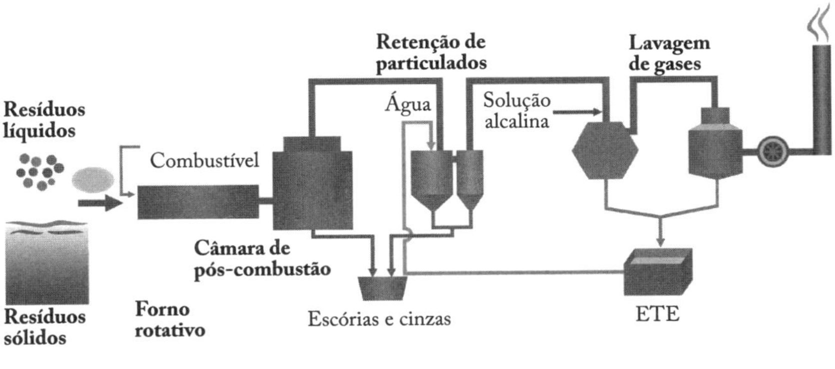

É um método adequado para assegurar a eliminação de microrganismos patogênicos presentes na massa dos resíduos, desde que sejam atendidas as necessidades de projeto e operação adequadas ao controle do processo. Embora "incineração" seja um termo amplamente utilizado para designar todos os tipos de queima, ela se refere ao processo de combustão efetuado em incineradores de câmaras múltiplas, o qual apresenta mecanismos para um rigoroso monitoramento e controle dos parâmetros de combustão. As cinzas produzidas normalmente são de Classe II – não inertes, conforme classificação pela NBR 10.004 da ABNT. Permite-se a disposição final destas cinzas, previamente ensacadas em aterro sanitário com custo diferenciado de aterramento.

Os incineradores de pequeno porte são extremamente difíceis de serem operados dentro de padrões adequados às exigências para a proteção do meio ambiente. A necessidade de temperatura acima de 850°C, para resíduos infectantes e de 1.200°C para resíduos químicos perigosos, eleva muito o custo do processo, pois exige a injeção permanente de combustível.

Este processo apresenta a vantagem da redução do volume e da massa dos resíduos, além de possibilitar a recuperação de energia para gerar vapor ou eletricidade. Como desvantagens citam-se: alto custo de implementação, operação e manutenção; complexidade da operação e manutenção do equipamento; alto potencial de contaminação por compostos altamente cancerígenos (metais pesados, dioxinas e furanos) em caso de operação inadequada ou falha na fiscalização. Por isto este processo exige profissionais adequadamente qualificados para operação, monitoramento e manutenção do sistema, o que também eleva o custo do processo.

O estabelecimento gerador de RSS deve ficar atento na escolha do método de tratamento dos RSS, pois as tecnologias disponíveis no momento atual nem sempre são viáveis economicamente. É importante salientar também que para os resíduos do grupo A – potencialmente infectantes – e grupo D – comuns –, os aterros sanitários bem construídos e bem operados são uma boa alternativa para um descarte final seguro. Além disto, especialistas avaliam que um adequado programa de coleta seletiva e outro de redução de geração de resíduos na fonte bem como outros programas de destinação de resíduos especiais (pilhas, eletroeletônicos, baterias, lâmpadas etc.), constituindo um gerenciamento integrado dos resíduos, poderiam trazer benefícios para a situação sanitária do país, onde ainda predominam os lixões, o que seria mais viável, inclusive economicamente, do que alternativas tecnológicas mais elaboradas, porém de alto custo.

Ao contratar empresas prestadoras de serviços terceirizados deve-se observar sua situação jurídica, econômica e técnica e estas deverão apresentar Licença de Operação emitida pelo órgão ambiental para tratamento dos RSS.

Portanto, ao selecionar uma alternativa de tratamento para os RSS, é necessário fazer uma análise comparativa dos parâmetros mais relevantes de cada processo, assim como revisar as regulamentações vigentes, facilidade de operação, necessidade de pessoal capacitado, riscos ocupacionais e ambientais, custos, entre outros. Esta análise criteriosa permitirá buscar o que melhor se adéque às necessidades específicas de cada estabelecimento.

### Disposição final

A disposição final consiste no uso de procedimentos técnicos que visam à disposição dos RSS, geralmente no solo, associados a um determinado tratamento prévio que impeça a disseminação de agentes patogênicos ou de qualquer outra forma de contaminação, garantindo-se a proteção da saúde e da qualidade do meio ambiente. Tem como objetivos:

– reduzir a padrões aceitáveis os riscos de poluição do ar, do solo, de recursos hídricos e da ocorrência ou transmissão de doenças;

– destinar corretamente os rejeitos e cinzas gerados nos processos de tratamento.

Pela legislação brasileira, a disposição final deve obedecer a critérios técnicos de construção e operação, para ao quais é exigido licenciamento ambiental de acordo com a Resolução Conama nº 237/97. Porém no Brasil, a forma predominante de disposição final dos resíduos sólidos urbanos e dos RSS, entre outros, ainda é o lixão, prática que não é aconselhável. O lixão é considerado um método inadequado de disposição final, pois com a descarga de resíduos sobre o solo, a céu aberto, ocorre a contaminação das águas superficiais e subterrâneas, favorece o aparecimento de vetores indesejáveis além de permitir a presença de catadores.

O aterro sanitário é uma forma segura e controlada de disposição final de resíduos, garantindo a preservação ambiental e a saúde pública. O sistema está fundamentado em critérios de engenharia e normas operacionais específicas (escolha de área apropriada, impermeabilização do fundo, sistemas de drenagem e tratamento de líquido percolado e de gases etc.) com vistas a atender aos padrões de segurança e de preservação do meio ambiente.

**Figura 9.14** – Aterro sanitário convencional

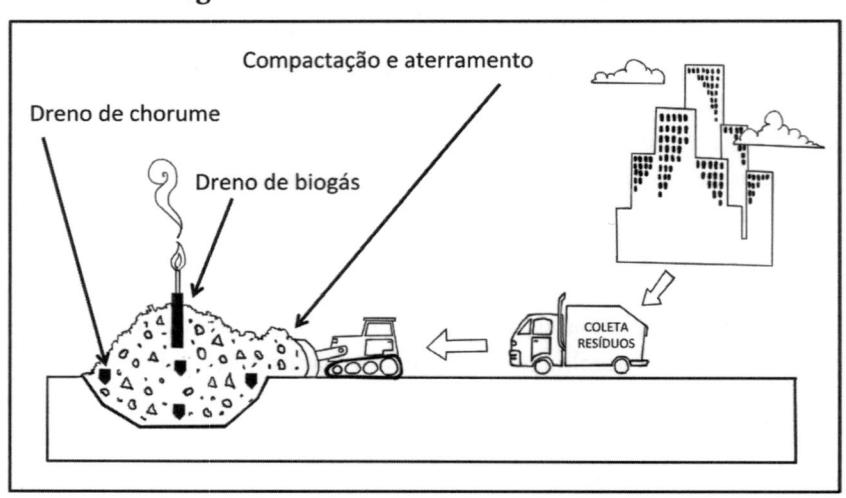

Fonte: Acervo das autoras.

As valas sépticas são células exclusivas para o aterramento da fração infectante dos RSS. É constituída de uma vala escavada em local isolado no aterro sanitário, revestida por material impermeável (manta sintética) e em que os resíduos recebem uma cobertura de solo para evitar a proliferação de vetores. Entretanto este método eleva os custos do aterramento e também da coleta.

Para a destinação final dos resíduos químicos perigosos – grupo B –, o aterro industrial é o local apropriado. Deve ser construído segundo padrões específicos de engenharia, de forma a não causar danos ao meio ambiente e pode ser classe I ou II, em função da classificação do resíduo pela ABNT, NBR 10.004.

A legislação atual, Resolução Conama nº 358/2005, permite a codisposição dos resíduos sólidos urbanos com os RSS em aterros licenciados, se obedecidos alguns critérios: codisposição dos subgrupos A1 e A2, após tratamento prévio, do subgrupo A4 (sem exigência de tratamento), fração não perigosa do grupo B, grupo D e fração não perigosa do grupo E. Essa forma de disposição é sanitária e ambientalmente adequada, além de ser também economicamente compatível com a realidade brasileira.

## 9.4 Implantação e monitoramento do PGRSS

O gerenciamento dos RSS deve fazer parte de uma gestão que tenha um comportamento com visão sistêmica e integrada e mais transdisciplinar, de forma que a comunidade se sinta envolvida e fazendo parte dele. Dentro desta visão sistêmica tanto os resíduos sólidos quanto os efluentes líquidos gerados devem fazer parte do projeto de gerenciamento de resíduos em estabelecimentos de saúde.

As técnicas necessárias para uma conduta legal e ecologicamente correta para o gerenciamento de RSS estão estabelecidas nas normas federais vigentes, como Anvisa RDC 306/2004, Conama 358/2005 e PNRS Lei Federal nº 12.305/2010. As sugestões técnicas aqui apresentadas, baseadas nestas legislações vigentes e em documentos referenciais citados na bibliografia, dão suporte para a elaboração do PGRSS que, após ser implementado, contribuirá para a melhoria da saúde pública e para a qualidade do meio ambiente. A aplicação destes conceitos e normativas para a elaboração do PGRSS (passo a passo para a elaboração do PGRSS) está detalhada de forma bastante compreensível no Capítulo 4 do Manual de Gerenciamento de Resíduos de Serviços de Saúde, Anvisa, 2006.

Cabe ressaltar que também se fazem necessários o monitoramento, a avaliação e o controle da implantação do PGRSS conforme determina a legislação. Segundo a Resolução RDC Anvisa nº 306/2004 "compete ao gerador de RSS monitorar e avaliar seu PGRSS, considerando o desenvolvimento de instrumentos de avaliação e controle, incluindo a construção de indicadores claros, objetivos, autoexplicativos e confiáveis, que permitam acompanhar a eficácia do PGRSS implantado". A avaliação deve ser realizada levando-se em conta, no mínimo, os seguintes indicadores compulsórios previstos no item 4.2.2 da citada resolução:
- Taxa de acidentes com resíduo perfurocortante
- Variação da geração de resíduos
- Variação da proporção de resíduos do Grupo A
- Variação da proporção de resíduos do Grupo B
- Variação da proporção de resíduos do Grupo D
- Variação da proporção de resíduos do Grupo E
- Variação do percentual de reciclagem

Além destes indicadores, poderão ser construídos indicadores facultativos que possibilitarão uma avaliação mais criteriosa das estratégias adotadas para o alcance das metas pretendidas pelos estabelecimentos de saúde (COPAGRESS/Belo Horizonte/2011). O conjunto destes indicadores servirá para compor "os inventários e o sistema declaratório anual de resíduos sólidos" (PNRS, art. 8º da Lei Federal nº 12.305/2010). A Resolução

Conama 358/2005 estabelece que esta declaração deve ser apresentada aos órgãos competentes até 31 de março de cada ano, referente ao ano civil anterior, subscrita pelo administrador principal da empresa e pelo responsável técnico devidamente habilitado, acompanhada da respectiva ART – Anotação da Responsabilidade Técnica –, relatando o cumprimento das exigências previstas na referida Resolução.

## 9.5 Considerações finais

Os Resíduos de Serviços de Saúde (RSS), embora potencialmente infectantes e perigosos, são passíveis de tratamento e manejo seguro. Prevenir e minimizar os efeitos potencialmente agressivos dos RSS é perfeitamente possível, através de medidas de preservação ambiental e de políticas de saúde pública. Ainda vemos no Brasil um grande descaso com os RSS, manejados de forma incorreta e lançados em lixões sem prévio tratamento, situação que necessita ser mudada. Com a promulgação da Lei Federal nº 12.305/2010 – PNRS, podemos vislumbrar uma melhoria destas condições, visto que ela determina a construção de locais de disposição final ambientalmente seguros, ou seja, o fim dos lixões, além do fato da regulamentação de uma política abrangente para os resíduos sólidos auxiliar também ações específicas de manejo dos RSS.

Por fim, a implantação de sistemas de gestão de resíduos nas organizações pressupõe planejamento, elaboração, implantação e efetividade na manutenção de programas de educação ambiental. O cumprimento destas etapas é muito importante para que ações corretas sejam tomadas por todos os geradores destes resíduos, o que se traduzirá num exercício da cidadania, da responsabilidade com o meio ambiente, com a saúde pública, com o ecossistema e, por conseguinte com a vida na Terra.

# REFERÊNCIAS

AGÊNCIA NACIONAL DE TRANSPORTES TERRESTRES (ANTT). Resolução nº 420, de 12 de fevereiro de 2004. Aprova as Instruções Complementares ao Regulamento do Transporte Terrestre de Produtos Perigosos. (*) Consolidada com as alterações introduzidas pelas resoluções nº 701/04, nº 1.644/06, nº 2.657/08, nº 2.975/08, nº 3.383/10, nº 3.632/11 e nº 3.648/11.

AGÊNCIA NACIONAL DE VIGILÂNCIA SANITÁRIA (Anvisa). Resolução RDC nº 306, de 25 nov. 2004: dispõe sobre o regulamento técnico para o gerenciamento de resíduos de serviços de saúde.

BRASIL – Lei Federal nº 12.305, de 2 de agosto de 2010. Institui a Política Nacional de Resíduos Sólidos; altera a Lei nº 9.605, de 12 de fevereiro de 1998. D.O.U. de agosto de 2010.

CAMPANA-PEREIRA, M. A. et al. O gerenciamento de resíduos químicos perigosos como instrumento de minimização de riscos e impactos ambientais em um instituto de pesquisa. In: *Congresso Brasileiro de Biossegurança/Anbio*, VIII. 2013, Salvador. (O trabalho apresentado no Congresso da Anbio 2013 recebeu prêmio de 1º lugar).

CARTA DA TERRA. Disponível em: <http://www.cartadaterrabrasil.org/prt/text.html>. Acesso em: 1 set. 2013.

COMO DESCARTAR MATERIAL PERFUROCORTANTE? Disponível em: <http://www.ioc.fiocruz.br/pages/informerede/corpo/informee-mail/2007/2308/mat_04_23_08.html>. Acesso em: 1 set. 2013.

CONSELHO NACIONAL DE MEIO AMBIENTE (Conama). Resolução nº 358, de 29 de abril de 2005, que dispõe sobre tratamento e disposição final de resíduos de serviços de saúde.

CONSELHO NACIONAL DO MEIO AMBIENTE (Conama). Resolução nº 275, 02 de 25 abr. 2001, que dispõe sobre o código de cores para os diferentes tipos de resíduos, a ser adotado na identificação de coletores e transportadores, bem como nas campanhas informativas para a coleta seletiva.

CUSSIOL, N. A. M. Noções básicas sobre gerenciamento dos Resíduos de Serviços de Saúde. Curso de Gestão de Resíduos de Serviços de Saúde, Hospital das Clínicas/UFMG, Belo Horizonte, 10 jun. 2005.

_____. Disposição final de resíduos potencialmente infectantes de serviços de saúde em célula especial e por co-disposição com resíduos sólidos urbanos. 2005. 334p. Tese (Doutorado em Saneamento, Meio Ambiente e Recursos Hídricos). Universidade Federal de Minas Gerais, Escola de Engenharia (DESA/DRH), Belo Horizonte, MG.

FIGUERÊDO, D. V. Manual para Gestão de Resíduos Químicos Perigosos de Instituições de Ensino e Pesquisa, Conselho Regional de Química de Minas Gerais: Belo Horizonte, 2006.364 p.

GERENCIANDO RESÍDUOS FUNDAÇÃO HEMOMINAS (Cartilha) – Núcleo Ambiental da Fundação Hemominas, 2008.

LEMOS, B. R. S. et al. Manejo de resíduos químicos perigosos de um campus universitário no Brasil para fins de transporte, tratamento e disposição final externa. In: *Congresso Interamericano de Resíduos Sólidos*, 50. 2013, Peru.

MANUAL DE GERENCIAMENTO DE RESÍDUOS DE SERVIÇOS DE SAÚDE / MINISTÉRIO DA SAÚDE, AGÊNCIA NACIONAL DE VIGILÂNCIA SANITÁRIA. Anvisa – Brasília: Ministério da Saúde, 2006. 182 p. – (Série A. Normas e Manuais Técnicos).

MANUAL DE GERENCIAMENTO DE RESÍDUOS DE SERVIÇOS DE SAÚDE DE BELO HORIZONTE – MG – COPAGRESS, 1999.

MANUAL DE REGULAMENTO ORIENTADOR PARA A CONSTRUÇÃO DOS INDICADORES DE MONITORAMENTO, AVALIAÇÃO E CONTROLE DE PLANO DE GERENCIAMENTO DE RESÍDUOS DE SERVIÇOS DE SAÚDE (PGRSS). Belo Horizonte – MG: COPAGRESS, 2011. 57 p.

MANUAL DE GERENCIAMENTO DE RESÍDUOS DE SERVIÇOS DE SAÚDE/Fundação Estadual do Meio Ambiente – FEAM. Belo Horizonte: Feam, 2008. 88 p.; Il.

PESQUISA NACIONAL DE SANEAMENTO BÁSICO/PNSB 2000. Rio de Janeiro: IBGE, 2002. 431 p.

PESQUISA NACIONAL DE SANEAMENTO BÁSICO/PNSB 2008. Rio de Janeiro: IBGE, 2010. 219 p.

RODRIGUES, N.A. Programa de Gerenciamento Integrado de Gerenciamento de Resíduos de Serviços de Saúde e Efluentes Líquidos: O caso do Laboratório de Genética Bioquímica do Instituto de Ciências Biológicas da UFMG. (Monografia). Belo Horizonte, 2010. Universidade Federal de Minas Gerais.

RODRIGUES, N. A.; BARBOSA, P. Cartilha, A Segurança no Trabalho Depende de Todos. ICB. 2007. 14 p.

SCHNEIDER, V. E. et. al. *Manual de gerenciamento de Resíduos Sólidos de Serviços de Saúde*. 2 ed. rev. e ampl., Caxias do Sul, RS: Educs, 2004.

SISTEMA NACIONAL DE INFORMAÇÕES SOBRE SANEAMENTO (SNIS). Componente Resíduos Sólidos – 2006. Secretaria Nacional de Saneamento Ambiental. Ministério das Cidades. Brasilia. Disponível em: www.snis.gov.br. Acesso em: 14 set. 2011.

VALLE, S.; TELLES, J. L. *Bioética e Biorrisco* – Abordagem Transdisciplinar. Rio de Janeiro: Interciência, 2003, 419 p.

**Links sugeridos**

<http://www.fiocruz.br/biosseguranca/Bis/lab_virtual/gerenciamento-residuos-servico-saude.htm>. Acesso em: 18 nov. 2011.

<http://www.cenedcursos.com.br/educacao-ambiental-e-coleta-seletiva-do--lixo.html>. Acesso em: 20 nov. 2011.

<http://naturlink.sapo.pt/Natureza-e-Ambiente/Gestao-Ambiental/content/Gestao-e-valorizacao-de-residuos/section/3?bl=1>. Acesso em: 16 fev. 2012.

<http://www.ibge.gov.br/home/estatistica/populacao/estimativa2013/default.shtm>. Acesso em: 19 nov. 2013.

# ANEXO I

## NORMAS TÉCNICAS DA ASSOCIAÇÃO BRASILEIRA DE NORMAS TÉCNICAS – ABNT PARA RESÍDUOS:

### Simbologia:
NBR 7500 – Símbolos de risco e manuseio para o transporte e armazenamento de material.

### Acondicionamento:
NBR 9.191 – Especificação. Sacos plásticos para acondicionamento.

NBR 9.195 – Métodos de ensaio. Sacos plásticos para acondicionamento.

NBR 9.196 – Determinação de resistência a pressão do ar.

NBR 9.197 – Determinação de resistência ao impacto de esfera. Saco plástico para acondicionamento de lixo – determinação de resistência ao impacto de esfera.

NBR 13.055 – Determinação da capacidade volumétrica. Saco plástico para acondicionamento – determinação da capacidade volumétrica.

NBR 13.056 – Verificação de transparência. Filmes plásticos para sacos para acondicionamento – verificação de transparência.

NBR 13.853 – Requisitos e métodos de ensaio para coletores para resíduos de serviços de saúde perfurantes ou cortantes.

NBR 16.725 – Resíduo químico – Informações sobre segurança, saúde e meio ambiente – Ficha com dados de segurança de resíduos químicos (FDSR) e rotulagem.

### Coleta e transporte:
NBR 12.810 – Fixa os procedimentos exigíveis para coleta interna e externa dos resíduos de serviços de saúde, sob condições de higiene e segurança.

NBR 12.980 – Define termos utilizados na coleta, varrição e acondicionamento de resíduos sólidos urbanos.

NBR 13.221 – Especifica os requisitos para o transporte terrestre de resíduos, de modo a evitar danos ao meio ambiente e a proteger a saúde pública.

NBR 13.332 – Define os termos relativos ao coletor-compactador de resíduos sólidos, acoplado ao chassi de um veículo rodoviário, e seus principais componentes.

NBR 13.463 – Classifica a coleta de resíduos sólidos urbanos dos equipamentos destinados a esta coleta, dos tipos de sistema de trabalho, do acondicionamento destes resíduos e das estações de transbordo.

NBR 14.619 – Estabelece os critérios de incompatibilidade química a serem considerados no transporte terrestre de produtos perigosos.

NBR 14.652 – Estabelece os requisitos mínimos de construção e de inspeção dos coletores-transportadores rodoviários de resíduos de serviços de saúde do grupo A.

### Armazenamento:
NBR 12.235 – Fixa as condições exigíveis para o armazenamento de resíduos sólidos perigosos de forma a proteger a saúde pública e o meio ambiente.

### Amostragem dos resíduos:
NBR 10.007 – Fixa os requisitos exigíveis para amostragem de resíduos sólidos.

### Gerenciamento:
NBR 14.725 – Ficha de Informações de Segurança de Produtos Químicos – FISPQ.

NBR 15.051 – Estabelece as especificações para o gerenciamento dos resíduos gerados em laboratório clínico. O seu conteúdo abrange a geração, a segregação, o acondicionamento, o tratamento preliminar, o tratamento, o transporte e a apresentação à coleta pública dos resíduos gerados em laboratório clínico, bem como a orientação sobre os procedimentos a serem adotados pelo pessoal do laboratório.

# ANEXO II

## NORMAS DA COMISSÃO NACIONAL DE ENERGIA NUCLEAR – CNEN PARA MATERIAIS RADIOATIVOS:

Norma CNEN-NE-3.01 define as diretrizes básicas de proteção radiológica das pessoas em relação à exposição à radiação ionizante.

Norma CNEN-NE-3.03 define os requisitos básicos para a certificação da qualificação de supervisores de radioproteção.

Norma CNEN-NE-3.05 define os requisitos de radioproteção e segurança para serviços de medicina nuclear.

Norma CNEN-NE-6.01 dispõe sobre os requisitos para o registro de profissionais para o preparo, uso e manuseio de fontes radioativas.

Norma CNEN-NE-6.02 define o processo relativo ao licenciamento de instalações radioativas, conforme competência atribuída pela Lei nº 6.189, de 16 de dezembro de 1974.

Norma CNEN-NE-6.05 define critérios gerais e requisitos básicos relativos à gerência de rejeitos radioativos em instalações radioativas.

Norma CNEN-NE-6.09 define critérios de aceitação para deposição de rejeitos radioativos de baixo e médio níveis de radiação.

Lei nº 10.308, de 20 de novembro de 2001, dispõe sobre a seleção de locais, a construção, o licenciamento, a operação, a fiscalização, os custos, a indenização, a responsabilidade civil e as garantias referentes aos depósitos de rejeitos radioativos, e dá outras providências.

# SEGURANÇA E SAÚDE NO TRABALHO EM LABORATÓRIOS

SHIRLEY VARGAS PRUDÊNCIO REBESCHINI

# CAPÍTULO 10

## Segurança e Saúde e o Trabalho em Laboratórios

### Resumo

Este capítulo contém um histórico da saúde e segurança no trabalho (FIESP, 2003) no Brasil. Aborda as políticas de segurança no trabalho, lista as principais NRs para os profissionais de laboratório e as ISOs, apresenta o conceito de risco, sua classificação e análise, ressalta o risco químico no laboratório e descreve como elaborar um mapa de risco. Pontua ainda os aspectos da sinalização.

### 10.1 Introdução

#### Histórico

No início da década de 1970, o Brasil foi o detentor do título de campeão mundial de acidentes de trabalho. E, em 1977, o legislador dedica no texto da CLT – Consolidação das Leis do Trabalho –, por sua reconhecida importância social, capítulo específico à Segurança e Medicina do Trabalho. Trata-se do Capítulo V, Título II, artigos 154 a 201, com redação da Lei nº 6.514/77.

Em 1978, o Ministério do Trabalho e Emprego, por meio da Secretaria de Segurança e Saúde no Trabalho, hoje denominado Departamento de Segurança e Saúde no Trabalho, regulamentou os artigos contidos na CLT por meio da Portaria nº 3.214/78, criando 28 Normas Regulamentadoras – NRs. Com a publicação da Portaria nº 3.214/78 foi estabelecida a concepção de saúde ocupacional.

Em 1979, a Comissão Intersindical de Saúde do Trabalhador promoveu a Semana de Saúde do Trabalhador com enorme sucesso e, em 1980, essa comissão se transformou no Departamento Intersindical de Estudos e Pesquisas de Saúde e dos Ambientes do Trabalho.

Com a Constituição de 1988, nasce o marco principal da etapa de saúde do trabalhador no nosso ordenamento jurídico. Está garantida a redução dos riscos inerentes ao trabalho, por meio de normas de saúde, higiene e segurança. E ficam ratificadas as Convenções 155 e 161 da OIT – Organização Internacional do Trabalho –, que também regulamentam as ações para a preservação da saúde e dos serviços de saúde do trabalhador.

A proteção à saúde do trabalhador fundamenta-se, constitucionalmente, na tutela "da vida com dignidade", e tem como objetivo primordial a redução do risco de doença, como exemplifica o art. 7º, inciso XXII, e também o art. 200, inciso VIII, que protege o meio ambiente do trabalho, além do art. 193, que determina que "a ordem social tem como base o primado do trabalho, e como objetivo o bem-estar e a justiça sociais".

Ainda em 2010, foi promulgada a Lei 12.305, que instituiu a Política Nacional de Resíduos Sólidos (PNGRS) para normatizar a segregação dos resíduos sólidos, que descreve os itens para ser elaborado o Plano de Gerenciamento de resíduos que objetiva reduzir, controlar ou eliminar os dejetos resultantes de várias atividades profissionais e que podem causar danos à saúde do trabalhador e ao meio ambiente.

## 10.2 Aspectos de legislação e normatização

No Brasil, a Associação Brasileira de Normas Técnicas (ABNT), fundada em 1940, é o órgão responsável pela normalização[1] técnica, fornecendo a base necessária ao desenvolvimento tecnológico brasileiro.

A ABNT atua desde a década de 1950 na certificação de conformidade de produtos e serviços. Essa atividade está fundamentada em guias e princípios técnicos internacionalmente aceitos e alicerçada em uma estrutura técnica e de auditores multidisciplinares, garantindo credibilidade, ética e reconhecimento dos serviços prestados.

É a única e exclusiva representante no Brasil das seguintes entidades internacionais: ISO (International Organization for Standardization),

---

[1] Atividade que estabelece, em relação a problemas existentes ou potenciais, prescrições destinadas à utilização comum e repetitiva com vistas à obtenção do grau ótimo de ordem em um dado contexto.

IEC (International Electrotechnical Comission); e das entidades de normalização regional COPANT (Comisión Panamericana de Normas Técnicas) e a AMN (Associação Mercosul de Normalização).

## 10.2.1 Normas Regulamentadoras (NRs)

As NRs, que se aplicam à atividade de uma empresa, devem ser utilizadas como rotina no gerenciamento da segurança no trabalho. A seguir serão apresentados alguns aspectos relevantes de algumas destas normas.

### NR 1 – Disposições Gerais

Neste texto são estabelecidas, de forma geral, as obrigações do empregador, que são (item 1.7):
– Cumprir e fazer cumprir as normas de proteção.
– Elaborar ordens de serviço, procedimentos e normas internas de segurança com o objetivo de garantir que o trabalho seja executado de forma correta e segura.
– Determinar procedimentos a serem executados em casos de acidentes ou doenças.
– Adotar medidas de proteção contra o trabalho insalubre ou perigoso.
– Informar os trabalhadores sobre os riscos no trabalho.
– Informar os trabalhadores sobre as medidas de proteção existentes.
– Informar os trabalhadores sobre o resultado dos seus exames médicos.
– Informar os trabalhadores sobre o resultado das avaliações ambientais realizadas nos locais de trabalho.
– Permitir que os representantes dos trabalhadores acompanhem a fiscalização das condições de trabalho.

### NR 4 – Serviços Especializados em Engenharia de Segurança e Medicina em Trabalho (SESMTs)

Dentre as suas recomendações, indica que o SESMT deve manter permanente relacionamento com a Cipa[2] valendo-se ao máximo de suas observações, além de apoiá-la, treiná-la, e atendê-la, estudando suas reivindicações, propondo soluções corretivas e preventivas etc.

---

[2] Comissão Interna de Prevenção de Acidentes, Brasil, 2002.

## NR 6 – Equipamento de Proteção Individual (EPI)

Essa norma indica que o uso de um EPI deve se dar nas seguintes circunstâncias:

– Sempre que as medidas de proteção coletivas forem tecnicamente inviáveis ou não oferecem completa proteção contra os riscos.

– Enquanto as medidas de proteção coletiva estiverem sendo implantadas.

– Para atender a situações de emergências.

– A adoção do EPI deve ser precedida das seguintes medidas obrigatórias para o empregador:

a) adquirir o tipo adequado à atividade do empregado;

b) fornecer ao trabalhador apenas o EPI com Certificado de Aprovação do Ministério;

c) treinar o trabalhador sobre seu uso adequado;

d) substituir o EPI quando danificado ou extraviado; e

e) responsabilizar-se por sua higienização e manutenção periódica.

## NR 7 – Programas de Controle Médico de Saúde Ocupacional (PCMSOs)

Esta norma estabeleceu a obrigatoriedade de contratação de serviço de médico do trabalho (na ausência desse profissional na localidade, poderá ser médico de qualquer especialidade) para executar o PCMSO.

O PCMSO deve ser planejado e implantado com base nos riscos à saúde existentes no estabelecimento, sendo seu objetivo a prevenção, o rastreamento e o diagnóstico precoce dos agravos à saúde relacionados ao trabalho.

Deve incluir, entre outros, a realização obrigatória dos exames médicos:

– Admissional – antes de o trabalhador começar a trabalhar.

– Periódico – anual ou em menor tempo para trabalhadores expostos a riscos à saúde.

– De retorno ao trabalho – para aquele que ficar ausente por período igual ou superior a 30 dias, por motivo de acidente ou doença (do trabalho e comum), ou parto.

– De mudança de função – que deve ser feito antes de o trabalhador mudar para uma nova função.

– Demissional – que deverá ser feito antes da homologação.

Para cada exame realizado, o médico emitirá o Atestado de Saúde Ocupacional (ASO), cuja segunda via deve ser obrigatoriamente entregue ao trabalhador (é a sua garantia), contendo data, nome bem legível, CRM e assinatura do médico, com definição de "APTO" ou "INAPTO" para a função que o trabalhador vai exercer, exerce ou exerceu.

O prontuário médico do trabalhador deve ficar arquivado na empresa por período mínimo de 20 anos após o desligamento do trabalhador.

O PCMSO é um plano de trabalho de vigilância da saúde, contendo todos os exames que serão realizados nos trabalhadores, de acordo com sua função e tipo de atividade, na periodicidade indicada.

### NR 8 – Edificações

É a norma que estabelece as condições mínimas de segurança e conforto das instalações prediais, como altura do forro (pé-direito); as áreas de circulação; os vãos do guarda-corpos de escadas e plataformas; a proteção contra intempéries etc.

No caso de laboratórios, devem ser obedecidas as normas para equipamentos, fluxo de ar, rotas de fuga etc., de acordo com o definido pelo nível de biossegurança (ver capítulos 3 e 6) (ABDALA NUNES, 2009).

### NR 9 – Programa de Prevenção de Riscos Ambientais (PPRA)

Assim como o PCMSO, o PPRA deve ser obrigatoriamente elaborado e implantado por todo e qualquer empregador, seja ele público ou privado, que admita trabalhadores como empregados (ou seja, com vínculo CLT)[3], independentemente de seu número.

O objetivo do PPRA é a preservação da saúde dos trabalhadores por meio da antecipação, do reconhecimento, da avaliação e do controle de risco.

O PPRA deve conter no mínimo:

– A identificação dos riscos e suas fontes geradoras.

– A identificação das funções e do número de expostos ao risco.

– Os possíveis danos à saúde relacionados aos riscos identificados.

– A descrição das medidas de controle existentes.

A avaliação quantitativa (medição ambiental) deve ser realizada apenas para comprovar a eficácia das medidas de proteção ou para subsidiar sua adoção, nunca como critério único de avaliação do ambiente.

---

[3] Consolidação das Leis do Trabalho.

A adoção de medidas de proteção deve obedecer à seguinte ordem de prioridade:

1. Eliminação ou redução da utilização ou formação de agentes nocivos.
2. Prevenção da liberação ou disseminação desses agentes no ambiente.
3. Redução dos níveis de concentração desses agentes no ambiente.
4. Adoção de medidas de caráter administrativo (redução de jornada, revezamento) ou organizacionais (mudança de tarefas, dos horários, dos procedimentos etc).
5. Utilização de EPI, precedida de treinamento sobre o uso e o motivo de sua adoção, bem como esclarecimentos sobre limitações, procedimentos para uso etc.

As ações preventivas devem ser iniciadas nos seguintes níveis de ação:
– Metade dos limites de exposição dos agentes químicos, ou seja, metade do limite de tolerância ou do VRT.[4]
– Para o ruído, dose de 0,5 (dose superior a 50%).

Todos os dados gerados durante a execução do PPRA (levantamentos, resultados de avaliações etc.) devem ser arquivados por um período mínimo de 20 anos.

### NR 10 – Instalações e Serviços em Eletricidade

Esta norma estabelece critérios de segurança das instalações elétricas contra o risco de contato, contra o risco de incêndio e explosão, sobre a qualidade dos componentes dos sistemas elétricos, aterramento, proteção por para-raios, procedimentos de segurança em serviços de eletricidade, a qualificação da pessoa que realiza serviços de eletricidade, treinamento de primeiros socorros etc.

### NR 11 – Transporte, Movimentação, Armazenagem e Manuseio de Materiais

Define critérios de segurança para operação de elevadores, guindaste, transportadores industriais e máquinas transportadoras, além de regras gerais para armazenagem de materiais (distâncias mínimas, alturas máximas, largura de corredores, escadas etc.).

---

[4] Valor de Referência Tecnológico.

## NR 12 – Máquinas e Equipamentos

Define as condições das áreas de trabalho em torno de máquinas e equipamentos, os dispositivos mínimos de segurança desses, bem como as condições dos assentos e das mesas de trabalho, além de procedimentos e regras básicas para operação e manutenção de máquinas.

## NR 13 – Caldeiras e Vasos de Pressão

Essa norma se aplica a caldeiras de geração de vapor e vasos de pressão (reatores, compressores de ar, trocadores de calor, evaporadores, autoclaves), existentes principalmente em indústrias químicas, petroquímicas e do petróleo, hospitais, saunas, hotéis, bares e restaurantes, indústrias da alimentação, laboratórios etc.

## NR 15 – Atividades e Operações Insalubres

Essa norma estabelece os valores (Limites de Tolerância) a agentes físicos e químicos, além de classificar os agentes biológicos de acordo com seu grau de risco. Estabelece também que a exposição a agentes nocivos em concentração acima desses limites caracteriza a condição insalubre de trabalho, que dá direito ao trabalhador de receber o adicional de insalubridade, nos seguintes termos:
– Insalubridade em grau mínimo – corresponde a 10% do salário mínimo.
– Insalubridade em grau médio – corresponde a 20% do salário mínimo.
– Insalubridade em grau máximo – corresponde a 40% do salário mínimo.

Os agentes nocivos são descritos em 14 anexos da norma, listados a seguir com seus respectivos graus de insalubridade:
– Anexo n º1: Limites de Tolerância para Ruído Contínuo ou Intermitente – 20%.
– Anexo nº 2: Limites de Tolerância para Ruído de Impacto – 20%.
– Anexo nº 3: Limites de Tolerância para Exposição ao Calor – 20%.
– Anexo nº 4: Revogado em 1990, referia-se a valores mínimos de iluminação.
– Anexo nº 5: Limites de Tolerância para Radiações Ionizantes – 40%.
– Anexo nº 6: Trabalho sob Condições Hiperbáricas – 40%.
– Anexo nº 7: Radiações não Ionizantes – 20%.
– Anexo nº 8: Vibrações – 20%.
– Anexo nº 9: Frio – 20%.
– Anexo nº 10: Umidade 20%.

– Anexo nº 11: Agentes químicos cuja insalubridade é caracterizada por Limite de Tolerância e Inspeção no Local de trabalho – 10%, 20% e 40% (dependendo do agente, não de sua concentração).

– Anexo nº 12: Limites de Tolerância para Poeiras Minerais – 40%.

– Anexo nº 13: Agentes químicos – 10%, 20% e 40% (dependendo do agente em determinadas atividades e operações).

– Anexo nº 13 A: Benzeno – não estabelece adicional de insalubridade nem limite de tolerância, mas sim um Valor de Referência Tecnológico (VRT), por classificar o produto como substância cancerígena.

– Anexo nº 14: Agentes Biológicos – 20% e 40%, dependendo da atividade.

Também é importante assinalar que para alguns agentes nocivos existem valores máximos de concentração de exposição que não podem ser ultrapassados, sob pena de caracterizar condição de risco grave e iminente que torna o ambiente passível de interdição. São exemplos:

– Ruído contínuo ou intermitente, sem proteção adequada, acima de 115 decibéis.

– Ruído de impacto, sem proteção adequada, acima de 130 decibéis.

– Exposição ao calor medido em "Índice de Bulbo Úmido – Termômetro de Globo", acima de 30,0 para atividade pesada, de 31,1 para atividade moderada e acima de 32,2 para atividade leve.

– Concentração de oxigênio abaixo do valor mínimo (18%V), na presença de produtos classificados como "Asfixiantes Simples".

– Concentração de agentes químicos no ar acima do "Valor Máximo" estabelecido através de equação no item 7 do Anexo II da NR 15.

## NR 16 – Atividades e Operações Perigosas

Esta norma classifica as atividades e operações perigosas com explosivos, produtos inflamáveis e substâncias radioativas, que podem gerar o direito ao adicional de periculosidade que corresponde a 30% do salário-base do trabalhador.

## NR 17 – Ergonomia

Estabelece parâmetros que permitam a adaptação das condições de trabalho às características psicofisiológicas dos trabalhadores. Essa é a única norma (ver Capítulo 11) que estabelece alguma relação entre saúde mental e trabalho, ao definir que a organização do trabalho deve ser adequada às características psicofisiológicas dos trabalhadores e à natureza da tarefa a ser executada.

Para fins dessa norma, a organização do trabalho deve levar em consideração no mínimo: as normas de produção; o modo operatório; a exigência de tempo; a determinação do conteúdo do tempo; o ritmo de trabalho; o conteúdo das tarefas.

Por fim, a norma estabelece também alguns parâmetros para atividade de processamento eletrônico de dados.

### NR 23 – Proteção contra Incêndios

Estabelece critérios de prevenção contra incêndios, definindo os parâmetros para dimensionamento de extintores e hidrantes de combate a incêndio, regras para abandono de área e a necessidade de constituição de brigada de incêndio.

### NR 24 – Condições Sanitárias e de Conforto nos Locais de Trabalho

Nesta norma são estabelecidos os critérios para instalação e dimensionamento de sanitários, refeitórios, vestiários, banheiros, alojamentos etc. Define também sobre a necessidade de manutenção de boas condições de higiene e conservação dessas instalações e o fornecimento de água potável nos locais de trabalho.

### NR 26 – Sinalização de Segurança

É a norma que estabelece as cores de segurança a serem usadas na pintura de tubulações, tanques, máquinas e equipamentos, instalações industriais etc., com vistas a informar os trabalhadores sobre os riscos existentes. Define também critérios para a rotulagem preventiva de produtos perigosos à saúde. (ver Capítulo 3).

### NR 32 – Segurança e Saúde no Trabalho em Serviços de Saúde

Esta norma tem por finalidade estabelecer as diretrizes básicas para a implementação de medidas de proteção à segurança e à saúde dos trabalhadores dos serviços de saúde, bem como daqueles que exercem atividades de promoção e assistência à saúde em geral

Algumas normas não foram citadas, entretanto, aquelas não mencionadas nesta relação são as de menor relevância para laboratórios de ensino. Porém, devem ser consultadas sempre que necessário.

## 10.2.2– Normas ISO (International Organization for Standardization)

A Organização Internacional para Padronização (International Organization for Standardization – ISO) é uma entidade que aglomera os grêmios de padronização/normalização de 158 países, fundada em 23 de fevereiro de 1947, em Genebra, Suíça. Aprova normas internacionais em todos os campos técnicos, exceto na eletricidade e eletrônica, cuja responsabilidade é da International Electrotechnical Commission (IEC).

a) ISO/IEC 17025 – Requisitos gerais para competência de laboratórios de ensaio e calibração.

Esta norma destina-se a laboratórios no desenvolvimento de sistemas de qualidade, administrativo e técnico que regem suas operações. Clientes de laboratórios, autoridades regulamentadoras e organismos de credenciamento podem usá-la também na confirmação ou no reconhecimento da competência de laboratórios.

b) SO/IEC GUIA 43 – Ensaios de proficiência por comparações interlaboratoriais. Define os princípios e descreve os fatores, fundamentais para a organização e condução de programas de ensaios de proficiência.

c) ISO 9000:2000 – Sistemas de gestão da qualidade – Fundamentos e vocabulário (substitui as ISO 8402:1994 e ISO 9000:1994 partes 1 e 2)

Descreve os fundamentos de sistemas de gestão da qualidade e define os termos a ela relacionados.

d) ISO 9001:2000 – Sistemas de gestão da qualidade – Requisitos (substitui as ISO 9001:1994, ISO 9002:1994 e ISO 9003:1994)

Especifica requisitos para um sistema de gestão da qualidade, quando uma organização necessita demonstrar sua capacidade para fornecer de forma coerente produtos que atendam aos requisitos do cliente e requisitos regulamentares aplicáveis, e pretende aumentar a satisfação do cliente.

e) ISO 9004:2000 – Sistemas de gestão da qualidade – Diretrizes para melhorias de desempenho (substitui as ISO 9004-1:1994, ISO 9004-2:1993 e ISO 9004-3:1999)

Fornece diretrizes complementares aos requisitos estabelecidos na ISO 9001:2000, considerando tanto a eficácia como a eficiência de um sistema de gestão da qualidade e, por consequência, o potencial para melhoria do desempenho de uma organização.

f) ISO/IEC 14000 – Essas normas foram publicadas no Brasil em 1996, com a denominação de normas NR ISO 14000

À medida que aumentam as preocupações com a manutenção e a melhoria da qualidade do meio ambiente e com a proteção da saúde humana, as organizações de todos os tamanhos têm dirigido sua atenção de forma crescente para os impactos ambientais potenciais decorrentes das suas atividades, produtos ou serviços. Atingir um desempenho ambiental adequado requer o comprometimento da organização com uma abordagem sistemática e com a melhoria contínua do seu sistema de gestão ambiental.

O objetivo geral das normas da série NBR ISO 14000 é fornecer assistência a organizações na implementação ou no aprimoramento de um sistema de gestão ambiental.

Implantar o sistema de qualidade em um laboratório é definir a estrutura organizativa, as responsabilidades, os procedimentos, os processos e os recursos necessários que permitam cumprir com os seguintes objetivos (OMS,[5] 1998):

1. Prevenir riscos.
2. Detectar separações.
3. Corrigir enguiços.
4. Melhorar eficiência.
5. Reduzir custos.

Todo manual de qualidade deve incluir a definição inicial dos seguintes conceitos fundamentais:

a) A política de qualidade.

b) Os objetivos.

c) A responsabilidade e autoridade das áreas envolvidas.

d) Os esboços gerais para a organização nas atividades relativas à qualidade.

e) A identificação dos documentos-suporte do sistema de qualidade.

---

[5] Organização Mundial da Saúde.

## 10.3 Políticas em segurança

Para se estabelecer uma política de Saúde e Segurança no Trabalho (SST) o primeiro passo compreende a análise crítica inicial da situação envolvendo um diagnóstico, no qual são contemplados os seguintes aspectos:
– Requisitos da legislação de SST pertinente.
– Orientações já existentes na organização.
– Melhores práticas e desempenho do setor na empresa.
– Eficiência e eficácia dos recursos existentes.
– Política de SST.
– Reconhecer a SST como parte integrante do desempenho dos negócios.
– Comprometer-se com alto nível de desempenho e melhoria do custo-eficácia.
– Fornecer recursos adequados e apropriados.
– Estabelecimento e publicação dos objetivos.
– Gestão da SST é responsabilidade dos gerentes de linha.

A política de SST deverá ser realizada com base nos seguintes fatos:
– Comprometimento para que a política seja entendida e implementada.
– Envolvimento e consulta aos funcionários.
– Comprometimento com análises críticas periódicas.
– Compromisso de que todos os funcionários recebam treinamento apropriado.
– Organização.
– Ter acesso ou competência suficiente em relação à SST.
– Definir as responsabilidades, inclusive a financeira.
– Assegurar a autoridade necessária para as pessoas cumprirem suas responsabilidades.
– Alocar recursos adequados.
– Identificar as competências necessárias e organizar os treinamentos pertinentes.
– Tomar providências para uma comunicação eficaz.
– Adotar medidas para aconselhamento de especialistas em SST.
– Tomar providências eficazes para o envolvimento dos funcionários.
– Planejamento e implementação.
– Estabelecer o plano global e objetivos de forma que atendam à política de SST.

# 10.4 Percepção, classificação e análise de risco

## 10.4.1 Percepção de riscos fortes

Historicamente, tem sido dada importância aos fatores causais de acidentes em diferentes magnitudes. Primeiramente, trabalhou-se sobre o fator humano, pois era considerado o mais importante responsável das causas dos acidentes. Depois tomou força o critério de que "o homem irremediavelmente falha e isto não se pode mudar", pelo que se passou a trabalhar no fator técnico, originando-se a tendência à segurança intrínseca, ou seja, a técnica deve ser tal que, mesmo que o indivíduo falhe, não se produzam acidentes.

Apesar dos inegáveis avanços técnicos no campo, voltou-se a trabalhar fortemente sobre o fator humano, sobretudo nos fatores psicossociais da conduta do homem e na gestão empresarial da segurança. Por último, reconheceu-se que as condições de organização existentes são uma causa muito importante dos acidentes. É importante ressaltar que as causas não são únicas e podem surgir simultaneamente.

## 10.4.2 Conceito

Risco é definido como a probabilidade de que se realize o potencial de acidentes, incidentes e/ou exposições, de acordo com a NR 32. (BRASIL, MTE, NR 32, 2007; RAPPARINI, 2007)

1. INCIDENTES – É toda alteração dos procedimentos estabelecidos ou reconhecidos como seguros, que provocaram ou provocarão: danos de equipamentos e instrumentos, perdas de materiais e produtos, perdas de tempo, perda de produção e retrabalho, baixa produtividade, derramamentos, contaminações, escapes de substâncias químicas ou biológicas, problemas psicológicos ao trabalhador e à família, custos de atenção médica, pensões-auxílios, custos de reabilitação.

2. ACIDENTE – É um incidente em que existe lesão do trabalhador.

3. EXPOSIÇÃO – É um incidente do trabalho que poderá levar à alteração da saúde de uma ou mais pessoas e à ocorrência de doenças ocupacionais.

## 4. CLASSIFICAÇÃO DOS RISCOS FORTES

*Físicos*: são provocados por agentes físicos que se encontram no ambiente de trabalho como: ruído; vibrações mecânicas; temperaturas extremas, radiações ionizantes (raios alfa e beta: > poder de penetração: inalado/ingerido) – (raios X e gama: > poder de penetração via ar), radiações não ionizantes (infravermelhas – calor radiante, ultravioleta).

*Químicos*: provocados por poluentes químicos que se encontram no ambiente de trabalho, em proporções acima dos valores permissíveis, e que, se penetrarem no organismo, por qualquer via, poderão ocasionar problemas à saúde dos trabalhadores. Apresentam-se sob forma:

a) Sólida: plásticos e similares.

b) Líquida: ácidos e solventes; que podem ocasionar queimaduras, irritações e dermatoses.

c) Gases e vapores
   – inertes (oxigênio, dióxido de carbono, nitrogênio);
   – tóxicos (monóxido de carbono, gás sulfídrico, solventes);

Quanto às vias de penetração dos agentes químicos no organismo: via respiratória, via cutânea (intacta ou não) e digestiva.

*Contaminantes atmosféricos físicos*: aerodispersoides (poeiras, névoas, fumos metálicos, neblina e fumaça); gases e vapores. A classificação fisiológica dos contaminantes atmosféricos é: alergizantes e irritantes, asfixiantes, narcóticos, compostos que causam lesões nos órgãos, compostos que causam lesões no sistema produtor do sangue, compostos que afetam o sistema nervoso, compostos tóxicos inorgânicos, metais tóxicos e poeiras produtoras de fibrose.

*Psicofisiológicos*: contemplam os resultados que, sobre o trabalhador, poderão ocasionar uma excessiva carga mental e psíquica em consequência de um trabalho intenso, sendo o estresse a causa fundamental da ocorrência de possíveis acidentes do trabalho e de doenças ocupacionais.

*Biológicos*: são provocados por poluentes de origem biológica, fundamentalmente por seres vivos ou mortos ou parte deles (macro e microrganismos: vírus, bactérias, fungos, parasitas, bacilos etc.) que podem causar doenças profissionais (tuberculose, brucelose, tétano, malária, febre amarela, febre tifoide etc.).

*Ergonômicos*: relacionam-se aos fatores psicológicos e fisiológicos do trabalho: postura, ritmo, fadiga (estresse) e preocupação (ver Capítulo 11).

Assim, de acordo com as suas probabilidades estimadas e a gravidade potencial de dano são denominados:

**Tabela 10.1 –** Probabilidades estimadas e potencial de dano

| Gravidade do dano probabilidade | Prejudicial | Prejudicial | Extremamente prejudicial |
|---|---|---|---|
| Altamente improvável | Risco trivial | Risco tolerável | Risco moderado |
| Improvável | Risco tolerável | Risco moderado | Risco substancial |
| Provável | Risco moderado | Risco substancial | Risco intolerável |

Fonte: Elaborada pela autora.

Para a análise de riscos, preparar o plano de ação para controle de risco (se necessário). As etapas compreendem:

**Tabela 10.2 –** Etapas do plano de ação para controle de risco

| NÍVEL DE RISCO | AÇÃO E CRONOGRAMA |
|---|---|
| TRIVIAL | Nenhuma ação é requerida e nenhum registro documental precisa ser mantido. |
| TOLERÁVEL | Nenhum controle adicional é necessário. Pode-se considerar uma solução mais econômica ou aperfeiçoamento que não imponham custos extras. A monitoração é necessária para assegurar que os controles sejam mantidos. |
| MODERADO | Devem ser feitos esforços para reduzir o risco, mas os custos de prevenção devem ser cuidadosamente medidos e limitados. As medidas de redução de risco devem ser implementadas dentro de um período de tempo definido. Quando o risco moderado é associado a consequências extremamente prejudiciais, uma avaliação anterior pode ser necessária, a fim de estabelecer, mais precisamente, a probabilidade de dano, como uma base para determinar a necessidade de medidas de controle aperfeiçoadas. |

*continua...*

*continuação*

| NÍVEL DE RISCO | AÇÃO E CRONOGRAMA |
|---|---|
| SUBSTANCIAL | O trabalho não deve ser iniciado até que o risco tenha sido reduzido. Recursos consideráveis poderão ter de ser alocados para reduzir o risco. Quando o risco envolver trabalho em execução, ação urgente deve ser tomada. |
| INTOLERÁVEL | O trabalho não deve ser iniciado nem continuar até que o risco tenha sido reduzido. Se não for possível reduzir o risco, nem com recursos ilimitados, o trabalho tem de permanecer proibido. |

Fonte: Elaborada pela autora.

Para a análise dos casos de acidentes, podemos considerar a classificação de risco a seguir:

– A classificação de riscos adotados na NR 5 (Comissão Interna de Prevenção de Acidentes – CIPA, BRASIL, 2001), agrupando-os de acordo com a natureza do agente causador de acidente.

– A NR 5 considera que a natureza do agente causador pode ser de cinco tipos (ver Capítulo 6).

- Físicos (verde): ruídos, vibrações, radiações ionizantes, radiações não ionizantes, frio, calor, pressões anormais, umidade.
- Químicos (vermelho): poeiras, fumos, névoas, neblinas, gases, vapores, substâncias, compostos ou produtos químicos em geral.
- Biológicos (marrom): vírus, bactérias, protozoários, fungos, parasitas, bacilos.
- Ergonômicos (amarelo): esforço físico intenso, levantamento e transporte manual de peso, postura inadequada, controle rígido de produtividade, ritmos excessivos, jornadas prolongadas, monotonia e repetitividade, trabalho em turno e noturno, outras situações de estresse físico e/ou psíquico.
- Acidente (azul): arranjo físico inadequado, máquinas e equipamentos sem proteção, ferramentas defeituosas ou inadequadas, iluminação deficiente, eletricidade, incêndio ou explosão, armazenamento inadequado, animais peçonhentos, outras situações.

**Conceito de acidente – ABNT**

Com base na definição da Norma Brasileira de Cadastro de Acidentes, NB-18 da Associação Brasileira de Normas Técnicas – ABNT (1975), é adotado o conceito de acidente como a ocorrência não planejada, instantânea ou não, decorrente da interação do ser humano com seu meio ambiente físico e social de trabalho e que provoca lesões e/ou danos materiais. Esta definição visa enfatizar três aspectos:

1. Ao estabelecer que os acidentes são eventos não planejados, é reconhecido o papel do acaso na sua ocorrência.
2. Os acidentes não têm relação exclusivamente com o ambiente físico do trabalho (máquinas, ferramentas e condições de iluminação e ruído, por exemplo), mas envolvem, também, o ambiente social (organização do trabalho e relacionamentos entre pessoas, por exemplo) dentro do qual o trabalho é desempenhado.
3. Os acidentes apenas com danos materiais também são considerados acidentes de trabalho.

## Causas do acidente

Segundo sua situação cronológica na sequência do acidente, as causas podem ser definidas como:

### Imediatas
As causas que diretamente provocam as lesões. Quando se atua sobre as causas que diretamente provocam as lesões e danos, trata-se de proteção do trabalho. Quando atuamos sobre as causas que estão imediatamente posteriores a estas, trata-se de prevenção.

### Remotas
As causas cronologicamente mais distantes do acidente, são causas anteriores e se denominam causas básicas. Atuar sobre elas corresponde à previsão ou prevenção.

Assim, o conceito é que as causas remotas são cronologicamente mais distantes do acidente, são causas anteriores e denominam-se causas básicas, sendo que quando se atua sobre elas está se falando de previsão. E relembrando o item "b" da NB-18, pelo qual os acidentes envolvem o meio ambiente social (organização do trabalho e relacionamentos entre pessoas, por exemplo) em que o trabalho é desempenhado, vê-se o gerenciamento em biossegurança[6] como um fator de significativa relevância.

---

[6] Ver Capítulo 6.

Os acidentes são multicausais, ou seja, têm mais de uma cadeia de causas; não existem causas únicas determinantes de um dado tipo de acidente. A lógica das causas que condicionaram o desencadeamento do acidente, incidente ou exposição, será analisada mediante a decomposição do fato em diferentes falhas: causais, técnicas, de organizacionais e humanas.

### Classificação das causas de acidentes

Classificação das causas segundo sua origem técnica humano-organizacional:

*Humanas*: ações que originam situações potenciais de perigo que levam a acidentes normalmente se identificam como ações inseguras. Motivos básicos para ocorrências de ações inseguras compreendem atitude imprópria, insuficientes conhecimentos ou habilidades, incapacidade física, ambientes físicos impróprios.

*Técnicas*: condições materiais que originam situações de perigo que levam a acidentes normalmente se identificam como condições inseguras.

*Organizacionais*: condições de organização existentes são uma causa muito importante dos acidentes.

Dentre as causas humanas responsáveis pelos acidentes, podemos ressaltar as seguintes ações inseguras. Considerando os quatro motivos básicos para a ocorrência de ações inseguras, que compreendem:

1. Comportamento ou atitude imprópria.
2. Insuficientes conhecimentos ou habilidades.
3. Aptidões ou limitações.
4. Ambientes físicos impróprios.

Dentre as causas técnicas, podemos destacar as condições inseguras:
1. Risco físico.
2. Risco químico.
3. Risco biológico.

Causas estruturais de um acidente são as condições de risco que estão por trás das causas imediatas e que contribuem de modo marcante para a geração de um acidente. Como resultado de análises de acidentes ocorridos em laboratórios, podemos enumerar as seguintes causas:

1. Falta de formação e informação dos trabalhadores.
2. Falta de gestão preventiva.
3. Falta de estabelecimento e controle de métodos e procedimentos operacionais.
4. Falta de um sistema de comunicação.
5. Falta de boas condições operacionais no entorno de trabalho (como exemplo ordem e limpeza).
6. Falta de conservação e manutenção dos agentes materiais (instalações, máquinas, ferramentas).
7. Falta de inspeções e segurança das instalações e equipamentos.
8. Falta de gerenciamento de risco.

### 10.4.3 Riscos químicos em laboratórios

O risco químico é um dos principais relacionados à organização do depósito ou armazenamento de substâncias químicas e alguns aspectos devem ser ressaltados para preveni-los, ou seja, para reduzir os acidentes no trabalho (ver Capítulo 3).

**Fichas de dados de segurança**

Devem ser conhecidas, catalogadas, sintetizadas e terem fácil acesso.

Com objeto de adotar um sistema de informação dirigido principalmente aos usuários profissionais que lhes permita tomar medidas necessárias para o amparo da saúde e da segurança no lugar de trabalho e para o amparo do meio ambiente, o responsável pela comercialização de um produto químico deverá facilitar ao consumidor uma ficha de dados de segurança (ver Anexo I) que lhe será proporcionada de forma gratuita e com a primeira entrega do produto. Diversas bases de dados de segurança química também disponibilizam as fichas de segurança. Estas fichas de segurança deverão incluir obrigatoriamente os seguintes aspectos:

**1. Identificação da substância ou preparado e do responsável por sua comercialização**

A denominação empregada para sua identificação será idêntica à empregada na etiqueta. A identificação do responsável pela comercialização incluirá sua direção e telefone. Para complementar a informação anterior, podemos incluir os telefones de urgência da empresa e do organismo oficial responsável.

## 2. Composição e informação sobre os componentes

Estas informações deveriam permitir ao destinatário conhecer sem dificuldade o risco que pode representar a substância ou o preparado. No caso de preparados, não estará necessariamente indicada sua composição completa, mas sim a natureza e concentração das substâncias perigosas.

## 3. Identificação de perigos

Especialmente aqueles cuja substância ou preparado representa risco para o homem ou o meio ambiente. Deverão ser identificados também aqueles cujos efeitos perigosos estão relacionados com a utilização e o uso incorreto razoavelmente previsível.

## 4. Primeiros socorros

Serão descritos os primeiros socorros a empregar. No entanto, deverá ser definido se há necessidade de um exame médico imediato ou não. Neste item, para informação, deverão ser descritos brevemente os sintomas e efeitos,[7] assim como indicações a respeito do que se pode fazer sobre o terreno em caso de acidente e se forem previsíveis efeitos retardados depois de uma exposição. É possível que no caso de algumas substâncias ou preparados haja indicação sobre a importância de dispor de meios especiais para aplicar um tratamento específico e imediato no lugar de trabalho.

## 5. Medidas de combate contra incêndios

Indicarão as normas a serem seguidas no combate a um incêndio provocado por uma substância ou preparado, fazendo referência aos meios de extinção adequados, assim como àqueles que não devem ser utilizados por razões de segurança e os riscos que possam resultar da exposição à substância, ao preparado em si, aos produtos de combustão ou gases produzidos. Também se advertirá quanto aos equipamentos de proteção especial a serem utilizados pelo pessoal de luta contra incêndios (ver Anexo II – Capítulo 6).

## 6. Medidas que devem ser tomadas em caso de derrame acidental

Em virtude da substância ou preparado, deverão ser fornecidas informações sobre:

– Precauções individuais: afastar-se de fontes inflamáveis, prevenção de contato com pele e olhos, ventilação, proteção respiratória e de mucosas.

---

[7] Consultar livro *Qualidade* em *Biossegurança*, citado em Referências.

– Precauções para proteção do meio ambiente: evitar a contaminação de efluentes (via ralo), assim como da área, principalmente do piso.

– Métodos de limpeza: utilização de materiais absorventes, eliminação por projeção de água dos gases/vapores, diluição, material radioativo.

### 7. Manipulação e armazenamento

Manipulação: Indicar as precauções a serem tomadas para garantir uma manipulação sem perigo, que podem incluir medidas de ordem técnica tais como a ventilação localizada e generalizada, outras destinadas a prevenir e combater incêndios, assim como equipamentos e procedimentos de emprego recomendados ou proibidos.

Armazenamento: indicar as condições seguras de armazenamento fazendo referência, se for necessário, aos desenhos de locais ou depósitos de armazenamento, materiais incompatíveis, condições de temperatura e umidade, instalação elétrica especial, prevenção da acumulação de eletricidade estática.

### 8. Controles de exposição/proteção individual

O controle da exposição inclui todas as precauções a serem tomadas durante a utilização de uma substância ou de um preparado, para reduzir ao mínimo a exposição dos trabalhadores. Devem ser tomadas medidas de ordem técnica antes de recorrer a proteção pessoal. Deverão ser indicados os parâmetros específicos de controle com sua referência, como valores limite ou normas biológicas, e informação sobre os procedimentos de vigilância recomendados. No caso de ser necessário o uso de equipamento pessoal (proteção das mãos, respiratória, dos olhos, cutânea), deverá indicar o tipo de equipamento que proporciona uma proteção eficaz.

### 9. Propriedades físico-químicas

Deve ter as seguintes informações, conforme sua aplicabilidade à substância ou ao preparado:

– Aspecto: estado físico (sólido, líquido, gás) e a cor da substância ou do preparado.

– Aroma: se o aroma for perceptível se descreverá brevemente.

– pH da substância ou do preparado, tal como comercializado ou de uma solução aquosa; neste último caso se indicará a concentração.

– Ponto/intervalo de ebulição; ponto/intervalo de fusão; ponto de brilho.

– Inflamabilidade/Autoinflamabilidade: perigo de explosão. Propriedades comburentes.

– Pressão de vapor.

– Solubilidade: hidrossolubilidade, lipossolubilidade.

– Outros dados importantes para a segurança, tais como densidade de vapor, velocidade de evaporação.

### 10. Estabilidade e reatividade

Indicará a estabilidade da substância ou do preparado e a possibilidade de reações perigosas, sob certas condições:

– Condições a evitar: temperatura, pressão suscetíveis de provocar uma reação perigosa.

– Materiais a evitar: suscetíveis de provocar uma reação perigosa com a substância ou o preparado.

### 11. Informações toxicológicas

Dá resposta à necessidade de oferecer uma descrição concisa, mas completa e compreensível, dos diferentes efeitos tóxicos que podem ser observados quando o usuário entra em contato com a substância ou o preparado.

Deverão estar descritos: quando proceder, os efeitos perigosos para a saúde devidos a uma exposição ao produto, incluindo informação sobre as diferentes vias de exposição, descrevendo-se sintomas relacionados com as propriedades do produto. Deverão ser indicados também os efeitos retardados e imediatos conhecidos, assim como os efeitos crônicos devidos a uma exposição de curto e longo prazo.

### 12. Informações ecológicas

Sobre os efeitos, comportamento e destino final pertinentes à natureza da substância ou preparado e a respeito dos produtos perigosos resultantes da degradação de substâncias e preparados.

### 13. Considerações relativas à eliminação

Se a eliminação da substância ou do preparado (excedentes ou resíduos resultantes de sua utilização previsível) representa perigo, deverá ser feita uma descrição destes resíduos e fornecidas informações sobre a maneira de manipulá-los sem perigo. Indicar os métodos apropriados de eliminação tanto da substância ou preparado como dos recipientes contaminados por estes.

## 14. Informações relativas ao transporte

Indicar todas as precauções especiais que o usuário deverá conhecer para o transporte dentro e fora de suas instalações.

## 15. Informações regulamentares

Dar as informações que figuram na etiqueta conforme as disposições relativas à classificação, envase e etiquetagem das substâncias e os preparados perigosos. Também sobre disposições particulares em matéria de proteção para o homem e o meio ambiente.

## 16. Outras informações

Informações adicionais importantes para a saúde, a segurança e o meio ambiente, por exemplo:
– Conselhos relativos à formação.
– Usos recomendados e restrições.
– Ponto de contato técnico.
– Data de emissão da ficha.

As informações contidas na etiqueta e a ficha de segurança são fundamentais para o planejamento de medidas preventivas na manipulação de produtos químicos.

## 10.4.4 Passos a serem seguidos para um processo efetivo de operacionalização em depósitos e almoxarifados

### Instruções de trabalho

Estabelecer a metodologia para a elaboração e o tratamento das instruções de trabalho.

### Alcance

É conveniente elaborar instruções de trabalho por escrito daquelas rotinas que se considerem críticas, seja decorrente de sua complexidade e dificuldade, seja dado o que a má execução ou omissão da tarefa possa repercutir significativamente na qualidade ou segurança do processo.

### Implicações e responsabilidades

A elaboração das instruções de trabalho deveria correr a cargo do gestor do laboratório correspondente, pois é quem deve ter um bom conhecimento das atividades e do entorno de trabalho. Pode-se delegar esta função de elaboração a especialistas concretos para aquelas instruções de trabalho cuja complexidade necessite conhecimentos específicos. É importante que se conte com a opinião e colaboração dos trabalhadores implicados. O gestor ou o especialista é responsável por identificar as necessidades de instruções de trabalho em tarefas consideradas críticas. Os trabalhadores deverão cumprir com o indicado nas instruções de trabalho, comunicando a sua gerencia direta quanto às carências ou deficiências encontradas em sua aplicação.

### Desenvolvimento

As instruções de trabalho desenvolvem sequencialmente os passos a seguir para a correta realização de um trabalho, rotina, protocolo ou tarefa. Portanto, devem servir de guia ao trabalhador no desenvolvimento de atividades que podem ser críticas. É conveniente realizar um estudo da tarefa objeto de instrução antes de proceder a sua redação; deve-se efetuar uma análise detalhada dos possíveis riscos que se possam derivar da execução da tarefa, tendo em conta tanto os fatores técnicos como humanos e organizativos que incidem em cada um dos possíveis perigos.

Para isso, é fundamental não só a própria experiência ou boas práticas do trabalhador, mas também as indicações ou recomendações relacionadas aos procedimentos ou substâncias envolvidas. Os manuais de instruções do fabricante, as fichas de segurança e etiquetados são documentos básicos para consultar na hora de determinar os aspectos importantes a incluir na instrução.

Esses são aspectos de segurança que devem ser destacados dentro do próprio contexto da instrução de trabalho, para que o trabalhador saiba como atuar corretamente nas diferentes fases da tarefa e, além disso, perceba claramente as cuidados especiais que deve ter em momentos ou operações-chave para sua segurança pessoal, a de seus companheiros e a das instalações. As normas de segurança devem estar integradas à estrutura sequencial da instrução de trabalho. Entretanto, também poderiam se desenvolver em uma parte específica ao se tratar de uma questão geral, por exemplo, o uso de um determinado equipamento de proteção individual, ou questões específicas de especial relevância, tais como executar uma série de verificações prévias quanto à qualidade do ar de um espaço confinado antes de iniciar um trabalho em seu interior. Existe uma série de tarefas que devido à sua criticidade devem que dispor de instruções de trabalho por escrito, tais como:

– Operações normais com risco de graves consequências (emprego de substâncias ou processos químicos perigosos).

– Operações em espaços confinados.

– Operações com contribuição de calor em lugares ou instalações com perigo de incêndio ou explosão.

– Situações de emergência.

– Operações de manutenção e limpeza.

– Situações de alteração dos procedimentos normais de operação.

## 10.4.5 Sinalização de segurança

### Objetivo

Estabelecer o procedimento de sinalização[8] que deve ser utilizado para informar sobre advertências, proibições, obrigações ou outras indicações destinadas a um melhor controle dos riscos trabalhistas.

### Alcance

Entra no alcance deste compartimento toda sinalização de segurança, óptica e acústica, que deve se estabelecer nos laboratórios e locais de trabalho.

### Implicações e responsabilidades

O responsável pelo laboratório deverá adotar as medidas precisas para que, sempre que resultar necessário, nos lugares de trabalho exista uma sinalização de segurança e saúde adequada, complementar às medidas de prevenção e amparo.

A aplicação e a conservação estarão a cargo do diretor da unidade funcional correspondente.

Todos os trabalhadores e pessoal de fora deverão cumprir com as obrigações ou proibições que a sinalização da empresa estabeleça.

Devem-se conhecer as substâncias estocadas, suas particularidades e grau de risco, fazendo um *check list*, como segue, do que depende o grau de risco:

– Suas propriedades químicas.

– Suas propriedades físicas (volatilidade, densidade, inflamabilidade).

– Estado físico.

– Toxicidade.

– Magnitude da exposição.

– Duração da exposição.

– Via de entrada ao organismo.

---

[8] Ver também Capítulo 3.

– Interações com outras substâncias;

– Forma em que a substância é manipulada.

Para proteger os trabalhadores dos possíveis danos, então é necessário:

a) Conhecer as substâncias que se manipulam.

b) Conhecer como os trabalhadores se expõem.

c) Avaliar as condições em que ocorre a manipulação e o cumprimento de medidas básicas de segurança e higiene necessárias.

d) Ditar e fazer cumprir medidas destinadas a reduzir ou eliminar o risco.

e) Avaliar qual a influência do estado físico das substâncias químicas nos efeitos das substâncias químicas. Exemplos:

   – Gases e vapores.

   – Aerossóis.

   – Pós.

f) Identificar a classificação das substâncias químicas segundo seus efeitos (ver Capítulo 3).

g) Identificar na classificação, de acordo com *efeitos específicos*, se há substâncias:

   – Cancerígenas.

   – Mutagênicas.

   – Teratogênicas.

   – Embriotóxicas.

   – Asfixiantes.

   – Anestésicas.

   – Inflamáveis.

   – Comburentes (ou oxidantes).

   – Explosivas.

h) Identificar qual é o critério de compatibilidade de famílias químicas. Usar a tabela padrão (Figura 10.1).

**Figura 10.1** – Compatibilidade de "famílias" químicas

## Compatibilidade de "Famílias" Químicas

As intersecções marcadas com "x" representam a possibilidade de reação indesejável entre os produtos pertencentes a cada uma das famílias.

Fonte: U.S. Coast Guard

Associquim / Sincoquim
Manual de Armazenagem e Manuseio de Produtos Químicos
Compatibilidade Química – Anexo I

| | | 1 | 2 | 3 | 4 | 5 | 6 | 7 | 8 | 9 | 10 | 11 | 12 | 13 | 14 | 15 | 16 | 17 | 18 | 19 | 20 | 21 | 22 | 23 | 24 |
|---|---|---|---|---|---|---|---|---|---|---|---|---|---|---|---|---|---|---|---|---|---|---|---|---|---|
| Ácidos orgânicos | 1 | 1 | | | | | | | | | | | | | | | | | | | | | | | |
| Ácidos inorgânicos | 2 | x | 2 | | | | | | | | | | | | | | | | | | | | | | |
| Cáusticos | 3 | x | x | 3 | | | | | | | | | | | | | | | | | | | | | |
| Aminas | 4 | x | x | | 4 | | | | | | | | | | | | | | | | | | | | |
| Compostos Halogenados | 5 | x | | x | 5 | 5 | | | | | | | | | | | | | | | | | | | |
| Álcoois, Glicóis e Glicóis Éteres | 6 | x | | | | | 6 | | | | | | | | | | | | | | | | | | |
| Aldeídos | 7 | x | x | x | x | | x | 7 | | | | | | | | | | | | | | | | | |
| Cetonas | 8 | x | | x | x | | | x | 8 | | | | | | | | | | | | | | | | |
| Hidrocarbonetos Saturados | 9 | | | | | | | | | 9 | | | | | | | | | | | | | | | |
| Hidrocarbonetos Aromáticos | 10 | x | | | | | | | | | 10 | | | | | | | | | | | | | | |
| Olefinas | 11 | x | | | | x | | | | | | 11 | | | | | | | | | | | | | |
| Derivados do Petróleo | 12 | | | | | | | | | | | | 12 | | | | | | | | | | | | |
| Ésteres | 13 | x | | x | x | | | | | | | | | 13 | | | | | | | | | | | |
| Monômeros e Esteres Polimerizáveis | 14 | x | x | x | x | x | x | | | | | | | | 14 | | | | | | | | | | |
| Fenóis | 15 | | | x | x | | | x | | | | | | | x | 15 | | | | | | | | | |
| Óxidos de Alcoilena | 16 | x | x | x | x | | x | x | | | | | | | x | x | 16 | | | | | | | | |
| Cianidrinas | 17 | x | x | x | x | x | | x | | | | | | | | | x | 17 | | | | | | | |
| Nitrilas | 18 | x | x | x | x | | | | | | | | | | | | | x | 18 | | | | | | |
| Amônia | 19 | x | x | | | | | x | x | | | | | x | x | x | x | x | | 19 | | | | | |
| Halogênios | 20 | | | x | | | x | x | x | x | x | x | x | x | x | x | | | | x | 20 | | | | |
| Éteres | 21 | x | | | | | | | | | | | | | x | | | | | | x | 21 | | | |
| Fósforo | 22 | x | x | x | | | | | | | | | | | | | | | | | x | | 22 | | |
| Enxofre Fundido | 23 | | | | | | | | x | x | x | x | | | x | | | | | | | | x | 23 | |
| Anidridos ácidos | 24 | x | | | x | x | | x | x | | | | | | x | | x | x | x | x | x | | | | 24 |

Fonte: Adaptada de Elpo et al. (2001).

Em síntese:

O trabalhador que realiza a organização e armazenamento do material no depósito deverá:

1. Conhecer, estar treinado e reciclado quanto às instruções de trabalho (tanto na qualidade de aprendiz, quanto na de participante).
2. Conhecer e respeitar os sinais de sinalização.
3. Conhecer as substâncias manipuladas ou estocadas e suas particularidades.
4. Conhecer os critérios para etiquetar, datar e inspecionar os produtos.
5. Conhecer os planos de contingência e emergência química.

6. Conhecer os critérios para cuidados com o almoxarifado, pois papéis, documentos e materiais de limpeza não podem ser armazenados nos depósitos.

Os trabalhadores responsáveis pela arrumação e organização do depósito devem conhecer as medidas e o procedimento de uso correto dos seguintes parâmetros:
1. Equipamentos de proteção pessoas.
2. Equipamentos de proteção coletiva.
3. Medidas de primeiros socorros.

Ou seja, os trabalhadores devem receber um treinamento na sua admissão, que deve ser atualizado em períodos predeterminados ou de acordo com a necessidade – registros de ocorrência de acidentes no setor.

### 10.4.6 Sinalização do laboratório

Sinalização faz parte de um grande projeto do sistema de informação e comunicação e deveria ser decorrente de uma efetiva análise de riscos e com participação de todos os envolvidos (alta administração, nível intermediários, nível operacional, apoio logístico, fornecedores etc.). Em linhas gerais, apresentamos um modelo que se considera viável para direcionar o processo (ver Capítulo 3).

**Desenvolvimento**
Quando, como resultado de alguma técnica preventiva ou por obrigação legal ou normativa, se estabelece a necessidade de sinalizar um risco ou uma condição perigosa, deverá ser estudado que sistema de sinalização é o mais adequado em cada caso. Sugere-se o roteiro de procedimento apresentado na continuidade deste documento.

Quanto às situações especiais a serem sinalizadas, deve-se prestar especial atenção, vigiando o bom estado e a visibilidade da sinalização, aos seguintes aspectos:

– Sinalização de advertência de perigos.
– Intervenções em máquinas ou instalações que requeiram cuidados especiais.
– Sinalização de evacuação e saídas de emergência.
– Sinalização de extintores e equipamentos de luta contra incêndios.
– Sinalização e etiquetagem de produtos tóxicos, perigosos e inflamáveis.
– Sinalização das instalações elétricas perigosas.
– Sinalização de obrigações de uso do EPI.
– Sinalização de proibição.

## Roteiro de procedimentos para o processo de sinalização

### Finalidade da sinalização[9]

A sinalização de segurança e saúde no trabalho deverá ser utilizada sempre que a análise dos riscos existentes, das situações de emergência previsíveis e das medidas preventivas adotadas ponha de manifesto a necessidade de:

– Chamar a atenção dos trabalhadores sobre a existência de determinados riscos, proibições ou obrigações.

– Alertar os trabalhadores quando se produzir uma determinada situação de emergência que requeira medidas urgentes de amparo ou evacuação.

– Facilitar aos trabalhadores a localização e identificação de determinados meios ou instalações de amparo, evacuação, emergência ou primeiros auxílios.

– Orientar ou guiar os trabalhadores que realizem determinadas manobras perigosas.

A sinalização não deverá ser considerada uma medida substituta das medidas técnicas e organizativas de amparo coletivo e deverá utilizar-se quando estas últimas não tenham sido suficientes para eliminar os riscos ou reduzi--los. Tampouco deverá ser considerada uma medida substituta da formação e informação dos trabalhadores em matéria de segurança e saúde no trabalho.

A sinalização de segurança e saúde no trabalho consiste naquela que, referida a um objeto, atividade ou situação determinada, proporcione uma indicação ou uma obrigação relativa à segurança ou à saúde no trabalho, mediante um sinal em forma de painel, uma cor, um sinal luminoso ou acústico, uma comunicação verbal ou um sinal gestual.

### Tipos de sinalização

a) Sinal de proibição: um sinal que proíbe um comportamento suscetível de provocar um perigo.

b) Sinal de advertência: um que adverte de um risco ou perigo.

c) Sinal de obrigação: aquele que obriga a um comportamento determinado.

d) Sinal de salvamento ou de socorro: um sinal que proporciona indicações relativas às saídas de socorro, aos primeiros auxílios ou aos dispositivos de salvamento.

e) Sinal indicativo: um sinal que proporciona outras informações; trata-se fundamentalmente daquelas informações de sinalização que não estão

---

[9] Ver pictogramas: Capítulo 3.

especificamente codificadas. Por exemplo, suponhamos que se trata de advertir do perigo de intervenção em uma equipe fora de serviço. Em tal caso, poderia utilizar sinal de advertência de "perigo em geral" e junto um texto em letras negras sobre fundo amarelo, indicando: "EQUIPA-MENTO FORA DE USO. NÃO TOCAR".

Em geral, um critério a seguir na utilização de sinais indicativos mediante texto, é o de utilizar letras brancas sobre fundo vermelho ou letras negras sobre fundo amarelo quando se tratar de informar sobre situações de perigo.

Quando se tratar de aspectos relevantes na prevenção e extinção de incêndios, obviamente se utilizará texto de letras brancas sobre fundo vermelho.

Empregam-se letras brancas sobre fundo verde em todo texto relativo a salvamento ou socorro.

f) Sinal adicional: um sinal utilizado junto a outro sinal e que facilita informações complementares. Por exemplo: junto à proibição de fumar e acender fogo, colocar o sinal de produtos inflamáveis; esse nos indica uma informação complementar. Outro exemplo poderia ser o de um sinal relativo à localização de um elemento de luta contra incêndios que se encontra afastado, com o conteúdo gráfico de uma flecha que indica a direção a seguir para encontrar o chamado elemento. É muito importante sinalizar os caminhos até um dispositivo, as rotas de fuga etc.

Há elementos importantes a serem considerados, como vemos a seguir.

Em determinadas situações, para que a sinalização resulte eficaz, deve-se possibilitar que determinados sinais em forma de painel sejam construídos com pigmentos fotoluminescentes ou ter fontes de energia que garantam seu funcionamento, mesmo em caso de interrupção do sistema de suprimento de energia geral.

### Elementos de sinalização

a) Cor de segurança: uma cor a qual se atribui um determinado significado em relação com a segurança e saúde no trabalho.

b) Símbolo ou pictograma: uma imagem que descreve uma situação ou obriga a determinado comportamento, podendo ser realizada sobre um sinal em forma de painel ou sobre uma superfície luminosa.

c) Sinal luminoso: um sinal emitido por meio de um dispositivo formado por materiais transparentes ou translúcidos, iluminados desde atrás ou do interior, de tal maneira que apareça por si mesmo como uma superfície luminosa.

d) Sinal acústico: um sinal sonoro codificado, emitido e difundido por meio de dispositivo apropriado, sem intervenção de voz humana ou sintética.

e) Comunicação verbal: uma mensagem verbal predeterminada, na qual se utiliza voz humana ou sintética.

f) Sinal gestual: um movimento ou disposição dos braços ou das mãos em forma codificada para guiar as pessoas que estejam realizando manobras que constituam um risco ou perigo para os trabalhadores.

### Questões a serem consideradas

Os responsáveis, antes de tomar a decisão de sinalizar um laboratório, deveriam analisar uma série de aspectos com a finalidade de conseguir que sua eleição seja a mais acertada possível. Entre os aspectos a serem considerados encontram-se:

– A necessidade de sinalizar.

– A seleção dos sinais mais adequados.

– A aquisição de sinais.

– A normalização interna de sinalização.

– A divulgação, manutenção e supervisão dos sinais.

Para poder determinar o projeto de sinalização deveriam ser expostas as seguintes questões com base nos aspectos expostos:

– Quando se apresenta a necessidade de sinalizar? Quando, como consequência da avaliação de riscos e das ações requeridas para seu controle, não existam medidas técnicas ou organizativas de amparo coletivo de suficiente eficácia. Como complemento a qualquer medida implantada, quando não limite o risco em sua totalidade.

O que se deve sinalizar?

A sinalização é uma informação, e como tal, o excesso pode gerar confusão. São situações que se devem sinalizar, entre outras:

– O acesso a todas aquelas zonas ou aos locais para cuja atividade se requeira a utilização de um equipamento de proteção individual (dita obrigação não somente afeta ao que realiza a atividade, e sim a qualquer um que acesse o local durante sua execução: sinalização de obrigação).

– As zonas ou os locais que, pela atividade ali realizada ou pelo equipamento ou instalação que neles existam, requeiram pessoal autorizado para o acesso (sinalização de advertência, de perigo da instalação ou sinais de proibição a pessoas não autorizadas). Exemplo: o sinal internacional de risco biológico[10] deve ser colocado nas portas dos locais onde se manipulam microrganismos do Grupo de Risco 2. Pode ser usado o modelo demonstrado na figura a seguir.

**Figura 10.2 –** Símbolo do risco biológico

| Acesso limitado a pessoas autorizadas |
| --- |
| Natureza do risco: _____ Pesquisador responsável: _____ Em caso de emergência avisar a: _____ Fone comercial: _____ Fone particular: _____ |

As autorizações de entrada deverão ser solicitadas ao pesquisador responsável.

Fonte: OMS (2004).

A sinalização deve estar em todo o ambiente de trabalho, para que possa ser reconhecida por todos os trabalhadores em situações de emergências ou instruções de segurança. No caso de laboratórios deve estar de acordo com NR 32 (ver mais detalhes nos capítulos 6 e 8).

Essa sinalização de emergência pode ser mediante sinais acústicos ou comunicações verbais em zonas onde a intensidade de ruído ambiental não permita ou as capacidades físicas auditivas estejam limitadas, mediante sinais luminosos. Exemplo: a sinalização dos equipamentos de combate contra incêndios, saídas e percursos de evacuação e a localização de primeiros auxílios (sinalização em forma de painel).

---

[10] Material infectante ou biossegurança.

#### Como adquirir os sinais?

Depois da seleção da sinalização com os critérios expostos, devem-se examinar as possibilidades que o mercado oferece, a fim de que se ajustem às condições exigidas, de acordo com a legislação e normalização vigentes.

#### Como estabelecer uma normalização interna de sinalização?

Uma vez selecionados e adquiridos os sinais mais adequados e feita previamente a sua colocação, é aconselhável redigir instruções sobre todos aqueles aspectos relacionados com seu uso efetivo para otimizar sua ação preventiva. Para isso deve-se informar de maneira clara e concreta sobre:

– Em que zonas da empresa ou em que tipo de operações é preceptivo o emprego da sinalização.

– Quais instruções devem ser seguidas para sua correta interpretação.

– Quais são as limitações de uso.

– Quais as instruções de manutenção dos sinais.

#### Como realizar a divulgação, manutenção e supervisão dos sinais?

Para que toda sinalização seja eficaz e cumpra sua finalidade, deve ser divulgada no lugar adequado, a fim de que:

– Atraia a atenção dos destinatários da informação.

– Seja conhecida a informação com suficiente antecipação para poder ser cumprida.

– Seja clara e com uma interpretação única;

– Possua relatório sobre a forma de atuar em cada caso concreto.

– Ofereça possibilidade real de cumprimento.

A sinalização deverá permanecer enquanto persistir a situação que a motiva.

A eficácia da sinalização não deverá ser diminuída pela concorrência de sinais ou por outras circunstâncias que dificultem sua percepção ou compreensão. Quando em determinada área de trabalho, de forma generalizada, concorra a necessidade de sinalizar diferentes aspectos de segurança, poderemos localizar os sinais de forma conjunta no acesso à dita área, agrupando-os por tipos de sinais, por exemplo, os de proibição separados dos de advertência de perigo e dos de obrigação.

Os meios e dispositivos de sinalização devem ser mantidos e fiscalizados de forma que conservem em todo momento suas qualidades intrínsecas e de funcionamento. Quando o sinal para sua eficácia requer uma fonte de energia, deve dispor de uma fonte de fornecimento de emergência para o caso de interrupção fonte geradora principal.

Deveria ser estabelecido um programa de revisões periódicas para controlar o correto estado e aplicação da sinalização, tendo em conta as modificações das condições de trabalho. Tudo poderia estar incluído em um programa de revisões gerais periódicas dos lugares de trabalho.

Previamente à implantação se deverá formar e informar a todos os trabalhadores, com o fim de que a conheçam.

A sinalização no ambiente de trabalho pode ser objeto de um procedimento interno de atuação, no qual se especificam aqueles aspectos que o pessoal comprometido na aplicação, manutenção ou simples cumprimento da informação desejada devem conhecer e fazer.

## 10.5 Medidas de prevenção – equipamentos de proteção

### 10.5.1 Os EPIs e os EPCs

De forma geral, os equipamentos de proteção individual em laboratórios químicos são:

– Indumentária de trabalho resistente aos produtos químicos.

– Proteção respiratória, para casos nos quais sejam ultrapassados os limites permitidos.

– Luvas de proteção impermeáveis e resistentes aos reagentes ou soluções químicas.

– Óculos de segurança resistente a respingos da substância química.

– Máscaras, avental, casaco, bota, touca.

Deve-se considerar a utilização desses meios de proteção, tanto em trabalhos normais quanto em situações acidentais de fugas ou derrames e manejo de resíduos químicos.

Proteção respiratória

Ao utilizar um protetor respiratório, deve-se tomar em conta o seguinte:

1. Seleção do protetor por um profissional especializado, que considere:

– Normas de seleção e certificação de qualidade.

– Uso de máscaras descartáveis, máscaras de rosto completo adequado para reter gases, vapores, ou partículas e adequadas às concentrações existentes no meio. Em geral, usar filtro tipo mecânico para gases ou vapores, verificando sua validade.

– Uso de equipamento autônomo de ar para casos de deficiência de oxigênio.

2. Usar corretamente o equipamento de proteção respiratória, cobrindo adequadamente nariz e boca quando se usar uma máscara de meia face, e nariz, boca e olhos quando se utilizar uma máscara de rosto completo.

3. Substituir os filtros do protetor respiratório quando não se puder respirar adequadamente, ou quando sentir aroma do produto.

4. Guardar os equipamentos de proteção em um lugar sem contaminação, limpá-los cada vez que forem utilizados.

**Luvas de proteção**
Em relação às luvas de proteção, deve-se considerar:
1. Seleção com o apoio de um profissional especialista.
2. Equipamento normalizado e que conte com certificação de qualidade.
3. Tamanho das luvas de acordo com a mão do trabalhador.
4. Comprimento, em função da área a proteger.
5. Escolhê-las em função ao produto químico a utilizar.

Alguns exemplos de tipos de luvas em função de substâncias químicas com bom ou excelente rendimento:

– Borracha natural: soluções de ácido clorídrico, ácido acético, ácido láctico, álcool etílico, amônio hidróxido, trietanolamina, acrilonitrilo e glicena;

– Neoprene: ácido maleico, álcool metílico, acetona, clorofórmio, pentano, tricloroetileno e ciclo-hexanol;

– PVC: ácido cítrico, ácido nítrico aos 10%, ácido oxálico, formaldeído, isopropanol e etilenglicol;

– PVA: ácido esteárico, benzaldeído, estireno, éter etílico, metilisobutilcetona e turpentina;

– NBR: ácido sulfúrico aos 10%, álcool isobutílico, hidróxido de sódio aos 50%, hidróxido de potássio aos 50%, anilina e benzeno.

6. As luvas devem ser substituídas quando se deteriorarem.
7. Devem-se guardar em lugares sem contaminação e lavá-las cada vez que forem utilizadas, quando não houver indicação para o descarte.

Outra norma que deve ser citada é a NR 6 – Equipamento de Proteção Individual (206.000-0/I0).

Para os fins de aplicação desta norma regulamentadora (NR), considera-se equipamento de proteção individual (EPI) todo dispositivo ou produto de uso individual utilizado pelo trabalhador, destinado à proteção de riscos suscetíveis de ameaçar a segurança e a saúde no trabalho.

Entende-se como equipamento conjugado de proteção individual todo aquele composto por vários dispositivos, que o fabricante tenha associado contra um ou mais riscos que possam ocorrer simultaneamente e que sejam suscetíveis de ameaçar a segurança e a saúde no trabalho.

O equipamento de proteção individual, de fabricação nacional ou importada, só poderá ser posto à venda ou utilizado com a indicação do Certificado de Aprovação – CA, expedido pelo órgão nacional competente em matéria de segurança e saúde no trabalho do Ministério do Trabalho e Emprego. (206.001-9/I3)

A empresa é obrigada a fornecer aos empregados, gratuitamente, EPI adequado ao risco, em perfeito estado de conservação e funcionamento, nas seguintes circunstâncias:

– Sempre que as medidas de ordem geral não ofereçam completa proteção contra os riscos de acidentes do trabalho ou de doenças profissionais e do trabalho (206.002-7/I4).
– Enquanto as medidas de proteção coletiva estiverem sendo implantadas (206.003-5/I4).
– Para atender a situações de emergência (206.004-3/I4).

Todo EPI deverá apresentar em caracteres indeléveis e bem visíveis o nome comercial da empresa fabricante, o lote de fabricação e o número do CA, ou, no caso de EPI importado, o nome do importador, o lote de fabricação e o número do CA (206.022-1/I1).

Os EPIs passíveis de restauração, lavagem e higienização serão definidos pela comissão tripartite constituída, na forma do disposto no item 6.4.1, desta NR, devendo manter as características de proteção original.

A higiene pessoal é extremamente importante para as pessoas que trabalham em um laboratório. O pessoal do laboratório não deverá: preparar, armazenar, nem consumir alimento ou bebidas; pipetar com a boca; fumar; aplicar batom ou outro cosmético, ou lentes de contato na área de trabalho. Esta regra elementar de segurança deverá ser seguida por todos os que trabalham ou quem visita um laboratório.

Lavar as mãos é uma proteção preliminar à exposição inadvertida aos produtos químicos tóxicos ou aos agentes biológicos. Lave sempre suas mãos antes de sair do laboratório, mesmo que você use luvas. Lave suas mãos após ter removido a roupa protetora suja, antes de sair do laboratório, e antes de comer, de beber, de fumar, ou de usar um quarto do descanso.

Lave suas mãos periodicamente durante o dia nos intervalos ditados pela natureza de seu trabalho. Lave com sabão e água corrente, com as mãos unidas descendentes para nivelar a contaminação fora das mãos. Desligue a torneira com uma toalha de papel limpa para impedir a recontaminação, e para secar suas mãos com toalhas limpas.

Prenda o cabelo longo e a roupa frouxa, como mangas de blusas, camisa, quando no laboratório, para evitar contato com chamas, produtos químicos, ou maquinário em movimento. Evite uso de anéis e os relógios de pulso, bijuterias que podem ser contaminados, ao reagir com os produtos químicos, ou enroscar nas peças móveis dos equipamentos.

Remova os revestimentos e as luvas do laboratório antes que você saia do laboratório, para impedir a contaminação em outras áreas. Mantenha uma vestimenta sobressalente limpa para usar fora da área técnica do laboratório. Não use luvas fora do laboratório para evitar transportar contaminantes. Se for o caso, dependendo do Nível de Biossegurança do laboratório – trocar a roupa (avental) ou mesmo tomar banho antes de sair do ambiente de trabalho (ver Capítulo 6).

## 10.5.2 Roupa protetora e equipamentos pessoais

A roupa protetora e os equipamentos pessoais visam a proteger o trabalhador de ferimento, da inalação, ou do contato físico com materiais perigosos. Alguma proteção é fornecida pela roupa e por óculos comuns. O trabalhador tem a responsabilidade e vestir-se adequadamente para o trabalho; a roupa do laboratório protege a dos trabalhadores, sendo os mesmos responsáveis pelo uso da roupa protetora e dos equipamentos especiais requeridos para a segurança. O equipamento protetor individual pode incluir:

– Vestimentas fechadas (avental, casaco, roupa com revestimento de chumbo).
– Máscaras.
– Aventais.
– Luvas.
– Sapatos fechados.
– Protetor de sapato.
– Respiradores.
– Pipetador automático.
– Óculos.
– Protetor facial etc.

A seleção de vestimentas e de protetores baseia-se na natureza do agente perigoso. Pode variar, dependendo da atividade a ser executada e seu grau de risco (laboratório de microbiologia, parasitologia, virologia, de química).

A roupa protetora e os equipamentos pessoais serão usados e mantidos em uma condição sanitária de confiança e serão limpos regularmente para evitar espalhar a contaminação.

### Cuidados ao vestir-se

A roupa apropriada será usada no laboratório e deve proteger toda a pele (jaleco); a roupa de baixo deve ser a mínima possível. A roupa pode absorver os derramamentos líquidos que poderiam ter contato com a pele. As luvas longas protegem os braços, especialmente quando se está trabalhando em torno do maquinário e temperaturas extremas. A lã tem recursos para mais proteção das queimaduras rápidas ou dos produtos químicos corrosivos do que o algodão ou telas sintéticas. As telas sintéticas podem aumentar a severidade de ferimento no caso do fogo. O algodão é menos favorável ao acúmulo da eletricidade estática do que o náilon ou os outros sintéticos. Os sapatos de couro visam proteger contra produtos químicos que espirram ou vidro quebrado. Não devem ser utilizados sapatos esporte, perfurados ou abertos. Se houver derrame no assoalho, pode-se necessitar proteção adicional, como botas de borracha ou sapatos com revestimento plástico. Sapatos com ponta de aço são requeridos quando há manuseio de artigos pesados, tais como os cilindros de gás ou componentes pesados do equipamento.

Os aventais, as luvas e a outra roupa protetora devem ser feitos preferivelmente de material quimicamente inerte, e estar prontamente disponíveis para o uso. Os revestimentos do laboratório são essenciais para proteger a roupa da rua dos aerossóis[11] biológicos do agente ou o produto químico por respingos e derramamentos, vapores, sangue ou outros fluidos. Para o trabalho que envolve carcinogênicos, os revestimentos descartáveis podem ser preferidos. Para o trabalho com ácidos minerais, o uso de protetor resistente a ácidos é desejável. Quando o potencial para o fogo existe, considerar o uso de um revestimento do laboratório projetado especificamente ser retardador da chama.

### Proteção dos olhos

A proteção dos olhos é imperativa nos laboratórios por causa dos perigos óbvios de objetos lançados, respingos de produtos químico-biológicos, e va-

---

[11] Conjunto de partículas suspensas num gás, com alta mobilidade intercontinental. O termo refere-se tanto às partículas como ao gás no qual as partículas estão suspensas. O tamanho das partículas varia desde aos 0,002μm a mais de 100μm, isto é,desde umas poucas moléculas até o tamanho em que as ditas partículas não podem permanecer suspensas no gás(<http://pt.wikipedia.org/wiki/Aerosol>. Acesso em: 18 out. 2007).

pores corrosivos. Os olhos são muito vascularizados e podem rapidamente absorver muitos produtos químicos. A proteção de olhos será requerida em todos os laboratórios onde produtos químicos são usados ou armazenados. A proteção de olhos não é permutável entre empregados e será fornecida para cada indivíduo, a menos que depois do uso seja devidamente higienizada.

As lentes de segurança com os protetores laterais desobstruídos são proteção adequada para o uso geral do laboratório. Os óculos de proteção serão usados quando houver perigo de espirrar produtos químicos ou partículas de voo, como quando os produtos químicos são derramados ou em manuseios de substâncias sob a pressão. Um protetor de face com óculos de proteção oferece a proteção máxima (por exemplo, com sistemas do vácuo).

As lentes corretivas não fornecem a proteção suficiente. Os regulamentos requerem que as pessoas cuja visão necessita de lentes corretivas, e que são requeridas a usar a proteção de olho, usarão óculos de proteção sobre seus óculos. Estas opções são recomendadas também para as pessoas que usam habitualmente lentes de contato. Se as lentes de contato forem utilizadas, não devem ser tocadas no laboratório e serão usadas com proteção de olhos regularmente requerida, tal como óculos de proteção plásticos.

### Luvas

As luvas são usadas para impedir o contato com os agentes tóxicos ou biológicos, as queimaduras das superfícies ou dos corrosivos quentes ou extremamente frios, ou os cortes dos objetos afiados. O contato da pele é uma fonte da exposição aos agentes infecciosos e produtos químicos tóxicos, carcinogênicos. Muitas luvas são feitas para usos específicos, para a proteção adequada, devemos selecionar a luva correta para o perigo levantado.

Uma luva de couro fornece a proteção boa, escolhida, por exemplo, para manuseio de vidro quebrado, segurar objetos com bordas afiadas, e introdução da tubulação de vidro em bujões. Entretanto, porque absorve o líquido, as luvas de couro não fornecem a proteção contra produtos químicos, nem são adequadas para segurar superfícies extremamente quentes. As luvas projetadas para isolar o contato com superfícies quentes e gelo seco não são apropriadas para segurar produtos químicos.

Inspecionar luvas quanto a furos ou rasgos antes serem colocadas. É recomendável para impedir completamente a contaminação das mãos ou superfícies de trabalho, o uso de luvas de borracha ou plásticas e lavagem com água antes de removê-las. Deve-se retirar luvas descartáveis para dentro e dispor de acordo com os critérios para evitar riscos de contaminação. Remova sempre as luvas contaminadas antes de sair do laboratório. Lave sempre as mãos após ter removido as luvas, antes de deixar a área de trabalho, e antes de comer, de beber, de fumar, ou de aplicar cosméticos.

Os produtos químicos podem eventualmente requerer luvas de diversos materiais. Selecionar os materiais da luva resistentes ao produto químico que está sendo usado, e mudar as luvas periodicamente para minimizar a penetração.

Luvas de látex: para manipulação de animais são indicadas luvas de raspas de couro e para realizar cirurgias as chamadas "cirúrgicas", que possuem ajuste na região do punho.

Na prática, a maioria de laboratórios tendem a confiar no látex como material da luva para o uso geral do laboratório. Dada a possibilidade de desenvolver alergias, há recomendações para a substituição de luvas de látex por nitrílica ou neopreno.

Deve-se estar ciente que há exceções notáveis no desempenho entre estas luvas. A base nitrílica não oferece nenhuma proteção para o uso da acetona, mas é a proteção preferida sobre o látex para o etanol, o formaldeído, e o óleo mineral.

Este variabilidade é um argumento convincente e reforça a necessidade de controle e da verificação cuidadosa sobre a resistência do material para ver se há luvas específicas.

### EPIs respiradores

Quando forem projetadas medidas de controle disponíveis para impedir ou proteger dos níveis prejudiciais de contaminantes, respiradores deverão ser fornecidos para minimizar perigos transportados por via aérea. Nesses casos, os empregadores estão obrigados a fornecê-los sem nenhum custo aos empregados e os empregados são obrigados a utilizá-los. Os respiradores deverão ser considerados um último recurso da proteção contra exposição aos perigos por inalação, depois que todas as opções praticáveis da engenharia forem esgotadas, ou seja o planejamento e o *design* do ambiente de trabalho (laboratório ou hospital) deverão obedecer à legislação vigente e específica e devem se basear no conjunto de atividades do setor. Devem incluir os riscos associados a cada atividade e as condutas técnicas relacionadas, contribuindo para a adequação da estrutura física ao trabalho que será executado (ABDALA, 2009). No caso de obras, deve ser atendida, inclusive, a NR 3 que prevê suspensão da obra ou reforma em caso de riscos para profissionais, incluindo equipamentos.

## 10.5.3 Equipamentos de proteção coletivos (EPCs)

São utilizados para minimizar a exposição dos trabalhadores aos riscos, dentre eles destacam-se:
– chuveiro de emergência;
– lava-olhos; e
– câmaras de fluxo laminar (ver tipos de capela e níveis de biossegurança no Capítulo 6).

### Chuveiros de segurança

Os chuveiros de segurança serão instalados em todas as áreas onde os empregados possam estar expostos a respingos ou derrames de materiais nocivos aos olhos e corpo. Os chuveiros serão colocados o mais perto do perigo possível; o tempo do percurso ideal seria de 10 segundos do perigo. Cada empregado do laboratório deverá ser instruído quanto à localização e ao uso do chuveiro de segurança. Idealmente, uma pessoa deve poder encontrar o chuveiro com seus olhos fechados. Os chuveiros de segurança fornecerão um mínimo de 20 galões da água por minuto.

A temperatura de água do chuveiro deve ser controlada de modo a impedir a dor ou o choque a uma pessoa que estará sob ela por 15 minutos. Os chuveiros de segurança terão válvulas de rápida abertura. Os armários do material inflamável-líquido ou o outro equipamento ou material perigoso não deverão ser colocados perto de um chuveiro de segurança, e o acesso ao chuveiro ou ao ponto de ativação não deverá estar impedido.

Devem ser testados e inspecionados ao menos anualmente. A inspeção inclui uma verificação visual do encanamento visível e da operação apropriada. A gerência deverá fazer testes anuais e manter registros relacionados.

### Lava-olhos

Um lava-olhos fornece um fluxo contínuo de baixa pressão de água corrente, e deverá ser fornecido em cada laboratório onde agentes químicos ou biológicos são usados ou armazenados e nos laboratórios onde os primatas são mantidos. Os lava-olhos deverão ter fácil acesso de qualquer parte do laboratório. Se possível, devem ficar situados perto do chuveiro de segurança de modo que, se necessário, os olhos possam ser lavados quando o corpo for lavado.

As fontes de lava-olhos fornecerão 0,4 galão da água por minuto por 15 minutos. Os critérios principais para escolha de quaisquer lava-olhos são:
– Ativação dentro de um segundo.

– Operação contínua sem o uso das mãos, depois de ativado pela primeira vez.

– Ter jatos nivelados elevados a alturas aproximadamente iguais, e o líquido nivelado deverá lavar ambos os olhos simultaneamente.

Os responsáveis pelo laboratório devem assegurar-se de que as fontes de lava-olhos em seus laboratórios sejam testadas mensalmente para se assegurar de que as válvulas operem corretamente, o volume requerido e ventilação do jato estejam disponíveis, e as tubulações ou a mangueira coletem água precisamente.

**Câmaras de fluxo laminar**

São as primeiras defesas para minimizar a exposição química aos trabalhadores. São considerados os meios preliminares da proteção da inalação de vapores perigosos. Consequentemente, é importante que todo o trabalho com produto químico potencialmente prejudicial esteja conduzido dentro de uma câmara corretamente funcionando. Para assegurar a segurança, todas as emanações das câmaras devem ser inspecionadas anualmente.

## 10.5.4 Medidas preventivas e corretivas universais

Compreendem medidas de higiene adotadas no manuseio de amostras sanguíneas, líquidos ou secreções corporais em geral para a proteção dos laboratoristas.

Passo 1:

Primeiramente devem-se capacitar os trabalhadores para seguirem o conjunto de recomendações gerais, que servem como guia de manipulação em Laboratórios de Análises Clínicas. Estas orientações foram estabelecidas em acordo com Instituto Nacional de Saúde dos Estados Unidos da América (National institutes of Health, NIH), Centro para Controle de Doenças, (Centers for Desease Control, CDC), Comitê Nacional para Normas de Laboratórios Clínicos (National Committee for Clinical Laboratory Standards, NCCLS) e Manual de Segurança de Laboratório da Organização Mundial da Saúde (Laboratory Safety Manual, World Health Organization, WHO). Compreendem:

– Usar luvas, quando as atividades a serem desenvolvidas exigirem contato com fluidos corpóreos (soro, plasma, urina, ou sangue total).

– Usar o protetor facial, como óculos de segurança, principalmente quando houver possibilidade e espirros de fluidos.

– Usar vestimentas de proteção, como aventais, quando o risco biológico for reconhecido.

– Lavar as mãos antes de retirar as luvas e antes de sair da área contaminada. Minimizar a formação de aerossóis durante as manipulações laboratoriais.

– Evitar o contato das mãos com a face.

– Não comer, beber ou aplicar cosméticos na área do laboratório.

– Não pipetar qualquer líquido, incluindo água, através da boca.

– Não permitir o contato de ferramentas ou qualquer peça de laboratório com a boca.

– Não usar pias de laboratório para lavar as mãos ou atividades de higiene pessoal.

– Cobrir todos os cortes superficiais e ferimentos, antes de iniciar os trabalhos no laboratório.

– Seguir os protocolos de biossegurança para laboratório e para o depósito de materiais contaminados.

– Usar soluções desinfetantes adequadamente preparadas, sempre que necessário.

– Manter os frascos que contêm material infectante fechados, toda vez que não estiverem em uso.

– Não levar luvas para áreas externas do laboratório, e lavar as mãos quando sair do laboratório.

– Especial atenção deve ser dada ao uso de centrífugas que, manuseadas erroneamente, produzem partículas respiráveis que podem ser ejetadas durante o uso do equipamento, devendo ser operadas de acordo com as instruções do fabricante.

– Para as operações de homogeneização e mistura, dar preferência aos homogenizadores de Teflon®, pois os de vidro são quebráveis e podem liberar material infectado repentinamente. O recipiente deve ser aberto, após a operação, em cabine de segurança biológica;

– Deve-se tomar cuidado especial durante a abertura de ampolas contendo material seco e resfriado. Estes materiais são acondicionados a vácuo e, ao abrirem, produzem um influxo de ar que poderá ser suficiente para dispersá-los na atmosfera. Abra-os em cabine apropriada.

– O manuseio de geladeiras e freezer deve ser feito com cuidado. Devem ser limpos e degelados regularmente. Verificar, atentamente, a existência de material ou ampolas quebradas. Use luvas de borracha durante estas operações.

– Todo laboratório deve elaborar um plano de procedimentos de emergência e utilizá-lo adequadamente quando necessário. Este plano deve conter informações referentes à avaliação do vírus biorrisco, gerenciamento e descontaminação para cada acidente possível, tratamento médico de emergência para o pessoal lesado, levantamento médico e acompanhamento clínico do pessoal exposto e investigação epidemiológica.

– Dentre outros tipos de acidentes, devem ser incluídos nos planos o seguinte: quebra de recipiente com material em cultura; infecção acidental por injeção, corte e abrasão, ingestão acidental de materiais contaminados, quebra de tubos com materiais contamináveis no interior de centrífuga, fogo, vandalismo, equipamento de emergência, serviços de emergência para contatos externos ao laboratório.

Passo 2:
*Redução de riscos (ver Capítulo 6)*
O risco de exposição deverá ser reduzido ao nível mais baixo possível para garantir a proteção sanitária e a segurança dos trabalhadores, em particular por meio das seguintes medidas:

– Reduzir ao mínimo possível o número de trabalhadores expostos.

– Estabelecer procedimentos de trabalho adequados e utilizar medidas técnicas para evitar ou minimizar a liberação de agentes biológicos no lugar de trabalho.

– Estabelecimento de planos para fazer frente aos acidentes que incluam agentes biológicos.

– Utilização de um sinal de perigo biológico e outros de aviso pertinentes.

– Medidas de proteção coletivos ou de proteção individual quando a exposição não possa ser evitada por outros meios.

– Medidas de higiene compatíveis com o objetivo de minimizar ou reduzir o transporte ou a liberação acidental de um agente biológico fora do lugar de trabalho.

– Verificação, se for necessária e tecnicamente possível, da presença de agentes biológicos utilizados no trabalho fora do confinamento físico primário.

– Meios seguros que permitam o recolhimento, o armazenamento e a evacuação de resíduos pelos trabalhadores, incluindo a utilização de recipientes seguros e identificáveis, com prévio tratamento adequado se for necessário.

– Medidas seguras para a manipulação e transporte de agentes biológicos dentro do lugar de trabalho.

Passo 3:
Devem ser implementadas medidas para manipulação, transporte, armazenamento e eliminação das amostras, visando não só o laboratorista como também a qualidade dos resultados.

Na maioria dos métodos de amostragem, o suporte em que se recolhem as amostras biológicas consiste em uma placa que contém um meio de cultivo que permitirá o crescimento dos agentes biológicos captados.

É evidente que no meio ambiente e nas mãos da pessoa que tem necessidade de manusear as amostras estão presentes microrganismos inócuos para o homem, mas que podem ser uma importante fonte de engano na medição se, devido à manipulação incorreta de ditos suportes, crescerem no meio de cultivo falseando os resultados obtidos. Por isso, recomendam-se alguns procedimentos a serem considerados para evitar esses enganos:

– Esterilização de suportes e meios de cultivo utilizados.

– Desinfecção do equipamento de amostragem.

– Desinfecção das mãos ou utilização de luvas estéreis para a manipulação das amostras.

– Fechamento dos suportes até sua utilização.

– Fechamento posterior à captação da amostra.

– Transporte imediato ao laboratório para seu processamento.

– Processamento das amostras mediante técnicas analíticas adequadas.

– Armazenamento limitado (em geladeira), das amostras.

– Destruição dos cultivos por esterilização em autoclave e posterior eliminação das amostras por incineração ou outros métodos levados a cabo por entidades devidamente autorizadas.

Assim, as medidas aqui apresentadas são praticamente de caráter universal, porém jamais serão suficientes. Deve ser feita a opção de associação às seguintes condutas:

– Devenvolver bons programas de capacitação.

– Possibilitar a participação ativa dos trabalhadores nas ações de capacitação.

– Desenvolver um bom programa de análise de desempenho.

– Desenvolver um bom programa de gerenciamento e comunicação de riscos.

A periculosidade de um agente está diretamente relacionada ao tipo de manipulação a que é submetido. Por isso, é básico:

– Conhecer os agentes, substâncias e produtos perigosos que existem no laboratório.

– Conhecer a metodologia de trabalho do laboratório.

– Conhecer o equipamento do laboratório.

– Conhecer as medidas a tomar em caso de emergência.

– Conhecer as leis relacionadas com a segurança biológica.

– Respeitar e fazer cumprir todo o anterior.

## 10.6 Medidas de primeiros socorros

Como medida geral, sempre que uma substância química, de maneira acidental, seja inalada, entre em contato com a pele ou os olhos, ou seja, ingerida, deve solicitar-se assistência médica especializada imediatamente, mais ainda se o produto é considerado perigoso. Enquanto se espera, deve-se recorrer à atenção de primeiros auxílios realizada por pessoal preparado, cujo trabalho deve contar com uma caixa de primeiros socorros equipada.

De acordo com pesquisas bibliográficas atualizadas, descrevem-se na continuação, o modo de recomendações, os procedimentos a seguir em primeiros socorros para casos de exposições a substâncias químicas, o que deve ser avalizado por um médico.

### 10.6.1 Medidas em caso de inalação

Frente a toda inalação acidental de gases, vapores ou partículas, devem-se considerar as seguintes medidas gerais, além de solicitar socorro médico imediato:
- Transladar a pessoa para local onde exista ar fresco.
- Caso não respire, fornecer a respiração artificial.
- Se respirar dificultosamente, deve-se administrar oxigênio.
- Manter a pessoa em posição estendida e abrigada.

### 10.6.2 Medidas em caso de contato com a pele

Para atuar de maneira efetiva e rápida quando se produzir um contato com alguma substância química, deve-se recorrer, em geral, ao uso de água de forma abundante, a não ser que exista uma contraindicação. É por isso que se deve dispor de uma ducha de emergência, que permita lavar a zona do corpo contaminada, e também lava-olhos. Em caso de emergência, se deve lavar, sob a ducha, a zona do corpo afetada e posteriormente tirar a roupa, a qual deve ser lavada antes de novo uso, ou desprezada.

Como regra geral, o tempo de lavagem mínima em relação aos graus de risco por contato são os seguintes:

**Tabela 10.3 –** Tempo de lavagem em função do grau
de risco por contato – pele

| Grau de risco | Tempo mínimo por contato (tempo necessário para remover toda a substância) |
|:---:|:---:|
| 0 | Tempo mínimo |
| 1 | 5 minutos |
| 2 | 10 minutos |
| 3 e 4 | 15 minutos |

Fonte: Elaborada pela autora.

Para casos particulares de contato com ácidos, bases e halogênios, e em lugares em que não haja a possibilidade de contar com atenção médica especializada, devem-se considerar as seguintes medidas de primeiros socorros:

a) Com ácidos:

– Retirar o excesso e, após lavar com abundante água, tirar a roupa contaminada. Logo, se for necessário, neutralizar a acidez remanescente da pele, adicionando solução de bicarbonato de sódio.

b) Com bases:

– Lavar com bastante água e tirar a roupa contaminada. Em caso de ser necessário, neutralizar a parte da pele afetada com uma solução de ácido bórico saturada ou ácido acético a 1% e logo cobrir com ácido tânico.

c) Com halogênios:

– Agregar na parte afetada uma solução de hidróxido de amônia a 20% e logo lavar com abundante água. Retirar a roupa contaminada.

## 10.6.3 Medidas em caso de contato com os olhos

Quando se produzir o contato de algum produto químico com os olhos, deve-se, como medida geral, proceder com rapidez à lavagem com água, empregando para isso um lava-olhos e separando bem as pálpebras. Posteriormente, se deve recorrer a um centro de atenção especializada, que conte com oftalmologistas.

Como norma de aplicação geral, o tempo de lavagem mínima em relação aos graus de riscos por contato, são os seguintes:

**Tabela 10.4** – Tempo de lavagem em função do grau de
risco por contato – olhos

| Grau de risco | Tempo mínimo por contato (tempo necessário para remover toda a substância) |
|:---:|:---:|
| 0 | Tempo mínimo |
| 1 | 5 minutos |
| 2 | 10 minutos |
| 3 e 4 | 15 minutos |

Fonte: Elaborada pela autora.

Para casos particulares de contato com ácidos, halogênios e bases, e em lugares onde não exista a possibilidade de contar com socorro médico especializado, seguintes medidas de primeiros socorros devem realizadas:

a) Com ácidos e halogênios:
Lavar os olhos com abundante água por pelo menos 15 minutos e logo adicionar uma solução de bicarbonato de sódio 1%, mantendo o contato durante 5 minutos ou até solucionar o problema.

b) Com bases:
Lavar os olhos com bastante água durante 15 minutos no mínimo e logo subministrar uma solução de água boricada 1%, em contato por 5 minutos ou até superar o problema.

## 10.6.4 Medidas em caso de ingestão

Como medidas gerais de primeiros socorros, dada uma ingestão de um produto químico, deve-se proceder como segue:
– Identificar a substância química incorporada.
– Recostar a pessoa e abrigá-la.
– Tirar o produto que fica na boca, lavando com água abundante.
– Não induzir ao vômito, quando se desconhece a substância ingerida ou se a pessoa está inconsciente.
– Dar de beber água para diluir ou favorecer a eliminação, a não ser que exista uma contraindicação específica.
– Solicitar socorro médico imediatamente.

## 10.6.5 Atuação em caso de derrames de substâncias químicas decorrentes de quebra de frasco e derramamento em depósitos

**Procedimentos imediatos**

Os procedimentos gerais em caso de derrames de substâncias químicas são:

– Em caso de derrames de produtos líquidos deve-se agir rapidamente para sua neutralização, absorção e eliminação. A utilização dos equipamentos de proteção individual deverá ocorrer em função das características de periculosidade do produto derramado (consultar com a ficha de dados de segurança). De maneira geral, recomenda-se a utilização de luvas e avental impermeáveis ao produto, e óculos de segurança.

Os trabalhadores de laboratório são responsáveis pela limpeza dos materiais que são claramente incidentais, isto é, não possuem um perigo significativo de segurança ou à saúde dos trabalhadores, da vizinhança imediata ou do trabalhador que limpa a liberação. Os trabalhadores de laboratório não devem conter os derramamentos que têm o potencial de se transformarem uma emergência dentro de um tempo curto.

Os derramamentos incidentais que são de quantidade, de potencial de exposição, ou de toxicidade limitada deveriam contar com uma equipe treinada para resposta a tal incidente. Devem-se conter todos os derramamentos restantes, isto é, aqueles que requerem uma resposta definitiva da emergência (por causa do perigo significativo à saúde ou de segurança). Os trabalhadores de laboratório devem ser treinados corretamente para reconhecer condições da emergência e para notificar responsáveis apropriados para as situações que vão além de sua própria capacidade.

Selecionar e utilizar o equipamento de proteção apropriado durante a limpeza. Os equipamentos básicos incluem o avental do laboratório, casacos, as luvas de látex, toucas, os protetores para os sapatos, e o protetor de olhos. Umas luvas mais grossas ou de camadas duplas podem ser necessárias em alguns casos. Os trabalhadores de laboratório que se expuseram aos derramamentos de materiais perigosos devem ser encaminhados ao consultório médico, quando necessário.

Quando um derramamento ocorrer, primeiro deverá ser feito um cordão de isolamento fora da área do derramamento para impedir que inadvertidamente se espalhe a contaminação sobre uma área muito maior. A seguir, alguns exemplos de materiais e os respectivos cuidados.

### Líquidos inflamáveis

Derramamentos de líquidos inflamáveis devem ser absorvidos com carvão ativado ou outras substâncias absorventes específicas que podem ser encontradas comercialmente. A seguir temos alguns exemplos:

O derrame de 500ml de éter etílico (350g) por ruptura de uma garrafa, por exemplo, que não foi recolhida adequadamente, poderia levar a concentrações ambientais deste composto, em uma área de $100m^3$, da ordem de 1.250ppm $(3.550mg/m^3)$, superiores ao valor $TLV^{12}$-TWA (400ppm, $1.210mg/m^3$), mas não alcançariam o Lll, fixado no 1,9% (19.000ppm). Recomenda-se especial atenção a esses cálculos ao falar dos gases inflamáveis.

Derramamentos de ácidos devem ser absorvidos com a máxima rapidez, já que o contato direto como os vapores que são gerados podem causar danos às pessoas, instalações e aos equipamentos. Para sua neutralização, o melhor a se empregar são as substâncias absorventes-neutralizadoras. Caso não se disponha delas, pode-se neutralizar com bicarbonato sódico. Uma vez realizada a neutralização, deve-se lavar a superfície com abundante água e detergente. O derramamento de 20ml de ácido clorídrico 36%, pode representar a passagem ao ambiente de 8,5g do HCI, que numa área de $100m^3$ usada como referência, pode gerar uma concentração ambiental de $85mg/m^3$. Leve-se em conta que o valor TLV-C (teto) (ACGIH, 1996) para este composto é de $7,5mg/m^3$.

Para as bases, empregam-se para sua neutralização e absorção os produtos específicos comercializados. Caso não disponíveis, neutraliza-se com água abundante e com pH ligeiramente ácido. Uma vez realizada a neutralização, deve-se lavar a superfície com água abundante e detergente.

### Eliminação

Naqueles casos em que se recolhe o produto por absorção, deve-se proceder à eliminação segundo o procedimento específico recomendado ou tratá-lo como um resíduo a ser eliminado, segundo o plano estabelecido no laboratório.

O quadro a seguir resume alguns procedimentos de absorção e neutralização de produtos químicos e de suas famílias. De maneira geral, deve ser feita uma consulta prévia com a ficha de dados de segurança. Não dispondo de um método específico, recomenda-se sua absorção com um absorvente ou substância absorvente de provada eficácia (carvão ativado, soluções aquosas ou orgânicas etc.) e a seguir aplicar o procedimento de destruição recomen-

---

[12] *Threshold Limit Value* – valor limiar ou é um nível limiar de uma substância química ou agente físico ao qual o trabalhador pode ser exposto na rotina de trabalho.

dado. Proceder a sua neutralização direta naqueles casos em que existam garantias de sua efetividade, considerando sempre a possibilidade de geração de gases e vapores tóxicos ou inflamáveis.

**Quadro 10.1** – Procedimentos de neutralização
e absorção de derrames de produtos químicos

| Produto químico | Procedimento |
| --- | --- |
| Ácido fluorídrico | Solução de hidróxido de cálcio ou de carbonato de cálcio |
| Cetonas | Solução de bissulfito sódico |
| Formol | Solução de hipoclorito sódico |

Fonte: Elaborado pela autora.

**Procedimentos posteriores ou tardios**

Quando analisamos retrospectivamente os eventos que envolvem substâncias químicas observamos as causas, as falhas nas ações de resposta e as suas consequências para a saúde humana ou para o ambiente. Um bom planejamento estratégico e a preparação dos diferentes setores envolvidos no atendimento a esses episódios contribuem para a prevenção da ocorrência e na redução dos efeitos dos acidentes envolvendo substâncias químicas.

Esse bom planejamento e preparação deve se basear em informação confiável, atualizada e acessível. A informação é fundamental nas atividades relacionadas a um acidente, seja de prevenção, preparação ou resposta.

As repostas às seguintes perguntas podem ser fundamentais para a sustentação do planejamento:

– Quais requisitos (dados) deve ter a informação?

– Quem são os principais usuários?

– Qual é a natureza da informação que é necessária e com que objetivo?

– Quais são as fontes para obter a informação?

A seguir, estão detalhados os comentários sobre essas questões.

1. Que requisitos devem ter a informação para a prevenção, preparação e resposta a um acidente químico?

– Deve ser atualizada, em dois sentidos: estar enriquecida com as últimas experiências ocorridas e dispor de relatório das atividades realizadas antes, durante e depois da ocorrência de um acidente.

– Deve ser seletiva: a disseminação da informação deve considerar o tipo do receptor ao qual está dirigida e o nível de ação.

– Deve estar disponível para todos.

– Deve ser clara, concisa e fácil de entender.

– Deve ser oportuna: a informação deve ser fornecida no momento em que é necessária.

– Deve-se considerar que os acidentes não avisam, por isso deve ser possível ter acesso à informação às 24 horas do dia e os 365 dias do ano.

– Deve ser preparada e fornecida por equipes especializadas.

2. Quem são os principais usuários?

– As pessoas envolvidas na organização e planejamento da resposta.

– Os primeiros que chegam ao local do acidente: bombeiros, policiais, paramédicos, técnicos e outros.

– Setor de saúde em todos os níveis da corrente de tratamento (o pessoal da "triagem", hospitais e outras instalações adaptadas, cuidados intensivos etc.).

– Entidades de proteção ao meio ambiente.

– Autoridades públicas.

– Público em geral (população potencialmente afetada).

– Meios de comunicação.

3. Quem dá a informação?

As fontes principais de informação antes e durante um acidente químico são:

– A indústria fornece informação ligada a atividades, processos e pontos perigosos, bem como sobre a quantidade e a natureza dos produtos químicos que manipula, processa e transporta.

– Os centros especializados de informação são centros que recolhem, processam e disseminam informação relacionada aos produtos químicos. O ideal seria que os países tivessem duas modalidades: os centros de resposta química e os centros de informação toxicológica. Em países com maior desenvolvimento industrial e, portanto mais vulneráveis à ocorrência de acidentes, seria importante ter uma rede destes centros, que funcionassem 24 horas por dia e os 365 dias do ano. Além disso, estes centros devem estar interligados em nível nacional e manter comunicação com outros e organizações internacionais. Os centros devem ter pessoas capacitadas para fornecer a informação contida em suas bases de dados e publicações, e também para a interpretação e adaptação da informação às diferentes circunstâncias que podem apresentar-se em um acidente químico;

– Os órgãos e várias organizações internacionais, como o IPCS/OMS (Programa Internacional de Segurança Química), PNUMA (Programa das Nações Unidas para o Meio Ambiente), EPA (Agência de Proteção Ambiental dos Estados Unidos), ATSDR (Agência para as Substâncias Tóxicas e o Registro de Doenças), OCDE (Organização de Cooperação e Desenvolvimento Econômicos) e o OPAS (Organização Pan-Americana da Saúde) preparam e disseminam informações relacionadas aos produtos químicos. Essas informações podem ser utilizadas em nível nacional pelos organismos reguladores e pelos setores saúde.

4. Que tipos de informação existem, quais estão disponíveis e para que tipo de usuário?

Este tópico inclui várias referências para consulta.

São múltiplos os recursos informativos que podem ser utilizados nas atividades de prevenção, preparação e resposta às emergências que envolvem substâncias químicas. Diferentes tipos de ajuda à informação têm sido considerados: textos impressos e bases de dados em CD ou acessíveis através da Internet.

A) Informação para os responsáveis que deverão tomar as decisões: autoridades públicas, o tipo de informação que é necessária se encontra em guias e diretrizes que orientam sobre como organizar as ações de prevenção, preparação e resposta aos acidentes químicos. Além disso, é preciso utilizar recursos que permitam:

– Realização de inventário de instalações perigosas: localização, atividades, processos e pontos perigosos, tipos e quantidades de produtos químicos que estão sendo processados, armazenados, manipulados e transportados.

– Classificação dos tipos de acidentes que poderiam ocorrer em determinada região.

– Identificação a população potencialmente afetada.

– Informação sobre as instalações médicas disponíveis.

– Localização de hospitais e outras instalações médicas (dispensários, policlínicas ou outros centros de assistência à saúde, institutos de pesquisa, laboratórios).

– Recursos disponíveis em instalações médicas: leitos disponíveis, equipamento médico, medicamentos e antídotos etc.

– Principais meios de transporte para vítimas (ambulâncias, helicópteros, transporte adaptado etc.) e vias de evacuação.

– Disponibilidade de laboratórios para investigações clínicas e toxicológicas.

Outras organizações internacionais também geram muita informação que pode ser útil para aqueles que tomam decisões e outros usuários da informação, como:

– Organização Marítima Internacional.

– Agência Internacional de Energia Atômica.

– Organização das Nações Unidas para o Desenvolvimento Industrial (ONUDI).

Algumas agências também produzem boa informação que pode ser utilizada na prevenção, preparação e na resposta aos acidentes químicos, como é o caso da Agência de Proteção Ambiental dos Estados Unidos (EPA):

a) http://www.epa.gov/swecepp/. site dedicado somente a emergências químicas, que oferece aos usuários que tomam decisões muitas diretrizes que podem ser adaptadas à realidade nacional americana. Do mesmo modo, foi considerada a necessidade de realizar inventários de instalações perigosas, de recursos etc.

b) http://www.epa.gov/ceppo/cameo/index.htm. A EPA tem posto à disposição dos usuários a base de dados CAMEO *(Computer-Aided Management of Emergency Operations)*. Oferece a possibilidade de copiar a base de dados e *softwares* que têm informação específica de resposta para grande quantidade de produtos e uma série de base de dados para a armazenagem de informação local sobre instalações perigosas, inventários de substâncias químicas, inventário de recursos, contatos. Além disso, permite fazer mapas de riscos e criar cenários.

c) http://www.cdc.gov/niosh/ipcs/icstart.html. Os CDC (ver Capítulo 6) e NIOSH têm posto à disposição via internet as fichas internacionais de segurança de substâncias químicas em texto completo. Estas fichas foram produzidas pelo Programa Internacional de Segurança de Substâncias Químicas da Organização Mundial da Saúde (IPCS/OMS) e oferecem informação concreta sobre as substâncias químicas e as ações de emergência para cada uma delas. A informação é ampliada com as propriedades físicas e químicas das substâncias, efeitos na saúde de acordo com as vias de entrada, se são agudos ou crônicos, os limites de exposição ocupacional e outros. A informação é oferecida para cada substância e não em grupos.

B) Bombeiros,[13] policiais, pessoal paramédico e outros precisam de informação rápida que lhes permita agir no local do acidente com o menor risco possível, bem como de informação sobre as propriedades físicas e químicas e toxicológicas dos produtos envolvidos no acidente, os efeitos clínicos agudos e em longo prazo por diferentes vias de exposição, métodos para atendimento a um derramamento, um vazamento, um incêndio, além de dados para que possam realizar o atendimento do acidentado. Para tanto, os primeiros socorros para as vítimas de um acidente químico, para equipamento de proteção individual e temas semelhantes, as seguintes publicações que podem ser utilizadas:

– *Dangerous goods. Initial emergency response guide.* 1992. CANUTEC. Canadá;

– *Guía de respuestas de emergencias. Respuesta inicial a accidentes con materiales peligrosos.* Mutual de Seguridad. Chile.

– *Junta Nacional de Cuerpos de Bomberos* (Chile).

Na internet se encontram as seguintes bases de dados:

a) ERG 2000 *Guia Norte-Americano de Resposta em Caso de Emergência (GRENA 96)* – http://www.tc.gc.ca/canutec.erg_wrg/erg2000_menu.htm. Foi desenvolvido pelo Ministério de Transporte de Canadá, pelo Departamento de Transporte dos Estados Unidos (DOT) e Secretaria de Comunicações e Transporte de México (SCT) para ser utilizado pelos bombeiros, policiais e pessoal de serviço de emergências, que podem ser os primeiros a chegar à cena do acidente durante o transporte de um material perigoso.

b) *MSDS. Material Safety Data Sheet* – http://www.msds.com/. Permite o acesso a vários sites com informações sobre fichas técnicas de segurança de substâncias químicas.

c) *Chemical Hazard Response Information System (Sistema de Informação sobre a Resposta a Produtos Perigosos – CHRIS)* – http://library.rrc.ca/subjectguides/onlineref/chris.htm. Além de oferecer informação sobre as propriedades físico-químicas das substâncias, risco de incêndio, reatividade química, dados de transporte etc., que podem ser utilizados por diversos usuários, oferece um resumo da substância, as características, ações de emergência e medidas de primeiros socorros.

A apresentação dessas fontes facilita a procura rápida quando a rapidez é um fator que reduz a perda de vidas humanas e os efeitos deletérios no ambiente. As substâncias químicas podem ser encontradas pelo nome ou número

---

[13] Telefone de emergência do Corpo de Bombeiros no Brasil: 193.

de identificação que remete a um guia que agrupa os produtos segundo a sua classe química.

C) Informação para o pessoal de saúde que oferece assistência hospitalar. Este pessoal precisa de informação sobre:
– Descontaminação de pacientes.
– Tratamento médico (incluído o uso de antídotos), segundo as circunstâncias, gravidade das vítimas, vias de exposição e disponibilidade de meios, durante a corrente de assistência aos afetados (inclui assistência pré-hospitalar e hospitalar);
– Medidas de proteção que devem ter o pessoal de resgate responsável pela assistência às vítimas para evitar contaminação.

Esta informação pode ser obtida na publicação da ATSDR (Agency for Toxic Substances and Disease Registry). São três volumes e vídeos na versão 2001 que pode ser acessada no site: http://www.atsdr.cdc.gov/MHMI/index.asp.
Volume I – *Emergency Medical Services: A planning guide for the Management.*
Volume II – *Hospital Emergency Departaments: A planning guide for the management of contamined pacients.*
Volume III – *Medical Management Guide Lines (MMGS) for acute chemical exposures.*
É um excelente material para o pessoal de saúde, tanto em nível de planejadores como para as pessoas envolvidas na corrente de tratamento de vítimas de um acidente químico. Apresenta informação sobre as características físicas e químicas, vias de exposição, usos, limites de exposição, propriedades físicas, incompatibilidades, efeitos agudos e crônicos para a saúde, manejo de pacientes nas diferentes áreas, desde o foco de contaminação até nas instituições com cuidados intensivos e os princípios do tratamento da pessoa intoxicada, incluindo a antídoto-terapia.
– Sullivan J.B. & Krieger G.R. *Hazardous materials toxicology. Clinical Principles of environmental health.* Williams & Wilkins; 1992. ISBN 0-683-08025-3.

Na internet é encontrada a seguinte base de dados:
– *Hazardous Substance Data Bank (HSDB)* – http://toxnet.nlm.nih.gov/cgi-bin/sis/htmlgen?HSDB. É um banco de dados em texto completo, com informação sobre 4.300 produtos químicos. Inclui aspectos toxicológicos e procedimentos para o atendimento de emergências, dados de identificação dos produtos, propriedades físico-químicas, guias de emergência da DOT, classificação NFPA, procedimentos de assistência a incêndios, explosões, incompatibilidades dos produtos, equipamento de proteção individual e métodos de limpeza de resíduos etc.

Em CD é encontrado o:

– *IPCS-INTROX:* contém informação sobre substâncias químicas, com dados organizados de maneira que o usuário possa procurar uma substância específica e obter facilmente acesso à informação sobre essa substância aparece em todas as bases de dados contidas no disco, as quais são:

IPCS Monografias de informação sobre tóxicos (PIMs).

IPCS Fichas internacionais sobre Segurança Química.

Base de dados CCOHS CHEMINFO, que têm muita informação sobre substâncias químicas e seus efeitos na saúde, forma de tratamento etc.

A Organização Pan-Americana da Saúde tem desenvolvido vários instrumentos de informação que podem ser utilizados nas etapas de prevenção, preparação e resposta a um acidente químico.

A Divisão de Saúde e Ambiente (HEP), através do Centro Pan-Americano de Engenharia Sanitária e Ciências do Ambiente (CEPIS), desenvolveu uma Biblioteca Virtual em Saúde e Ambiente (www.bvsde.ops-oms.org/ bvsacep/e/servi.html) com uma seção dedicada à toxicologia que tem muita informação útil na área de emergências químicas.

Assim, a gama de informações necessárias para a prevenção, planejamento e resposta a um acidente químico é ampla. Portanto, é essencial identificar quem a oferece, que recursos existem que sejam de fácil acesso e que vias de comunicação garantirão o fluxo adequado da informação, quando podem surgir problemas pela interrupção das linhas de comunicação ou por erros humanos produzidos pela pressão.

## 10.7 Construção de mapas de riscos

A construção de um mapa de risco requer a elaboração de duas etapas consecutivas:

– Levantamento e sistematização do processo de produção.

– Preenchimento dos documentos da norma NR 5.

O mapa de riscos é um instrumento que, de forma muito resumida, detecta os fatores perigosos e nocivos (riscos) que se encontram presentes na área de trabalho que se quer analisar. Seu objetivo fundamental está encaminhado à detecção dos riscos presentes, permitindo sua análise juntamente com os trabalhadores, a fim de discutir coletivamente os problemas presentes, determinar o plano de ação a seguir para eliminar ou reduzir os riscos detectados de acordo com o nível de prioridade, manter um constante exame de sua implantação e avaliar a efetividade das medidas sugeridas.

Este instrumento de análise permite detectar os riscos existentes de acordo com a experiência do pessoal encarregado da tarefa, simbolizando-se com cores diferentes o tipo de risco específico a que estão submetidos os trabalhadores da área objeto de análise. Como nem todos os trabalhadores podem estar expostos de igual forma e com a mesma intensidade a um determinado risco, é necessário diferenciar as magnitudes.

Em resumo, o mapa de riscos é um instrumento, é uma representação gráfica que de forma sintética localiza os fatores nocivos num espaço determinado. Para podermos fazer qualquer estudo criterioso das áreas de trabalho, devemos previamente conhecer o processo produtivo.

O levantamento e a sistematização do processo de produção consistem em um elemento-chave para a avaliação de risco e é constituído de seis documentos, que são:

a) Fluxograma do processo de produção.
b) Descrição dos equipamentos e instalações.
c) Descrição dos produtos, materiais e resíduos.
d) Descrição das equipes de trabalho.
e) Descrição das atividades de trabalho.
f) Preenchimento dos documentos da NR 5.
g) Critérios analisados.

## Representação gráfica do mapeamento de riscos ambientais

**Tabela 10.5** – Classificação dos principais riscos ocupacionais em grupos, de acordo com a sua natureza e a padronização das cores correspondentes.

| Grupo 1: verde | Grupo 2: vermelho | Grupo 3: marrom | Grupo 4: amarelo | Grupo 5: azul |
|---|---|---|---|---|
| Riscos físicos | Riscos químicos | Riscos biológicos | Riscos ergonômicos | Riscos de acidentes |
| Ruídos | Poeiras | Vírus | Esforço físico intenso | Arranjo físico inadequado |

*continua...*

*continuação*

| Grupo 1: verde | Grupo 2: vermelho | Grupo 3: marrom | Grupo 4: amarelo | Grupo 5: azul |
|---|---|---|---|---|
| Vibrações | Fumos | Bactérias | Levantamento e transporte manual de peso | Máquinas e equipamentos sem proteção |
| Radiações ionizantes | Névoas | Protozoários | Exigência de postura inadequada | Ferramentas inadequadas ou defeituosas |
| Radiações não ionizantes | Neblinas | Fungos | Controle rígido de produtividade | Iluminação inadequada |
| Frio | Gases | Parasitas | Imposição de ritmos excessivos | Eletricidade |
| Calor | Vapores | Bacilos | Trabalho em turno e noturno | Probabilidade de incêndio ou explosão |
| Pressões anormais | Substâncias, compostos ou produtos químicos em geral | | Jornadas de trabalho prolongadas | Armazenamento inadequado |
| Umidade | | | Monotonia e repetitividade | Animais peçonhentos |
| | | | Outras situações causadoras de *stress* físico e/ou psíquico | Outras situações de risco que poderão contribuir para a ocorrência de acidentes |

Fonte: Adaptada de Unesp (2013).

**Tabela 10.6** – Gravidade do risco

| Símbolo | Proporção | Tipos de risco |
|:---:|:---:|:---:|
| ● | 4 | Grande |
| ● | 2 | Médio |
| ● | 1 | Pequeno |

Fonte: Adaptada de Unesp (2013).

No Brasil, o mapeamento de risco teve início com a Portaria nº 05, de 20/08/92, modificada pela Portaria nº 25 de 29/12/94 e Portaria nº 08, de 23/02/99, tornando obrigatória a elaboração de mapas de risco pelas Cipas. Portaria 3.214 do MTb.

**Figura 10.3** – Exemplos de mapa de risco

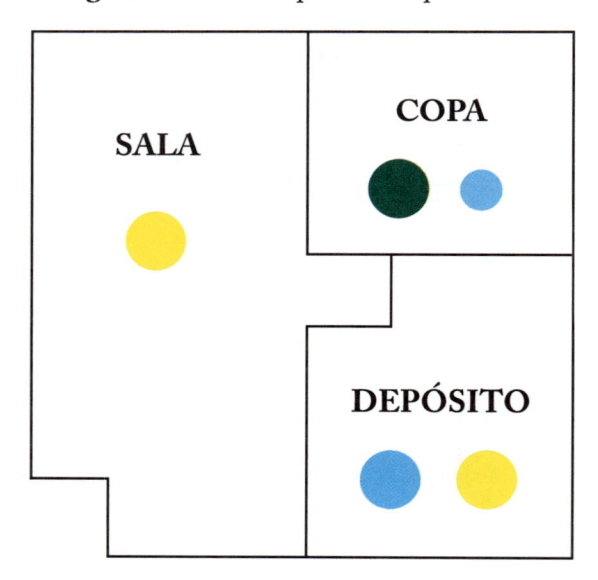

Fonte: Adaptada de Unesp (2013).

## Conceitos

Corresponde a um levantamento dos locais de trabalho apontando os riscos que são sentidos e observados pelos próprios trabalhadores de acordo com a sua sensibilidade.

## Riscos ambientais

A norma considera riscos ambientais os agentes físicos, químicos e biológicos, além de riscos ergonômicos e riscos de acidentes existentes nos locais de trabalho e que venham a causar danos à saúde dos trabalhadores. Podemos detalhá-los como:

*Físicos:*

Ruído, vibrações, radiação ionizante (raios X, alfa, gama) radiação não ionizante (radiação do sol, radiação de solda), temperaturas extremas (frio/calor), pressões anormais e umidade.

*Químicos:*

Poeiras, fumos, névoas, neblinas, gases, vapores etc.

*Biológicos:*

Microrganismos indesejáveis: bactérias, fungos, protozoários, bacilos etc.

*Ergonômicos:*

Local de trabalho inadequado, levantamento e transporte de pesos sem meios auxiliares corretos, postura inadequada etc. (ver Capítulo 11).

*Acidentes:*

São vários, tomaremos como exemplo: falta de iluminação, probabilidade de incêndio, explosão, piso escorregadio, armazenamento, arranjo físico e ferramentas inadequados, máquina defeituosa, mordida de animal etc.

*Técnica*:

– Fazer o *layout*.
– Inserir os círculos, obedecendo aos critérios de tamanho e cores.

*Benefícios*:

– Propiciam o conhecimento dos riscos a que podem estar sujeitos os colaboradores.

– Fornecem dados importantes relativos à sua saúde.
– Conscientizam quanto ao uso dos EPIs.

*Informações*:
Este método nos dará uma ideia gráfica, visual, dos postos de trabalho onde será prioritária a intervenção. Os mapas de riscos devem ser os instrumentos que facilitem resposta as seguintes questões:
– Quais riscos existem?
– Em que quantidade?
– Onde estão localizados?
– Quais são as causas?
– Quais danos podem produzir?
– Quantas e quais são as pessoas expostas?
– Como intervir e controlar a nocividade ambiental?

Posteriormente, o pesquisador poderá fazer uma tabela resumo em que se oferece uma radiografia dos riscos e danos para cada uma das áreas analisadas e a quantidade de trabalhadores afetados.

| Área de intervenção | Nº de trabalhadores expostos | Riscos | Nº de trabalhadores afetados | Danos à saúde |
|---|---|---|---|---|
| | | | | |

Depois de definidos os aspectos citados, o seguinte passo é a proposta e estabelecimento de medidas corretoras que garantam pelo menos a diminuição dos riscos, quando não possam ser eliminados totalmente, em função dos critérios de gravidade dos riscos. Deverão definir-se claramente os prazos de cumprimentos de cada medida. A tabela seguinte mostra um exemplo do anterior:

| Área de intervenção | Proposta de melhoria | Data da proposta | Prazo estimado de execução | Data de cumprimento |
|---|---|---|---|---|
| | | | | |

## 10.8 Comunicação em saúde e segurança no trabalho

É obrigação do gestor garantir o amparo à segurança e à saúde dos trabalhadores sob sua responsabilidade. Paralelamente a esse dever do empresário encontra-se o direito que tem o trabalhador a um amparo eficaz de sua segurança e saúde no trabalho, incluindo-se o direito à informação e à formação, em matéria de prevenção de riscos no trabalho.

## 10.8.1 Comunicação

Hoje em dia, vêm se fortalecendo duas características que qualquer organização tem que cumprir para ser eficaz (entendendo a eficácia não só em termos de produtividade, benefícios e qualidade do produto, mas também de saúde, bem-estar e satisfação dos trabalhadores): um bom trabalho em equipe e um sistema de informação simples, mas compreensível, que torne possível que todos na empresa possam responder rapidamente aos problemas e entendam a situação global da organização. Os trabalhadores desconfiam de um sistema que, por um lado, exige comprometimento com o trabalho e os faz sentir como uma parte integrante da organização e, por outro lado, adota para eles uma atitude paternalista ou autoritária, ocultando-lhes grande parte dos assuntos que afetam à empresa e impedindo o seu acesso aos canais de informação e comunicação.

Em algumas empresas, embora exista um sistema de informação estabelecido, ele é ineficaz porque não cumpre uma ou mais das condições que são indispensáveis para garantir a eficácia do processo informativo. Compreende-se que a informação deva ser: sincera, completa, adequada, necessária, realizada no momento oportuno, de rápida utilização, coordenada (os dados têm que poder relacionar-se uns com outros, a informação tem que ser unívoca), sintética, estar integrada, e constituir uma rede informativa em todos os sentidos: da direção ou gerências para os trabalhadores (descendente), dos trabalhadores para cima (ascendente) e entre os mesmos trabalhadores (horizontal).

1. Passo a seguir:
   a) O primeiro passo: é a análise das necessidades. A formação não é mais que a resposta a um problema. Em nosso caso, para realizar a análise de necessidades, partiremos da Avaliação de Riscos, pois dela se obtém informação sobre os riscos existentes em cada posto de trabalho e sobre as medidas preventivas a serem desenvolvidas. Estas atuações preventivas podem ser de três tipos:
      – Técnicas: sobre as equipes de trabalho, materiais, produtos, instalações etc.
      – Organizativas: sobre a organização do trabalho ou da empresa.
      – Formativas: sobre o trabalhador.

Existem outras fontes de informação que complementam os dados obtidos pela avaliação de riscos, tais como os informes da investigação de acidentes ou dados da vigilância da saúde dos trabalhadores. Em outros casos, serão os próprios trabalhadores ou seus superiores hierárquicos os que manifestem a existência de necessidades formativas.

O recolhimento dessa informação pode ser informal ou formal. A via informal surge da relação espontânea entre os membros da empresa. A via formal se realiza por meio de questionários, entrevistas ou reuniões de uma forma mais estruturada. No mundo trabalhista, os canais de comunicação e informação mais utilizados são: reuniões de trabalho, notas de departamento, entrevistas individuais, cartas individualizadas, editais de anúncios, pôster de segurança, correio eletrônico e outros. O segundo passo após conhecer o contexto é estabelecer e difundir a política de segurança da instituição.

Existem diferenças para complementar cada etapa de uma proposta de comunicação de risco, as três ideias básicas do modelo aqui proposto são:

– Os acidentes, doenças ocupacionais e outros resultados indesejáveis da atividade surgem a partir de desvios dos estados desejáveis, os quais não têm sido prevenidos ou descobertos e restabelecidos.

– A detecção e correção de desvios podem ser representadas numa forma normativa como uma atividade de solução de problemas, a qual pode tomar lugar a um número de níveis de abstração, desde a execução direta das ações para controlar o perigo, o estabelecimento de um sistema de segurança, até o monitoramento e avaliação posterior.

– Os passos nestes ciclos de solução de problemas são realizados por níveis de sistemas diferentes desde o indivíduo exposto ao risco, do grupo, da organização, ao país ou corpo internacional. Estes níveis atuam entre si através do intercâmbio de informação

O terceiro passo: consiste em estabelecer os três níveis do sistema de direção da segurança que atuam entre si, que são:

– Nível de execução: atividades que devem ser executadas no posto de trabalho ou área dia a dia para manterem os riscos sobre controle.

– Nível de política: as atividades do nível anterior são movidas pelas metas localmente aceitadas e modificadas pela empresa. Também podem dirigir-se ao sistema existente de direção da segurança e ao desenho de novos postos de trabalho, bem como ao descobrimento de novos perigos e ao reconhecimento que as soluções que se implantaram no nível de execução não foram realizadas com êxito.

– Nível de avaliação: é necessário avaliar a efetividade do sistema, por exemplo, quando acontece um incidente grave, e melhorá-la. Como as metas de uma entidade podem diferir das sociais, é necessário avaliar o sistema por observadores externos para comprová-lo com efetividade e melhorá-lo.

O quarto passo: para podermos falar de comunicação, é preciso acrescentar um novo elemento, o *feedback*, que designa o fato de que, em dado momento, o emissor se converte em receptor e o receptor em emissor, isto é, se inverte a polaridade do esquema.

Para os diretores, a informação é necessária de modo a fixar os objetivos, delimitar áreas de problemas e avaliar rendimentos tanto a escala individual como a escala coletiva.

Os membros da organização necessitam de informação sobre o rendimento e a produção que se espera deles, sua atividade e os meios para avaliá-la, quem vai fiscalizar e de acordo com quais critérios, suas obrigações e direitos na hora de aplicar seu critério no desenvolvimento de seu trabalho, as consequências que podem derivar de suas ações e sua qualidade no rendimento.

Exemplo de alguns tipos de mensagens que poderiam ser desenvolvidas neste programa de comunicação de risco:

– Para que exista comunicação é necessário que se produza *feedback*.

– As integrações dos membros de uma organização e a compreensão do processo de produção são elementos-chave para uma boa comunicação.

– A ausência de canais de comunicação pode converter-se em um obstáculo para a transmissão da informação.

– Quando melhoramos a comunicação, aumentamos a produtividade e temos uma maior qualidade nas relações interpessoais.

– Frente a qualquer perigo para a saúde no trabalho, o primeiro passo é tentar EVITAR OS RISCOS, e quando forem inevitáveis devem-se COMBATER OS RISCOS EM SUA ORIGEM.

– Os acidentes não acontecem por má sorte, mas sim pela atuação de causas concretas previsíveis.

– O fundamento da ação preventiva é o binômio: direito do trabalhador – dever do empresário.

– A avaliação de riscos é a ferramenta básica que se deve utilizar para planejar a prevenção.

– Nenhum trabalhador deve se expor a situações de risco grave e iminente.

– A avaliação e o planejamento dos riscos devem considerar a presença de trabalhadores especialmente sensíveis.

– Os trabalhadores devem colaborar com o empresário para conseguir a máxima eficácia das medidas preventivas.

– A informação e a formação sobre os riscos derivados da utilização de equipes de trabalho são medidas preventivas muito importantes.

b) Capacitação das pessoas. A organização deveria dispor de procedimentos adequados que permitam informar aos trabalhadores e formá--los quanto aos riscos a que estão expostos e às medidas preventivas a seguir. Além disso, os trabalhadores ou seus representantes devem ser consultados em todas aquelas questões que afetem a sua segurança e saúde no trabalho.

A seguir consta um modelo de formação, contendo as principais etapas e dentro da etapa de formação inicial geral. Segue abaixo um exemplo para a estrutura de um minicurso.

### Plano de formação geral

*Objetivo*

Garantir que todo trabalhador receba a formação suficiente e adequada em matéria preventiva, tão inicialmente no momento de sua contratação ou em uma mudança de posto de trabalho, como continuada ao longo de sua vida profissional na empresa, em função das necessidades expostas em todo momento.

*Alcance*

Todo o pessoal da empresa: diretores, técnicos, chefes intermédios e empregados em geral devem receber formação em matéria preventiva em função de sua atividade de trabalho, independentemente da modalidade ou duração do contrato.

Embora deva existir uma formação preventiva básica de caráter geral para todos os empregados da empresa, também deverá haver uma formação específica para cada posto de trabalho ou tarefas de cada trabalhador.

*Implicações e Responsabilidades*

A direção da empresa é responsável por assegurar-se de que todos os trabalhadores possuam a formação adequada a suas funções. Para isso, se deve estabelecer um plano formativo de prevenção de riscos no trabalho que abranja toda a organização, proporcionando os meios e tempo necessários para sua consecução.

O plano e os programas formativos com a organização correspondente devem ser desenvolvidos consultando-se os trabalhadores ou seus representantes.

A formação de caráter geral em matéria de prevenção de riscos no trabalho deveria ser realizada em princípio pelo coordenador de prevenção ou trabalhadores designados especificamente para esta atividade. Pode vir a contar com a colaboração de serviços de prevenção externos, quando se estimar necessário.

Quanto à formação específica do posto de trabalho ou função de cada trabalhador, é conveniente que seja realizada pela gerência direta, apoiada e assessorada, quando for necessário, por pessoal especializado interno ou externo à empresa.

*Desenvolvimento*

A formação é uma técnica preventiva básica que tem por objeto desenvolver capacidades e aptidões dos trabalhadores para a correta execução das tarefas que lhes são encomendadas, trata-se de obter, através da aquisição de conhecimentos e destrezas, um melhor aproveitamento dos recursos disponíveis e em geral conseguir a máxima eficiência e segurança no trabalho.

A formação, portanto, não deve se utilizar, para compensar, de desajustes em outros aspectos do sistema de segurança, tais como equipamentos desenhados ou instalados de forma deficiente, inadequadamente protegidos, ou postos de trabalho e processos que não foram desenhados com princípios de segurança e ergonomia. Entretanto, pode-se utilizar como um meio temporário de controle, estando pendentes as melhorias em tais aspectos.

A formação deve ser realizada durante a jornada de trabalho ou, na impossibilidade, em outros horários com a compensação retributiva necessária, já que em realidade deveria formar parte da própria atividade de trabalho.

A formação deve ser planejada em função dos resultados da avaliação inicial de riscos e das necessidades detectadas. Ao mesmo tempo, deve-se dispor de um sistema de avaliação da atividade formativa desenvolvida.

Cabe diferenciar três tipos de formação preventiva na hora de elaborar o procedimento de formação:

### 1. Formação preventiva inicial

Todo trabalhador que se incorpore pela primeira vez à empresa, independentemente de cargo, deve receber uma formação de inicial, na qual se deveriam tratar temas de caráter geral, tais como:

– Política da empresa em prevenção de riscos de trabalho.
– Manual geral de prevenção com seus procedimentos gerais de atuação.
– Normalização geral de prevenção da empresa.
– Plano de emergência.

A formação deve ser realizada antes de o trabalhador incorporar-se ou nos primeiros dias do início do trabalho. O tempo requerido, assim como os meios didáticos de apoio com os quais se contará, deverão ser definidos com antecipação para que a formação seja eficaz. Deverá ser registrado que tal formação foi ministrada.

## 2. Formação preventiva específica do posto de trabalho

Uma vez realizada a formação inicial, o pessoal com cargos de gerência ou supervisão deverá ministrar a formação do pessoal no seu cargo, para que executem de forma segura os trabalhos e em especial as operações críticas próprias de seu posto. Pessoal qualificado poderia colaborar com os gerentes e supervisores diretos na ação formativa dos novos trabalhadores, atuando na qualidade de monitores.

Os procedimentos e as instruções de trabalho do setor facilitarão a ação formativa, já que poderão ser utilizados como base para definir o conteúdo e inclusive como instrumento formativo direto.

Devem-se combinar as explicações teóricas com as práticas suficientes para sua assimilação.

Quando os trabalhos forem realizados em instalações ou com equipamentos perigosos deverá se dispor de um procedimento de habilitação por parte do empresário, que assegure que as pessoas autorizadas têm a qualificação e destrezas necessárias para atuar de forma autônoma.

Ao acabar o ciclo formativo, deve-se dispor de mecanismos de controle para verificar a eficácia da ação realizada. A realização de provas de avaliação para determinar os resultados alcançados pode ser uma das possíveis alternativas. Estes resultados deverão ser arquivados e registrados. Não obstante, a aprendizagem efetiva das destrezas adquiridas deverá ser verificada por parte dos gerentes, supervisores e pessoas responsáveis por um determinado âmbito, através da observação direta do próprio trabalho em condições normais e ocasionais.

Para considerar-se finalizada esta etapa inicial de formação, por haver as exigências próprias do posto, a gerência ou supervisão direta deveria analisá-la dando por escrito sua conformidade. Isso representaria que a pessoa formada pode desempenhar as funções de seu posto de trabalho.

### 3. Formação preventiva contínua

Periodicamente se deverá atualizar a formação, tendo em conta as possíveis pequenas mudanças introduzidas no posto de trabalho.

Independentemente destes três tipos de formação, planejada e realizada de forma metódica e sistemática, podem surgir necessidades de formação identificadas mediante:

– Avaliação de riscos: a qual pode evidenciar deficiências cujo controle requeira a formação dos trabalhadores em aspectos tais como a maneira de executar adequadamente o trabalho ou como utilizar corretamente os equipamentos de proteção individual.

– Observação planejada do trabalho: esta técnica preventiva pode manifestar uma carência de formação na execução das tarefas e na atitude dos trabalhadores.

– Comunicação de riscos e sugestões de melhora: como resultado deste procedimento se podem apreciar necessidades de formação, ou porque as sugere diretamente o comunicante, ou porque se introduzam como ação corretora de determinado fator de risco.

– Investigação de acidentes/incidentes (controle de sinistro): a investigação de um acidente pode evidenciar como uma das causas a incorreta execução de uma tarefa ou a inadequada utilização de um equipamento devido a uma falta ou falha de formação. Por outro lado, as estatísticas e a análise de sinistro podem refletir em quais áreas ou em que tipo de tarefas ocorrem mais acidentes, de maneira que se deva intensificar ou modificar a formação dos trabalhadores pertencentes a essa unidade.

– Auditoria: pode detectar a existência de deficiências no procedimento de formação, de forma que se requeira uma revisão do dito procedimento.

– Modificações no posto de trabalho: as mudanças ou a incorporação de novos equipamentos, máquinas ou substâncias que afetem a segurança e a saúde de um posto de trabalho ou a maneira de desenvolver as tarefas deverão ir acompanhados sempre de uma formação específica para tal ocorrência.

Todo o plano formativo e o programa anual deverão ser arquivados, indicando a frequência do pessoal, data, duração, horário, conteúdo e resultados da formação.

# REFERÊNCIAS

ABDALLA GOMES, M.R. *Aspectos importantes na elaboração de projetos de laboratórios com interface na biossegurança*. Anais do VI Congresso Brasileiro de Biossegurança. Rio de Janeiro, 2009.

ASSOCIAÇÃO BRASILEIRA DE NORMAS TÉCNICAS (ABNT). Disponível em: <http://www.abnt.org.br>. Acesso em: 12 nov. 2007.

AGÊNCIA INTERNACIONAL DE ENERGIA ATÔMICA (IAEA). Disponível em: <http://www.iaea.org/worldaton>. Acesso em: 12 mar. 2004.

AGÊNCIA DE PROTEÇÃO AMBIENTAL DOS ESTADOS UNIDOS (EPA). Disponível em: <http://www.epa.gov/>. Acesso em: 11 mar. 2004.

BIBLIOTECA VIRTUAL EM SAÚDE E AMBIENTE. Disponível em: <http://www.cepis.ops-oms.org>. Acesso em: 15 mar. 2004.

BRASIL. Ministério da Saúde. *Biossegurança em Laboratórios Biomédicos e de Microbiologia*. Brasília: Funasa, 2001.

BRASIL. Ministério do Trabalho e Emprego. NR 32. Disponível em: <http://portal.mte.gov.br/data/files/8A7C812D36A280000138812EAFCE19E1/NR-32%20(atualizada%202011).pdf>. Acesso em: 10 maio 2007.

BRASIL, 2010. Lei no. 12305 de 2 de agosto 2010. Disponível em: <http://www.planalto.gov.br/ccivil_03/_ato2007-2010/2010/lei/l12305.htm>. Acesso 31 ago. 2010.

CAMEO (*Computer-Aided Management of Emergency Operations*). Disponível em: <http://www.epa.gov/osweroe1/content/cames/what.htm>. Acesso em: 11 mar. 2004.

CDC. Disponível em: <http://www.cdc.gov/niosh/ipcs/icstart.html>. Acesso em: 12 mar. 2004.

CHEMICAL HAZARD RESPONSE INFORMATION SYSTEM (CHRIS). *Sistema de Informação sobre a Resposta a Produtos Perigosos*. Disponível em: <http://library.rrc.ca/subjectguides/onlineref/chris.htm>. Acesso em: 10 mar. 2004, 11 maio 2004.

COSTA, M. A. F. *Qualidade em Biossegurança*. Qualitymark, 2000.

DANGEROUS GOODS. Initial emergency response guide. Canutec: Canadá, 1992.

ELPO et al. *Tabela Padrão de Compatibilidade de produtos químicos*. 2001. Disponível em: <http://pt.scribd.com/doc/7979633/Tabela-de-Compatibilida-de-Química>. Acesso em: 20 jun. 2007.

ERG 2000 GUIA NORTE-AMERICANO DE RESPOSTA EM CASO DE EMERGÊNCIA *(GRENA 96)*. Disponível em: <http://www.tc.gc.ca/eng/canutec/guide-menu-227.htm>. Acesso em: 11 maio 2004.

FEDERAÇÃO DAS INDÚSTRIAS DO ESTADO DE SÃO PAULO (FIESP). *Manual Prático sobre Legislação de Segurança e Medicina no Trabalho*. São Paulo, 2003.

FICHA DE DADOS DE SEGURANÇA. Disponível em: <http://modh.no.sapo.pt/fds.html>. Acesso em: 18 jul. 2008.

GUÍA DE RESPUESTAS DE EMERGENCIAS. Respuesta inicial a accidentes con materiales peligrosos. *Mutual de Seguridad*. Chile. [SD]

GUÍA DE RESPUESTAS INICIALES EN CASO DE EMERGENCIAS OCASIONADAS POR MATERIALES PELIGROSOS. *Setiq*. México, 1992.

HAZARDOUS. *Substance Data Bank (HSDB)*. Disponível em: <http://toxnet.nlm.nih.gov>. Acesso em: 11 maio 2004.

MSDS. Material Safety Data Sheet. Disponível em: <http://www.ilpi.com/msds/index.html>. Acesso em: 10 mar. 2004.

NR 3 – EMBARGO OU INTERDIÇÃO. Redação dada pela Portaria SIT nº 199, de 17/01/11.

ORGANIZAÇÃO DAS NAÇÕES UNIDAS PARA O DESENVOLVI-MENTO INDUSTRIAL (ONUDI). Disponível em: <http://www.onu.org.br/onu-no-brasil/onudi/>. Acesso em: 28 nov. 2013.

ORGANIZAÇÃO MARÍTIMA INTERNACIONAL (OIM). Disponível em: <http://www.imo.org>. Acesso em: 25 set. 2013.

ORGANIZAÇÃO MUNDIAL DA SAÚDE (OMS). *Guia para um Manual de Sistemas de Qualidade em um Laboratório de Prova*. Genebra, Suíça, 1998. Disponível em: <http://www.who.int/csr/resources/publications/biosafety/BisLabManual3rdwebport.pdf>. Acesso em: 28 nov. 2013.

_____ . *Sinal de risco biológico*. Disponível em: <http://www.who.int/csr/resources/publications/biosafety/BisLabManual3rdwebport.pdf>. Acesso em: 21 nov. 2013.

RAPPARINI, C. Cenário atual: riscos biológicos em serviços de saúde. Disponível em: <http://www.riscobiologico.org/resources/6527.pdf>. Acesso em: 8 ago. 2013.

SULLIVAN, J. B.; KRIEGER, G. R. Hazardous materials toxicology. *Clinical Principles of environmental health*. Williams & Wilkins, 1992. ISBN 0-683-08025-3.

UNESP. Mapa de risco. Disponível em: < http://www.fca.unesp.br/#!/entidades/cipa/mapa-de-risco/>. Acesso em: 30 ago. 2013.

# ANEXO I

Ficha de dados de segurança para o monóxido de di-hidrogênio

**Nome do produto**: monóxido de di-hidrogênio
**Massa molecular**: 18.00
**N° CAS**: 07732-18-5
**N° NIOSH/RTECS**: ZC0110000
NIOSH – Instituto Nacional de Higiene e Segurança no Trabalho
RTECS – Registro de Efeitos Tóxicos de Substâncias Químicas
**Outras designações**: Óxido de di-hidrogênio, ácido hídrico
**Código do produto**: 4218, 4219
**Data de efeito**: 05/30/86
**Revisão**: #01
**Equipamento de proteção de laboratório**: Óculos de proteção; avental/jaleco

**Manuseamento e armazenagem**
**Armazenagem:** manter num recipiente hermeticamente fechado
**Ponto de ebulição**: 100°C (212°F)
**Ponto de fusão**: 0°C (32°F)
**Pressão de vapor (mmHg)**: 17.5
**Densidade relativa, gás**: N/D (AR=1)
**Gravidade específica**: 1.00
**Taxa de evaporação:** N/D
**Solubilidade (H2O):** completa (em quaisquer proporções)
**% volatibilidade (em volume):** 100
**Aparência e odor**: inodoro, líquido incolor
**Toxicidade**: DL50 (IPR-RATO) (g/) 190
　　　　　　DL50 (IV-RATO) (g/kg) 25

**Procedimentos de despejo:** Despeje de acordo com todas as regulamentações ambientais federais, estaduais e locais.
**Saf-t-data (tm) código de cor de armazenagem**: laranja (armazenagem geral)

*continua...*

*continuação*

> **Precauções especiais:** Mantenha o recipiente hermeticamente fechado. É apropriado para qualquer área de armazenamento de produtos químicos.
>
> O monóxido de di-hidrogênio é considerado um produto não regulamentado, mas reage violentamente com algumas substâncias, entre os quais se incluem o sódio, o potássio e outros metais alcalinos; fluoreto elementar; e agentes fortemente desidratantes, tais como, o ácido sulfúrico. Forma gases explosivos com o carbeto de cálcio. Evite contato com todos os materiais até que investigações demonstrem a compatibilidade da substância. Expande significativamente quando solidifica. Não armazene em recipientes rígidos e proteja do congelamento.
> Nos EUA (DOT – Department of Transportation)
> Nome apropriado de transporte: químicos (não regulamentado)
> Fora dos EUA (IMO – International Maritime Organization)
> Nome apropriado de transporte: químicos (não regulamentado)

Fonte: Adaptado de ACPA (2013).*

---

*Disponível em: <http://modh.no.sapo.pt/fds.html>. Acesso em: 21 out. 2013.

# TRABALHO
# E ERGONOMIA

**ROSE MARIE SIQUEIRA VILLAR**
**ROBERTO MORAES CRUZ**

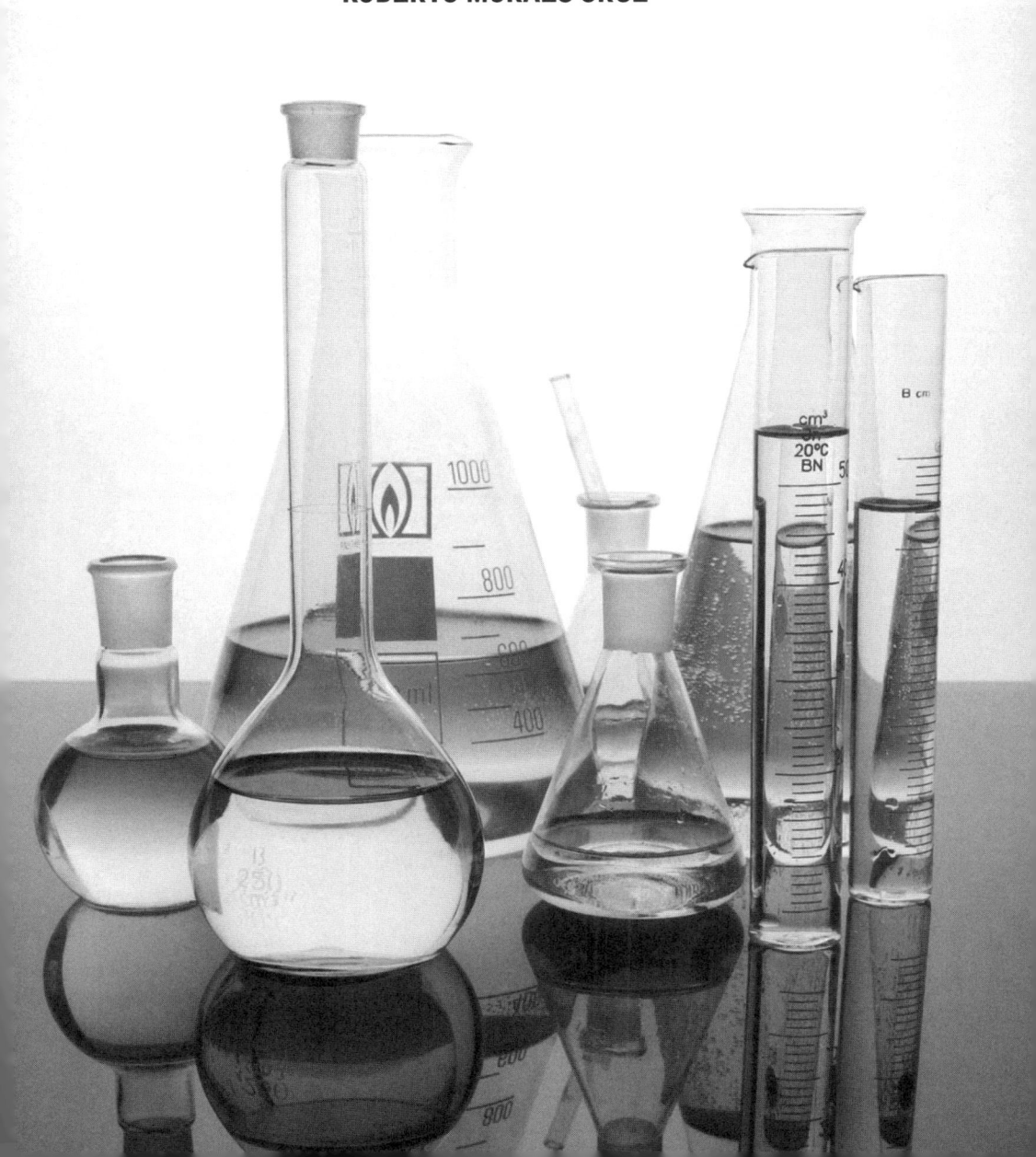

**Rose Marie Siqueira Villar**
Graduada em Enfermagem pela Escola de Enfermagem São José (ISJ), concluiu mestrado em Engenharia de Produção – Ergonomia pela Universidade Federal de Santa Catarina (UFSC) em Produção do Conhecimento em Ergonomia na Enfermagem. Com especialização em Administração Hospitalar da Escola Médica de Pós-graduação da Pontifícia Universidade Católica do Rio de Janeiro (PUC-RJ), foi coordenadora do curso de Enfermagem do Centro Universitário Campos de Andrade (Uniandrade) e da Faculdade Evangélica do Paraná, no curso de Enfermagem, e membro do Comitê de Ética em Pesquisa. Atualmente, é professora do Grupo Uninter, no Instituto Brasileiro de Pós-graduação e Extensão (Ibpex), nas disciplinas Metodologia da Pesquisa, Educação em Saúde e Ergonomia. Professora do curso de pós-graduação do Instituto Nacional de Pós-graduação e Eventos Acadêmicos (Inapea), da Academia Brasileira de Ciências da Educação (Abrasce) e da Escola de Saúde Pública do Paraná .

**Roberto Moraes Cruz**
Engenheiro civil pela Universidade Católica do Salvador (UCSAL), graduado em Psicologia pela Universidade Federal da Bahia (UFBA), mestre em Educação pela UFBA e doutor em Engenharia de Produção pela Universidade Federal de Santa Catarina (UFSC). Atualmente é professor e pesquisador dos programas de pós-graduação em Psicologia e em Engenharia de Produção da UFSC nas seguintes subáreas do conhecimento: Psicologia do Trabalho e das Organizações, Ergonomia e Saúde do trabalhador. Em termos de especialidades profissionais, dedica-se ao desenvolvimento de métodos e medidas de investigação e perícia de processos de saúde relacionados ao trabalho.

# CAPÍTULO 11

## Trabalho e Ergonomia

Neste capítulo são apresentados um breve histórico, conceitos, representações, organização do trabalho e sua interface com a ergonomia. Dá uma visão panorâmica desta última com seus conceitos, objetivos, contribuições e relevância científica, bem como as transformações no mundo do trabalho. Enfatiza os novos desafios da ergonomia na saúde focalizando a AET (Análise Ergonômica do Trabalho), a situação de trabalho, configurações do espaço e ambiente, assim como a segurança e postos de trabalho. Também busca valorizar os aspectos das normas de segurança na prevenção dos riscos e a importância da elaboração dos mapas de riscos do ambiente de trabalho.

Pode-se compreender que o trabalho ocupa um espaço muito importante na vida dos indivíduos. O processo de trabalho emerge de necessidades determinadas socialmente que permitem entender a presença do que é necessário em saúde como gerador dos processos de trabalho em seu caráter não só social como também individual.

A escolha deste estudo pela abordagem ergonômica se faz representar pelo trabalho humano e pela ergonomia, que congrega conhecimentos produzidos em diversas áreas do conhecimento e contribui aos trabalhadores na compreensão do seu processo de trabalho e nas possibilidades de transformação das suas condições.

# 11.1 Trabalho

## 11.1.1 Conceitos e representações

Em quase todos os idiomas, o vocábulo "trabalho" provém de uma raiz que indica algo penoso ao homem. Na língua grega, a execução do trabalho é expressa pelos termos *ponos*, que indica um grande esforço, *kámatos*, que designa ocupação exigindo capacidade e esforço intelectual e *kopos* que quer dizer esforço corporal e extenuante. Na língua latina, distingue-se entre *opus*, que significa a obra e *labor*, que designa esforço, sofrimento. A palavra *labor*, por sua vez deriva do verbo *labo* que quer dizer vacilar sobre um grande peso e sofrer uma grande dor. Na língua espanhola, emprega-se a expressão laborar e *trabajar*; na língua francesa, *travail* designa, em sua origem, tudo que faz sofrer; em alemão a palavra *arbeit* significa moléstia. Em português, temos o termo labuta, que também está impregnado do sentido de pena, sacrifício.

A origem da palavra é relacionada também como os vocábulos *tribulum* (atribulação), *trabs* (obstáculo) e *tripalium* (instrumento de tortura dos escravos e réus de determinados crimes).

O conceito de trabalho humano não é único, pois comporta uma série de reflexões singulares. Diversos autores estudam o assunto sob vários enfoques e apresentam uma definição ou um significado, sintetizados assim por Gonçalves (1998, p. 4):

> O trabalho é uma atividade instrumental executada por seres humanos, cujo objetivo é preservar e manter a vida, e que é dirigida para uma alteração planejada de certas características do meio ambiente (NEFF, 1968);
>
> Trabalhar é colocar em ação forma de pensamento, é utilizar algoritmos ou heurísticas, é empregar técnicas e estratégias, é tomar decisões (FAVERGE, 1972);
>
> Trabalho é uma atividade que produz algo de valor para as outras pessoas. (O'TOOLE, 1973).

De acordo com Davies e Shackleton (1977), uma das mais simples definições de trabalho talvez seja a de que ele constitui o meio pelo qual são produzidos os bens e serviços que a sociedade deseja. O trabalho também serve a várias funções de interesse para o indivíduo, contribuindo em especial para o amor-próprio, pois, através dos outros, o indivíduo pode cotejar a avaliação que faz de si mesmo com a avaliação dos outros a seu respeito e obter, assim, um sentimento de valor pessoal.

Guareschi e Ramos (1989) relatam diferenciação entre dois tipos de trabalho, que denominam *labor* – para os livres, que trabalham no que lhes pertence–, e *tripalium* – designação do trabalho para os escravos.

Albornoz (1992) enfatiza que, na cultura europeia, este possui um significado de acentuado conteúdo de esforço e cansaço. Diz que todo o trabalho tende para uns como preponderantemente físico e para outros, intelectual, pois o trabalho é o esforço e também seu resultado: a construção enquanto processo e ação, e a obra concluída.

Para Fialho e Cruz (1999, p. 6), o trabalho é uma atividade essencialmente humana. Sua característica principal é sua ação transformadora, sua capacidade de modificação de um dado aspecto da realidade. Trabalhar é sempre desafiar a realidade, procurando superá-la.

Segundo esses autores, é através do trabalho que o homem busca se afirmar como indivíduo e que o significado social dele está relacionado às atividades desenvolvidas pelo indivíduo, na sociedade a qual pertence. Citam ainda que, se analisarmos as condições de trabalho existentes em nossa sociedade e as atividades exigidas para a realização, verificaremos o quanto é difícil realizar e realizar-se no e pelo trabalho (FIALHO; CRUZ 1999).

> Afirmam que a sua concepção pode ser contraditória e complexa, pois seu significado pode ser percebido de várias formas e sua representação cognitiva depende da cultura, das características individuais e dos meios sociais. Constata-se que o trabalho, de acordo com os referenciais teóricos, ainda permanece associado às ideias de esforço e cansaço, caracterizado também na perspectiva psicológica e de representação social (FRUTOSO, MORAES CRUZ, 2005).

Na concepção de Kanaane (1999), é necessário resgatar diferentes abordagens visando ampliar as concepções de trabalho, e ele se refere à posição de Eric Fromm ao afirmar: "no processo de moldar a natureza externa a ele, o homem molda e modifica a si mesmo". Escreve também a expressão de Jean Paul Sartre: "por meio do trabalho dominamos o meio. Há dispêndio de energia, ação sobre a natureza, produção, destruição e, portanto, trabalho". Ao citar Bérgson, afirma: "o trabalho humano consiste em criar utilidade e, enquanto o trabalho não está feito, não há nada, nada daquilo que se queria obter". Por fim, conclui "que o trabalho é uma ação humana exercida num contexto social, que sofre influências oriundas de distintas fontes, e que resulta numa ação recíproca entre o trabalhador e os meios de produção".

## 11.1.2 Breve histórico

Na Grécia Clássica, no século 4 a.C., Aristóteles enunciava que o homem (cidadão) deve ser livre para se dedicar à própria perfeição e o trabalho braçal e prático impede que ele atinja sua plenitude. Este mesmo pensamento prevaleceu até a Idade Média. O trabalho nesse período era encarado como atividade de escravos e serviçais, ou seja, visto com desvalor e o lucro era considerado "usura".

De acordo com Focault (1990), o trabalho como atividade econômica "só apareceu na História do mundo no dia em que os homens se achavam numerosos demais para poderem nutrir-se dos frutos espontâneos da terra". Afirma que o homem não existia enquanto objeto de conhecimento; isto se deu na sociedade moderna pelas necessidades materiais e de estruturação do próprio trabalho como meio de inserção social.

Na Reforma Protestante, o trabalho aparece como uma forma de dever, pois tal ato implica servir a Deus, sendo o ócio considerado antinatural e pernicioso. Desse modo, o trabalho é tido como virtude, fazendo parte da obrigação religiosa. Tal ideologia parece justificar a divisão social do trabalho, em que a providência divina provê as chances de lucro e enriquecimento dos homens de negócio.

Para Weber (1983), a classe burguesa ocidental tem suas particularidades relacionadas com a organização capitalista do trabalho. O desenvolvimento das possibilidades técnicas escondidas no capitalismo burguês influenciou fortemente as condições de vida das massas, que foram encorajadas por necessidades econômicas. Ainda para o autor, o capitalismo racional não está estruturado somente nos meios técnicos de produção, mas também num sistema de administração de regras formais.

O capitalismo na visão de Codo, Sampaio, Hitomi (1993) tem o esforço direcionado no sentido de transformar o indivíduo num instrumento de trabalho e este em força de trabalho. Isto pode ser considerado como indicativo de crise no capitalismo, em decorrência da drástica dominação da importância do trabalho individual na produção.

A vida dos homens não deve ser reduzida ao trabalho, mas não pode ser compreendida sua ausência. O trabalho faz parte da vida do homem e onde quer que estejam as causas de sofrimento estarão suas próprias vidas.

Guattari (1987) afirma que o ideal do capital está centrado os em dois tipos de categorias sociais: as relativas aos assalariados e as relativas à assistência. Conclui que o capitalismo apodera-se de desejos que o homem carrega em si, pois se instala em seus corações por meio do ser no mecanismo maquínico.

Para Pires (1998), as alternativas tecnológicas organizacionais são fortalecidas pelo capital para controlar o trabalho com a finalidade de aumentar o lucro e se resguardar das crises. Novos equipamentos e novas formas de organizar o trabalho estão ligados à jornada de trabalho ou à redução da remuneração. Relata, ainda, que a questão fundamental era o controle do trabalho alienado, da força de trabalho comprado e vendido. Tais controles são estabelecidos por regras rigidamente ditadas pela gerência, visando o trabalhador a apenas executá-las, cumprindo os devidos tempos que foram previamente determinados, ocorrendo assim ruptura entre a concepção e a execução do trabalho.

Segundo Ruas (1985), as mudanças nas relações de produção introduzidas pelo taylorismo tendem a acelerar a intensidade do trabalho e a reduzir a porosidade em sua jornada integrando o trabalho humano com as rotinas de produção conforme o desenvolvimento da máquina, determinando o que e como fazer e em que tempo. Como característica fundamental do sistema, pode-se afirmar que o trabalho parece estar cercado de um fracionamento máximo bem como uma grande rigidez.

Na visão de Dejours (1992, p. 29), o trabalho taylorizado[1] confronta os operários em suas individualidades, gerando solidão, violência e, ainda, constrangimento, pois o sistema o obriga a seguir as regras estabelecidas para não prejudicar a produção. "Tal é o paradoxo do sistema que dilui as diferenças, cria o anonimato e o intercâmbio enquanto individualiza os homens frente ao sofrimento." Ainda para Dejours (1993, p. 164) "as consequências do taylorismo ultrapassam amplamente o campo da saúde mental e física dos trabalhadores, podendo estender seu alcance sobre os próximos e até mesmo prejudicar o desenvolvimento mental da segunda geração".

Acredita-se que o trabalho tanto de forma individual como social tem como importante instrumento a própria organização, que deve ser considerada a partir da adequação do ambiente, quer seja físico ou social, ao processo de trabalho (MORAES CRUZ; MACIEL, 2005).

---

[1] Taylorismo ou administração científica é o modelo de administração desenvolvido pelo engenheiro norte-americano Frederick Taylor (1856-1915). Em 1911, publicou o livro *Princípios de Administração Científica*, no qual propõe que administrar uma empresa deve ser compreendido como uma ciência. A ideia principal do livro é a racionalização do trabalho, que envolve a divisão de funções dos trabalhadores; taylorismo caracteriza-se pela ênfase nas tarefas, objetivando o aumento da eficiência ao nível operacional. É considerado uma das vertentes na perspectiva administrativa clássica. Suas ideias começaram a ser divulgadas no século 20.

### 11.1.3 Organização do trabalho

Organização do trabalho é um tema amplo e complexo, constituído de muitas variáveis. Pode-se considerar que as organizações são estruturas compostas por unidades internas, com suas peculiaridades, as quais interagem com o meio externo em processo contínuo de inter-relação com interferência mútua.

A organização do trabalho é, na realidade, um grande desafio atual para as diversas empresas, uma vez que há aspectos divergentes entre os interesses de trabalhadores e empregadores e que as condições físicas, ambientais e organizacionais de execução de trabalho proporcionam diversos graus de desgaste e sofrimento do trabalhador.

Dejours e Abdoucheli (1994, p. 26) afirmam que:

> a organização do trabalho é, de certa forma, a vontade do outro. Ela é, primeiramente, a repartição entre os trabalhadores, isto é, a divisão de homens: a organização do trabalho recorta assim, de uma só vez, o conteúdo da tarefa e as relações humanas de trabalho.

De forma complementar, Faria (1984) trata a organização do trabalho como sendo um conjunto de conhecimentos oriundos da ciência social e humana, da ciência exata, da lógica, da tecnologia, para estabelecer não simplesmente métodos, mas sobretudo as condições mais favoráveis à satisfação, à saúde e à produtividade do homem ao trabalho.

De acordo com Dejours (1994), quando não se torna possível o rearranjo da organização do trabalho pelo trabalhador, a relação conflitual do aparelho psíquico à tarefa é bloqueada, acumulando-se a energia pulsional que não encontra descarga no exercício do trabalho, resultando um sentimento de insatisfação, fadiga e tensão. Na percepção deste, a origem da carga psíquica do trabalho está na relação do homem com a organização do trabalho e a flexibilização da mesma permite pleno emprego das aptidões psicomotoras, psicossensoriais e psíquicas, de modo a deixar maior liberdade ao trabalhador para rearranjar seu agir e utilizar-se de gestos capazes de lhe proporcionar prazer, transformando um trabalho fadigante em trabalho equilibrado.

Chanlat (1993) considera que a organização, contrariamente à idealização frequente no mundo dos negócios, se tem mostrado muitas vezes como um local próprio ao tédio, à violência física e psicológica, não apenas nos escalões inferiores, mas também nos níveis intermediário e superior. Atualmente, num mundo dominado pela racionalidade instrumental e por categorias econômicas, os trabalhadores geralmente são vistos como meros recursos, ou seja, como quantidades materiais cujo desempenho deve ser satisfatório, tal como os equipamentos, as ferramentas e a matéria-prima e desse modo, associados ao universo das coisas, tornam-se objetos.

Dejours (1993) considera que a atividade profissional não é somente um modo de ganhar a vida, mas também uma forma de inserção social, em que os aspectos psíquicos e físicos estão fortemente implicados. Refere que o indivíduo, por meio do trabalho, engaja-se nas relações sociais para onde transfere questões herdadas do passado e de sua história de vida.

Atualmente, o trabalho ocupa um lugar central na vida das pessoas e de diferentes comunidades e é uma ação humanizada exercida num determinado contexto social com influências das mais diversas fontes, resultando numa ação recíproca entre o trabalhador e os meios de produção.

De acordo com Kanaane (1999), na perspectiva sociológica, o trabalho é elemento-chave na formação de coletividades humanas muito diferentes por seu tamanho e funções. O progresso tecnológico tem modificado as atividades de trabalho, causando mudanças significativas nas condutas e reações individuais e grupais. O trabalho é fator fundamental na estratificação social e na mobilidade social. Ainda para o autor, o trabalho, do ponto de vista psicológico, provoca diferentes graus de motivação e de satisfação do trabalhador, quanto à forma e ao meio no qual desempenha sua tarefa. Ressalta que, tanto na abordagem sociológica ou na psicológica do trabalho, há a interdependência de fatores intrínsecos e extrínsecos ao trabalhador, tornando, dessa forma, viável a compreensão dos processos sociointerativos no cotidiano das organizações. É pelo trabalho que o homem modifica seu próprio meio, podendo modificar a si próprio na medida em que possa exercer sua capacidade criativa e participando do processo de construção das relações de trabalho e da comunidade.

Acredita-se que em todo trabalho prático há uma atividade intelectual que a antecede.

Segundo Aranha e Martins (1998), "à medida que a sociedade humana se torna mais complexa, alguns homens passam a se dedicar ao trabalho teórico". Afirma que o trabalhador intelectual se ocupa com a problematização da prática, refletindo no agir humano para melhor compreendê-lo. Refere, ainda, que o trabalho intelectual não é material e por isso seu resultado é uma obra de pensamento vinculada ao seu autor. Geralmente, há uma separação entre concepção e execução; de um lado, há o trabalhador intelectual na produção do saber e de outro os trabalhadores manuais, que excluídos do acesso à educação formal, tendem a exercer um trabalho mecânico por falta de clareza a respeito das causas e fins do seu agir.

Kanaane (1999) afirma que o enfoque mecanicista adotado nas relações de trabalho e o distanciamento entre o trabalhador e os meios de produção têm determinado disfunções comportamentais em indivíduos e grupos no contexto de trabalho. As concepções sobre o trabalho não apresentam o real significado, pois os papéis desempenhados explicitam contradições e conflitos no âmago das organizações.

A representação social do trabalho implica considerar as categorias profissionais e os processos de trabalho que realizam, até porque mantêm entre si relações interdependentes que demonstram valores próprios da realidade, refletindo concepções ideológicas, políticas, sociais e culturais associadas ao trabalho e às posições ocupadas em determinado contexto social. A posição ocupada pelo indivíduo em dada realidade social implica conhecer o ponto de vista de determinadas representações sociais que o mesmo elabora sobre a realidade em que se insere e sobre o trabalho que desenvolve.

A produtividade e a eficiência organizacional, como meta essencial à sobrevivência das empresas, têm originado consequências nem sempre adequadas ao bem-estar dos empregados. Para Dejours e Abdoucheli (1994), o trabalho é um ato imprescindível às pessoas, pois se refere à própria sobrevivência e condicionamento sociais do indivíduo.

## 11.2 Ergonomia

A abordagem ergonômica do trabalho é desenvolvida na Europa Ocidental, mas é na Inglaterra que se encontra a origem do emprego do termo e também a ergonomia como disciplina autônoma. A ergonomia estendeu suas bases científicas pelo mundo através da biometria, biomecânica, fisiologia, psicologia, dentre as principais.

Na Inglaterra, Bélgica, Suíça, Holanda e nos países nórdicos, é considerada no ensino e na pesquisa apenas no setor público, mas são numerosos os estudos. Nos Estados Unidos, a ergonomia tem-se desenvolvido no campo da tecnologia do homem no trabalho.

Hoje, tem uma história secular. Apesar dos diferentes posicionamentos acerca da determinação específica de seu campo de atuação, as controvérsias expressam-se na multiplicidade de definições que a disciplina apresenta. Pelas intervenções existentes, a ergonomia atualmente apresenta dois enfoques, segundo o tipo de abordagem do homem no trabalho: o americano e o europeu.

Para Montmollin (1986), o enfoque americano relaciona-se principalmente a aspectos físicos da interface homem-máquina, visando dimensionar postos de trabalho, sendo que a linha europeia privilegia as atividades do operador priorizando a compreensão da tarefa, resolução de problemas, tomada de decisão. Lembra que o enfoque mais antigo e o mais americano considera a ergonomia como a utilização das ciências para melhorar as condições do trabalho humano, e a segunda corrente, mais recente e mais francesa, a considera como o estudo específico do trabalho humano com o objetivo de melhorá-lo. É interessante considerar que ambos os enfoques não se contradizem, mas se complementam, e pode-se constatar que a maioria dos autores utiliza a palavra trabalho ao definir ergonomia.

Segundo Moraes e Mont'Alvão (2000), a palavra tem origem no grego, *ergon* = trabalho e *nomos* = leis. O termo foi proposto por Woitej Yastem--Bowski, professor e engenheiro naturalista polonês, em 1857, em seu artigo "Estudos de Ergonomia, ou Ciência do Trabalho" baseado nas Leis Objetivas da Ciência sobre a Natureza, na qual era proposta a construção de um modelo de atividade laboral humana, que relacionasse a ergonomia com a proteção do homem no trabalho.

## 11.2.1 Conceitos e objetivos da ergonomia

Historicamente, a ergonomia recebeu vários conceitos. Wisner (1987, p. 38) considera que é:

> O conjunto dos conhecimentos científicos relativos ao homem e necessários para a concepção de ferramentas, máquinas e dispositivos que possam ser utilizados com o máximo de conforto, de segurança e de eficácia.

Laville (1977), ao comentar a definição de Wisner, considera "que face a complexidade do desempenho do homem no trabalho, a ergonomia ampliou progressivamente o campo de suas bases científicas".

Para Chapanis (1972), a ergonomia é a adaptação dos instrumentos, condições e ambiente de trabalho às capacidades psicofisiológicas antropométricas e biomecânicas do homem, de forma a reduzir o cansaço, os erros, os acidentes do trabalho e os custos operacionais; aumentar o conforto do trabalhador, a produtividade e a rentabilidade, proporcionando melhores condições de trabalho ao homem, aumentando a eficiência e reduzindo custos.

Encontra-se em Grandjean (1998), que "de forma abreviada a ergonomia pode ser definida como a ciência da configuração do trabalho adaptada ao homem". Refere que "o alvo da ergonomia era (e ainda é) o desenvolvimento de bases científicas para a adequação das condições de trabalho às capacidades e realidades da pessoa que trabalha".

Para Iida (1990, p. 1), uma definição concisa, fornecida pelo *Ergonomics Research Society* da Inglaterra, considera-a como: "O estudo do relacionamento entre o homem e o seu trabalho, equipamento e ambiente e, particularmente a aplicação dos conhecimentos de anatomia, fisiologia e psicologia na solução de problemas surgidos desse relacionamento."

Para Chapanis (1994), a ergonomia é o estudo sobre as habilidades, limitações e outras características humanas que são relevantes para o *design*. Já o projeto ergonômico é a aplicação do conhecimento ergonômico ao *design* de ferramentas, máquinas, sistemas, tarefas, trabalho e ambientes para o uso humano seguro, confortável e efetivo.

Santos e Fialho (1995) abordam a ergonomia voltada para análise do trabalho por identificar seu objetivo à realidade da atividade humana, considerada singular e determinada por fatores externos que ela mesma modifica; nesta relação está presente a intervenção ergonômica, nas suas diversas modalidades e resultados esperados. Afirmam que é a partir do estudo aprofundado de determinada situação, em seu espaço e tempo, que se podem pôr em evidência problemas gerais e propostas soluções.

De acordo com Karwowski (1996), a ergonomia, também conhecida como *Human Factors*, é uma ciência que trata da interação entre os homens e a tecnologia e utiliza o conhecimento das ciências humanas adaptando tarefas, sistemas, produtos e ambientes de acordo com as habilidades e limitações físicas e mentais das pessoas.

Para Meister (1998), o que faz da ergonomia uma disciplina específica é a interação do domínio comportamental com a tecnologia física, em especial no *design* de equipamentos. Cita que vários especialistas em ergonomia a consideram como uma forma de psicologia, o que ele próprio descorda veementemente, pois esta última não trata da tecnologia, assim como a engenharia só se interessa pelo comportamento humano quando a ergonomia exige. Diz, ainda, que o papel principal da ergonomia é desenvolver sistemas, que é a aplicação dos princípios comportamentais humanos para o *design* de sistemas físicos

A definição de ergonomia mais atual é o da International Ergonomics Association (IEA), aprovada em agosto de 2000 no Congresso Trienal de Ergonomia, realizado em San Diego, Califórnia:

Ergonomia (ou fatores humanos) é a disciplina científica que trata da compreensão das interações entre os seres humanos e outros elementos de um sistema, e a profissão que aplica teorias, princípios, dados e métodos, a projetos que visam otimizar o bem estar humano e a performance global dos sistemas.

Essa associação descreve ainda três tipos:

– *Ergonomia física:* refere-se aos aspectos relacionados à anatomia humana, antropometria, fisiologia e biomecânica em sua relação com a atividade física.

– *Ergonomia cognitiva:* refere-se aos processos mentais como percepção, memória, raciocínio e resposta motora, conforme afetam interações entre seres humanos e outros elementos do sistema.

– *Ergonomia organizacional:* relacionada à otimização dos sistemas sociotécnicos, incluindo suas estruturas organizacionais, políticas e processos.

Moraes e Mont'Alvão (2000) e Moraes e Soares (1989) propõem uma nova definição: "conceitua-se a ergonomia como tecnologia projetual das comunicações entre homens e máquinas, trabalho e ambiente". Explicita ainda que nos enfoques sistêmico e informacional, a ergonomia como tecnologia operativa define parâmetros para projetos de produtos, estações de trabalho, sistemas de controle e de informações, organização do trabalho, operacionalização da tarefa e programas instrucionais de naturezas instrumentais, informacionais, cognitivos, movimentacionais, físico-ambientais, químico-ambientais, securitários, operacionais, organizacionais, instrucionais e psicossociais.

Moraes e Mont'Alvão (2000) enfatizam que "a ergonomia tem como foco principal o humano, como um ser integral, o que significa recuperar o sentido antropológico do trabalho, produzindo conhecimento para desalienação do trabalho, para mudar e transformar o mundo".

Abrahão (1993) cita que a ergonomia objetiva projetar ou adaptar situações de trabalho compatíveis com as capacidades e respeitando os limites do ser humano. Enfatiza a importância da intervenção ergonômica na segurança do indivíduo e dos equipamentos, a eficácia do processo de trabalho e o conforto dos trabalhadores na situação de trabalho.

De forma similar, Silva Filho (1995) enfatiza a situação do trabalhador, enfocando uma visão antropocêntrica da ergonomia, sendo todos os princípios voltados à consideração das pessoas no trabalho e acredita que esses princípios podem ser úteis para o estabelecimento de propostas de modelos participativos melhor adaptados ao meio ambiente.

Para Wisner (1994), a ergonomia tem pelo menos duas finalidades: o melhoramento e a conservação da saúde dos trabalhadores e a concepção e o funcionamento satisfatório do sistema técnico, do ponto de vista da produção e da segurança.

Em um sentido mais específico, Couto (1995) aponta que a finalidade é propiciar uma interação adequada e confortável do ser humano com os objetos que maneja e com os ambientes onde se encontra. Relaciona a ergonomia ao atendimento de cinco áreas: organização do trabalho, biomecânica, adequação ergonômica do posto de trabalho, prevenção da fadiga no trabalho e prevenção do erro humano.

Assis et al. (1997) aprofundam ainda mais e complementam que o objetivo da ergonomia também está em analisar os padrões de comportamento do trabalhador: gestos, posturas, verbalizações, comunicações; analisar os processos mentais que englobam tais comportamentos, os mecanismos psicológicos afetando, as emoções que os influenciam enfim, todos os tipos de fenômenos que ocorrem durante as atividades de trabalho.

De acordo com os autores descritos, a ergonomia tem como objetivo principal a adaptação do ambiente de trabalho ao trabalhador, respeitando os limites de capacidade do ser humano, apontando pontos críticos de inadequação, avaliando padrões de comportamento, na interação adequada e confortável do homem, preocupando-se com a melhoria e conservação da saúde.

Atualmente, a ergonomia é aplicada onde há a participação do homem na sua totalidade e nas diversas áreas de trabalho, com a finalidade de garantir a segurança e a saúde do trabalhador, bem como a melhoria do que produz.

### 11.2.2 Contribuições e relevância científica

Do ponto de vista das contribuições e relevância científica e social da ergonomia, alguns aspectos podem ser mencionados.

Mascia e Szenelvar (1995) citam a melhoria das condições de trabalho e a confecção de projetos de dispositivos técnicos adaptados às características do indivíduo como contribuições significativas.

Para Iida (1990), "as contribuições da ergonomia para introduzir melhorias em situações de trabalho dentro das empresas podem variar, conforme a etapa em que elas ocorrem e também a abrangência com que é realizada". A abrangência das contribuições é classificada em:

– análise de sistemas que se preocupa com o funcionamento global de uma equipe de trabalho, usando equipamentos e relações entre aspectos mais gerais, sendo que a análise pode ir se aprofundando gradativamente e,

– análise de postos de trabalho, que é o estudo de uma parte do sistema em que atua o trabalhador.

Afirma Iida (1990) ainda que o problema de adaptação do trabalho ao homem nem sempre tem uma solução simples; geralmente são problemas de grande complexidade para o qual não existe uma resposta pronta. Aponta a relevância das diferenças individuais, relativas a peso, altura, compleição física, resistência à fadiga, capacidade auditiva e visual, memória, habilidade motora e personalidade ao analisar as possibilidades da adaptação da tarefa ao homem.

De acordo com Santos (1991), a ergonomia remete aos conhecimentos e tecnologias para reduzir ou eliminar riscos profissionais, promovendo segurança, diminuição de acidentes e doenças profissionais, além de melhorar as condições de trabalho, visando evitar um incremento da fadiga provocado por elevada carga de trabalho, quer seja física, psíquica ou mental.

Segundo Sluchak (1992), a ergonomia leva em conta as diferenças individuais existentes entre os trabalhadores e planeja um ambiente de trabalho flexível para acomodar a viabilidade, sem sacrificar a segurança ou a produtividade. Para a análise do homem no trabalho, considera como fatores importantes a educação, o treinamento, a motivação, a satisfação, a antropometria e o uso de equipamentos de proteção individual. Observa na avaliação dos métodos de trabalho, força, postura, repetição e pausas de trabalho e, quanto à tarefa, são observados instrumentos, materiais, equipamentos e mobiliário com suas dimensões e características peculiares para utilização. Afirma, também, que o ambiente é composto por dispositivos legais, regulamentos, considerações éticas, ruído, iluminação, temperatura e outros que podem estar envolvidos na tarefa.

De acordo com Benchkroun (1999), existem soluções concebidas e adaptadas ao trabalho, propostas pela ergonomia, uma vez que dispõem de conhecimentos, instrumentos e métodos, extremamente precisos, eficazes e pertinentes para conceber e corrigir postos de trabalho, quaisquer que sejam.

Inicialmente, as aplicações se restringiam à indústria e ao setor militar e espacial, e atualmente a ergonomia contribui para melhorar a eficiência, a confiabilidade e a qualidade das operações industriais. O setor de serviços, em que ocorre sua expansão, com a modernização da sociedade, tem contribuído também para melhorar a vida cotidiana, tornando os meios de transporte mais cômodos e seguros, mobílias domésticas mais confortáveis, eletrodomésticos mais eficientes e seguros e tantas outras áreas como as de acessibilidade em locais públicos, ajudar pessoas com deficiências ou limitações etc.

Para Dul e Weerdmeester (1995), "a ergonomia pode contribuir para solucionar um grande número de problemas sociais relacionados com a saúde, segurança, conforto e eficiência". Os autores referem que muitos acidentes podem ser causados por erros humanos e que a probabilidade de sua ocorrência pode ser reduzida quando se consideram adequadamente as capacidades e limitações humanas e do ambiente. Finalmente, enfatizam que a ergonomia pode contribuir para prevenção de erros, melhorando o seu desempenho e que alguns conhecimentos oriundos de estudos ergonômicos foram convertidos em normas oficiais com o objetivo de estimular sua aplicação. Entre as principais normas podemos citar: ISO (International Standardization Organization), CEN (Comité Européen de Normalisation), ANSI (Estados Unidos), BSI (Inglaterra), havendo normas específicas de ergonomia que são aplicadas em empresas e setores industriais.

Podemos afirmar que, em termos de síntese das definições, Moraes e Mont'Alvão (2000, p. 12) trazem uma contribuição importante para o esclarecimento da vocação científica e profissional desse campo de conhecimento:

> Ergonomia tem como centro focal de seus levantamentos, análises, pareceres, diagnósticos, recomendações, proposições e avaliações, o homem como ser integral. A vocação principal da Ergonomia é recuperar o sentido antropológico do trabalho, gerar o conhecimento atuante e reformador que impede a alienação do trabalhador, valorizar o trabalho como agir humano através do qual o homem se transforma e transforma a sociedade, como livre expressão da atividade criadora, como superação dos limites da natureza pela espécie humana.

### 11.2.3 A ergonomia e as transformações no mundo do trabalho

Como se pôde observar, o conceito de trabalho comporta uma série de nuanças e as dificuldades conceituais enfrentadas pela ergonomia são análogas às encontradas por outras disciplinas que lidam com este objeto de estudo.

Para Rio e Pires (1999, p. 29), é uma ciência com uma diretriz ética e técnica, a de adaptar o trabalho ao ser humano. Afirmam que as questões macroeconômicas, sociais e culturais podem dificultar essa diretriz e que a ergonomia, embora não possa resolver estas questões, deve lançar mão de outras áreas para não descaracterizar seu princípio básico.

Na concepção de Barbosa Filho (2001), compete à ergonomia proporcionar ao homem o equilíbrio entre si, ao seu trabalho e ambiente onde é realizado em todas as suas dimensões, compatibilizando limitações, capacidades e respeitando diferenças individuais.

Segundo Moraes e Mont'Alvão (2000), as atividades e seu ambiente físico e social exercem sobre os trabalhadores constrangimentos, exigindo-lhes gastos físico, mental, emocional e afetivo, ocasionando desgastes e custo. Refere que a atividade profissional pode causar prazer e satisfação de acordo com a tarefa realizada e que a carga de trabalho resulta em custos humanos que se expressam em sintomas físicos e psíquicos, doenças profissionais, acidentes, mortes, incapacitações, dentre outros.

Para Guérin et al. (2001), "transformar o trabalho é a finalidade primeira da ação ergonômica", e esta transformação deve contribuir para que situações de trabalho não alterem a saúde dos trabalhadores e que possam exercer suas competências de modo individual e coletivo, encontrando possibilidade de valorização de suas potencialidades.

De acordo com Guérin et al. (2001), "as evoluções técnicas, sociais e econômicas recentes vêm determinando, há vinte anos, uma considerável transformação do trabalho"; isto vem afetando o conteúdo da atividade efetiva e o quadro dessa atividade, indicando a existência de novas exigências e constrangimentos. Afirma, ainda, que "a prática ergonômica só se justifica quando visa à transformação das situações de trabalho".

Na percepção de Batista (2000), as reflexões sobre o universo do trabalho priorizam as iniciativas técnicas e científicas, portanto não se podem desprezar novas questões que emergem das experiências comuns no trabalho. A ergonomia, com suas variáveis, adquire maior vitalidade e consistência extrapolando os limites dos postos de trabalho. Refere que, no terreno social, as investigações sobre o trabalho indicam uma extraordinária metamorfose, o que implica meticuloso empenho de explicitações de novas modalidades, de novas identidades constituídas pelo trabalho.

O autor afirma ainda que a pesquisa ergonômica dedicada ao mundo do trabalho impõe procedimentos analíticos que não dissociam o objeto de estudo do contexto social no qual se insere. Neste contexto, a ergonomia, ainda que pautada por critérios normativos e metodológicos de análise, corre o risco de sofrer graves prejuízos de desprezar a interação do ambiente de trabalho com o universo social no qual se insere. A reestruturação produtiva verificada nas três últimas décadas incorpora mudanças significativas por intermédio da informática, transferindo para o trabalho coletivo o que até então era atribuído ao trabalhador individualizado.

O mundo está avançando movido por períodos de enormes transformações sociais, econômicas e políticas, abrangendo um aumento de conhecimentos para todas as ciências. Tais mudanças nos levam a acreditar que a ergonomia tem um papel importante nas transformações entre as relações do trabalho com o avanço tecnológico, respeitando o aspecto humano desta relação. Parece evidente a necessidade de que o profissional de saúde se insira neste contexto, no sentido de buscar e garantir melhores condições no desenvolvimento das atividades relacionadas ao processo de trabalho.

A natureza interdisciplinar da ergonomia reúne diversos conhecimentos científicos e tecnológicos: da anatomia, da fisiologia, da antropometria, da psicofisiologia, da psicologia experimental, da engenharia, da medicina do trabalho dentre outras, sendo importante utilizar conhecimentos de outras áreas que permite ao ergonomista ter uma visão ampla da situação ocupacional. Essa interdisciplinariedade demonstra que as fronteiras entre as disciplinas que estudam o trabalho são cada vez mais tênues.

Moraes e Mont'Alvão (2000, p. 15-16) afirmam que a "ergonomia partilha o seu objetivo geral – melhorar as condições específicas do trabalho humano – com a higiene e segurança do trabalho" e enfatizam que "o objeto da ergonomia, seja qual for a linha de atuação, ou estratégias e os métodos, é o homem no seu trabalho trabalhando, realizando sua tarefa cotidiana, executando as suas atividades do dia a dia".

### 11.2.4 Os novos desafios da ergonomia na saúde

Wisner (1987), referindo-se ao próximo passo na evolução da ergonomia, relata que a dificuldade do campo de ação da ergonomia, o pouco avanço das ciências que estudam o homem e o trabalho, e as influências sociais para promover as mudanças nas condições de trabalho são reais e que, por falta de um esforço suficiente de reflexão teórica e, sobretudo, de estudos de casos concretos, os critérios da ação ergonômica continuam imprecisos, não integrados em uma visão geral, além de não permitirem um avanço dos procedimentos empregados e o estabelecimento de novas abordagens mais radicais das condições de trabalho.

Kirchhof (1997, p. 85), em seu estudo sobre a relação do trabalho e a saúde, identifica tendências temáticas na produção acadêmica brasileira, ressaltando as contribuições mais pertinentes, além de buscar outras para a humanização dessa relação. A segunda tendência, denominada saúde do trabalhador, "tem como pressuposto que o trabalho acrescenta ao ser humano outras condições de vida que respondem por adoecimentos".

Diz ainda que relação entre a atividade desenvolvida e manifestações físicas e psíquicas apresentadas pelos trabalhadores pode ocasionar adoecimento e ser considerada específica do trabalho. Vários estudiosos investigam a saúde do trabalhador e explicam a relação trabalho e saúde sobre diversos enfoques, tais como: a gênese do processo saúde-doença no trabalho; o processo de trabalho e o processo de subjetivação; ações institucionais para os trabalhadores. Embora aponte alguns aspectos negativos sobre a relação trabalho e saúde, reconhece toda a positividade e o compromisso em buscar conhecimentos que sirvam de mediação entre propostas teóricas e o trabalho operado. Por fim, afirma que o compromisso ético das relações entre os seres humanos pode servir de incentivo àqueles que buscam alternativas para as relações de trabalho, construindo oportunidades de uma vida saudável.

Observa-se que atualmente a ergonomia parece exercer uma atração sobre os profissionais da saúde pela sua facilidade de identificar, analisar e encaminhar problemas do cotidiano de trabalho muitas vezes mal resolvidos na área de trabalho ou saúde.

Para Couto e Moraes (1999) e Villar (2002), nos últimos anos em que a ergonomia passou a existir como linguagem mais comum no mundo do trabalho, certamente evoluiu significativamente, acompanhando em termos de desafios, as exigências cada vez maiores do trabalho. Desde o início, a ergonomia tem preocupações com a questão do trabalho físico e sua quantificação e com o estabelecimento de limites de tolerância do ser humano, relacionados com dores lombares, movimentação de carga excessiva e altas temperaturas. Uma das áreas tradicionais da ergonomia é o trabalho em escritórios, o estudo da fadiga e suas formas de prevenção e especialmente o estudo das condições biomecânicas dos postos de trabalho (ZAVAREZE; CRUZ, 2010; CRUZ e col., 2006).

Ressaltam, ainda, que a ergonomia prevê exatamente o contrário do taylorismo e, nesse sentido, alcançou grandes vitórias. Com aparecimento de novas técnicas gerenciais a partir de 1970, houve uma reestruturação produtiva intensa, que refletiu em grande mudança na base tecnológica existente, na organização do trabalho em especial em empresas de produção em massa, assim como na forma de se gerenciar as organizações e os processos produtivos. Afirmam que todas estas mudanças alteraram o trabalho do ser humano e também os desafios ergonômicos. A tecnologia solucionou muitos problemas ergonômicos do antigo paradigma de produção, mas esta mesma tecnologia trouxe muitos problemas ergonômicos cujo estudo se constitui num dos grandes desafios.

No campo da Saúde, buscam-se o conhecimento sobre o processo de trabalho com enfoque no sentido coletivo, sua organização e a necessidade de um olhar voltado à qualidade de vida do trabalhador no seu ambiente de trabalho. É um campo que apresenta grandes desafios, além de problemáticas a vencer, dentro do cenário determinado pelo contexto político e econômico do país.

De acordo com Santos, Mattos e Reis (2001), há uma política social para a saúde e para a saúde do trabalhador, em meio às questões sociais, à flexibilização da economia, à precariedade do trabalho e ao desemprego, que problematizam as demandas e as necessidades de intervenção na organização e nos processos de trabalho que julgamos conhecer.

O desenvolvimento da análise ergonômica do trabalho é de grande complexidade por ter a necessidade de uma visão global do trabalhador no seu trabalho exercendo as atividades inerentes ao seu cargo, levando-se em consideração os aspectos subjetivos e externos ao trabalho, ou seja, sua vida. Também de fundamental importância o estudo sobre a empresa nos seus diferentes aspectos e seu contexto socioeconômico.

Vale ressaltar a necessidade de se ter claro o que se quer analisar, quer seja relacionado ao trabalhador, quer seja às diferentes áreas da empresa, respeitando as condições apresentadas.

### 11.2.5 Análise Ergonômica do Trabalho (AET)

Quanto à análise ergonômica do trabalho, Santos e Fialho (1997) afirmam que as recomendações dependem, geralmente, do rigor metodológico sendo necessário que o resultado não deve ser de um único analista, uma vez que a realidade na qual intervém é de interesse coletivo.

A metodologia de análise propõe a partir da análise da demanda, passando pela análise da tarefa e das atividades, elaborar um conjunto de resultados e interpretá-los, constituindo um modelo operativo da situação de trabalho e permitindo o estabelecimento de um caderno de encargos de recomendações ergonômicas.

**Figura 11.1** – Análise Ergonômica do Trabalho (AET)

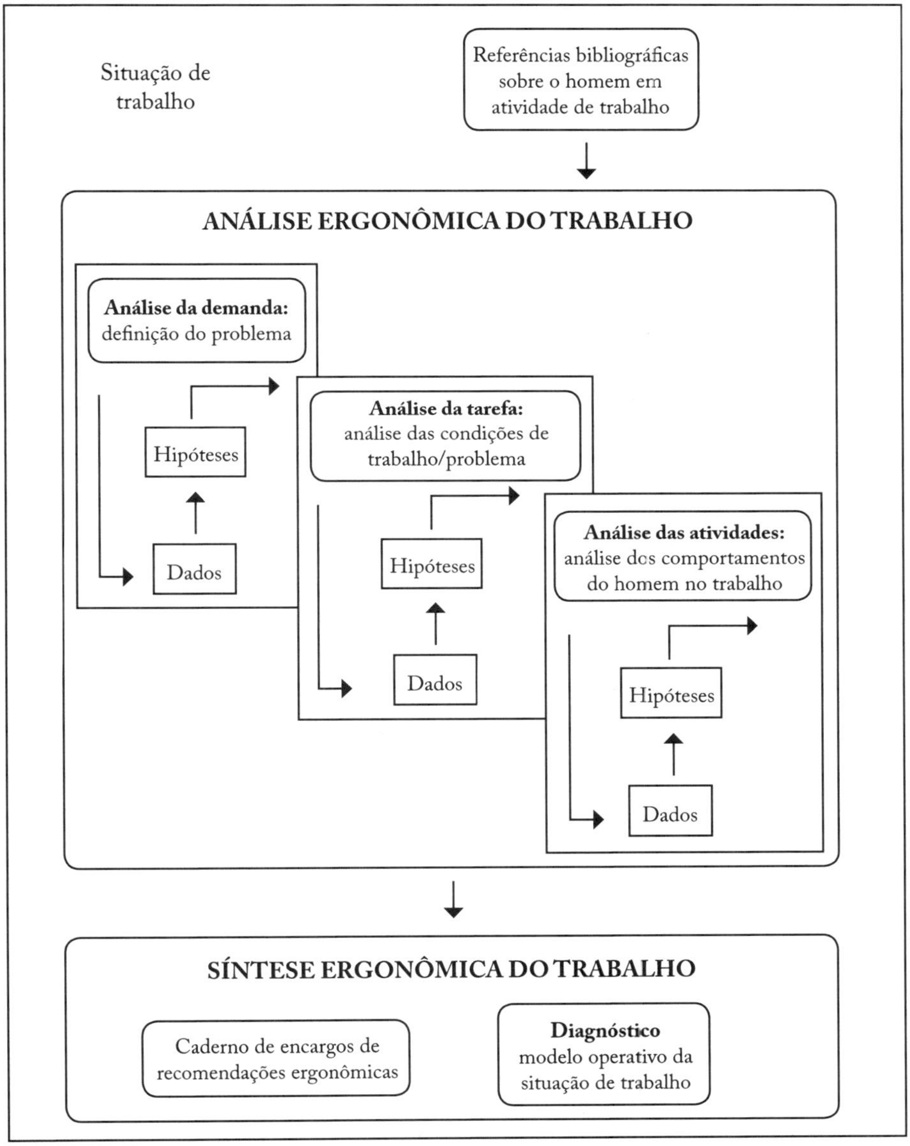

Fonte: Adaptada de Santos e Fialho (1995).

As fases da AET são:

– Análise da demanda: é a definição do problema a ser analisado, com base em uma negociação com os diversos atores sociais envolvidos.

– Análise da tarefa: é o que o trabalhador deve realizar e as condições ambientais, técnicas e organizacionais desta realização (trabalho prescrito).

– Análise das atividades: é o que o trabalhador efetivamente realiza para executar a tarefa. É a análise do comportamento do homem no trabalho (trabalho real). É necessária uma descrição precisa e observações e medidas sistemáticas de variáveis pertinentes (posturas, atividades visuais, deslocamentos). As variáveis dependem em grande forma das hipóteses.

As conclusões de uma AET devem conduzir e orientar modificações para melhorar as condições de trabalho sobre os pontos críticos que foram evidenciados, assim como melhorar a produtividade e qualidade dos produtos ou serviços a serem produzidos ou realizados.

Na concepção de Moraes e Mont'Alvão (2000) as pesquisas na área de ergonomia também podem utilizar métodos em uso pelas Ciências Sociais e das técnicas propostas pela engenharia de métodos. Refere-se à **pesquisa descritiva**, em que o pesquisador está interessado em descobrir e observar os fenômenos e depois descrevê-los, classificá-los e interpretá-los; à **pesquisa experimental**, em que se procuram as causas em que o fenômeno é produzido. Neste caso, busca verificar a causalidade que se estabelece entre variáveis, sendo necessário, portanto, uma situação de controle para que se evitem influências de fatores alheios ao que se deseja estudar.

## 11.3 A situação de trabalho

A proposta da ergonomia corresponde a uma série de orientações das políticas de segurança do trabalhador na perspectiva de transformação do trabalho.

Não existe um modelo único de ação ergonômica e a construção de cada ação nas empresas assume um caráter particular, mas deve-se ater a alguns importantes princípios comuns, levando-se em conta a globalidade da situação.

Na percepção de Santos e Fialho (1997), a situação de trabalho pode ser definida como o campo no qual é desenvolvida a atividade pelo homem, em seus diferentes aspectos, assim como os diversos elementos em interação com a atividade do homem.

A situação de trabalho é o campo no qual a atividade é exercida e, de acordo com Wisner (1987), classifica-se basicamente em quatro aspectos:

– econômicos (mercado, investimentos etc.);

– sociais (políticas salariais, seleção de pessoal etc.);

– técnicos (limites tecnológicos); e

– organizacionais (políticas, métodos, relações etc.).

Isto demonstra a extensão e complexidade da situação de trabalho, não a reduzindo apenas à atividade fisiológica ou psicológica do homem.

Para F. Guérin et al. (1997), a atividade "é o elemento central que organiza e estrutura os componentes da situação de trabalho. É uma resposta aos constrangimentos determinados exteriormente ao trabalhador, e ao mesmo tempo é capaz de transformá-los".

Podem-se observar os determinantes da atividade de trabalho na figura a seguir.

**Figura 11.2** – Função integradora da atividade de trabalho

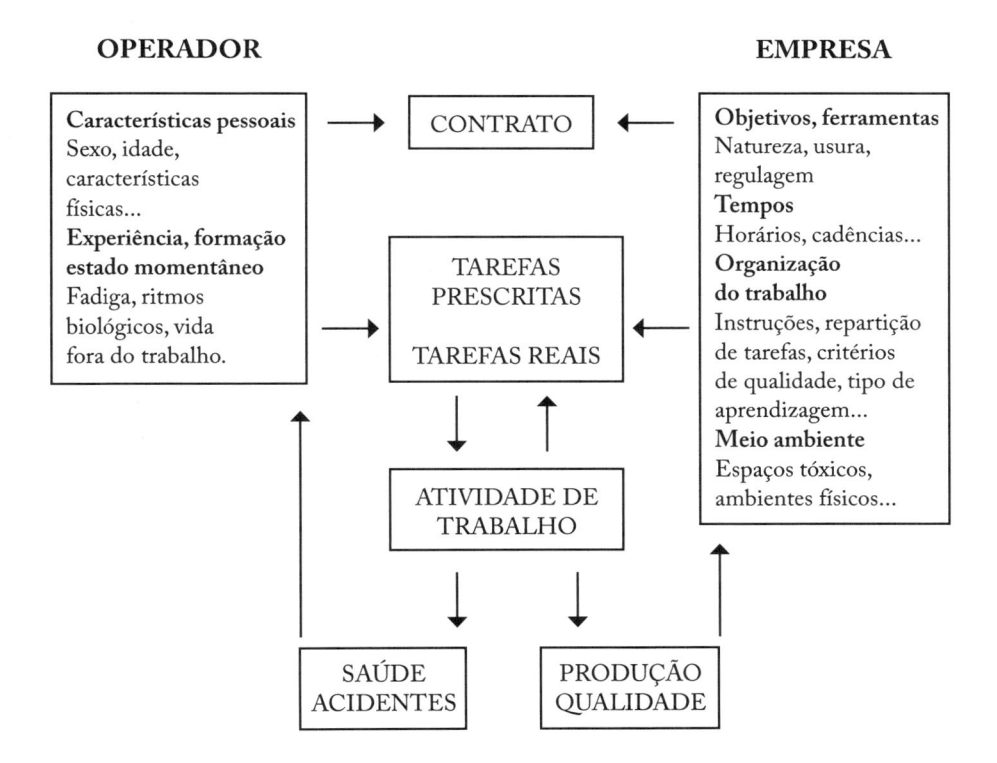

Fonte: Adaptada de Guérin et al. (1991).

Existe uma estreita relação entre a atividade, o desempenho e a saúde do trabalhador. As agressões à saúde não são somente as doenças profissionais reconhecidas ou os acidentes de trabalho. A psicopatologia do trabalho pôs em evidência os efeitos ligados à relação psíquica. Por outro lado, sob certas condições, o trabalho não tem um papel negativo, mas positivo para a saúde.

A saúde é expressa pelas condições culturais, históricas e sociais das coletividades em que o trabalho desempenha papel crucial. O trabalho realizado na sociedade atual é determinado por inter-relações de poder.

Como foi visto anteriormente, a ergonomia preocupa-se com os problemas que envolvem o homem no trabalho e sua inter-relação com o mundo.

O homem precisa encontrar no trabalho condições capazes de proporcionar proteção, conforto e satisfação, sendo que as características do ambiente de trabalho são o resultado de uma série de fatores materiais ou subjetivos.

## 11.4 Espaço e ambiente de trabalho

O espaço/ambiente de trabalho é composto por um conjunto de fatores interdependentes, físicos ou organizacionais que atua direta e indiretamente na qualidade de vida das pessoas, bem como nos resultados de seus trabalhos.

O local de trabalho deve ser sadio e agradável, pois o homem precisa encontrar aí condições capazes de lhe proporcionar o máximo de proteção e, ao mesmo tempo, satisfação e conforto para o bom desenvolvimento de suas atividades.

Porém, as condições ambientais são fontes de tensão no trabalho, podendo ocasionar: aumento de risco de acidentes, desconforto, danos consideráveis à saúde física ou psicológica, além de refletir no resultado final do trabalho.

É necessário conhecer as limitações humanas e do local e tomar providências para manter os trabalhadores em situações de menor probabilidade de risco.

O ambiente é o produto da contribuição de diversos fatores, tais como: temperaturas, ruídos, vibrações, odores, cores, a arquitetura, relações humanas, remuneração, estabilidade, apoio social dentre outros.

A seguir serão abordados os fatores ambientais que podem afetar a saúde, a segurança e o conforto do homem. Propõe-se que esses conceitos sejam assimilados nas análises que enfocam saúde, segurança e trabalho.

Discorreremos inicialmente sobre os fatores ambientais:

*Ruídos*

A percepção do som se dá pelo órgão dos sentidos da audição e segundo Grandjean (1998, p. 258) "constitui interface pela qual as ondas de som são transformadas em sinais adequados de informação", sendo que há uma diferença de interpretação para cada indivíduo.

As perturbações nas comunicações e no trabalho geralmente são provocadas por outras pessoas, máquinas e equipamento e ocorrem a partir dos 80dB (A) de ruídos, não devendo ser inferior a 30dB (A).

Para Dull e Weerdmeester (1995), certo nível de ruído é benéfico, pois, se for muito baixo, qualquer barulho mesmo de baixa intensidade acaba distraindo a atenção.

Algumas recomendações para redução do ruído: separar o trabalho barulhento do silencioso, manter uma distância suficiente da fonte de ruído, verificar possibilidades de um teto acústico, barreiras acústicas ou ainda protetores de ouvidos, que devem ser adaptados ao ruído e ao usuário.

*Vibrações*

De acordo com Grandjean (1998), "por vibrações entendem-se oscilações mecânicas, que são caracterizadas por variações regulares ou irregulares, no tempo, de um corpo em estado de repouso".

As vibrações podem afetar o corpo todo ou em partes, como mãos e braços quando se utilizam equipamentos elétricos ou pneumáticos. São três as variáveis que afetam os efeitos da vibração: sua frequência (expressa em Hz), seu nível (expresso em $m/s^2$) e sua duração (tempo).

Dull e Weerdmeester (1995) afirmam que as vibrações na faixa de 1 a 100 Hz, em especial entre 4 e 8Hz, podem provocar dores no peito, dificuldades respiratórias e outros. Indicam ainda que as vibrações usuais dos equipamentos manuais concentram-se aproximadamente entre 25 e 150Hz.

*Iluminação*

Dois fatores são importantes na iluminação do ambiente: a intensidade da luz, que deve ser suficiente para garantir boa visibilidade, e o contraste entre a figura e o fundo.

A intensidade dá a medida do fluxo luminoso que incide em uma superfície, sendo medida de acordo com Grandjean (1998) pela expressão:

– Lux (lx) = 1 lúmen (Lm) sobre metro ao quadrado ($m^2$).

De acordo com Dull e Weerdmeester (1995), é necessário distinguir a luz ambiental, a iluminação no local de trabalho e a iluminação especial.

Uma intensidade de 200lux é suficiente para tarefas normais com bons contrastes sem necessidade de muitos detalhes, havendo a necessidade de aumentá-la à medida que o contraste diminui e exige a percepção de pequenos detalhes.

A iluminação local deve ser superior à ambiental e sua relação depende das diferenças de brilho entre a tarefa, o ambiente e a preferência das pessoas, sendo que a luz natural pode ser usada para o ambiente. As fontes de luz devem estar localizadas de modo a evitar reflexos e sombras na superfície de trabalho; utilizando-se luz difusa no teto, os reflexos podem ser diminuídos.

*Conforto climático*

Grandjean (1998) afirma que geralmente não percebemos um clima confortável, mas certamente sentimos o desconfortável, podendo ser um incômodo ou até um tormento, dependendo da intensidade do desequilíbrio calórico.

São quatro os fatores que contribuem para satisfazer as condições de conforto no trabalho: temperatura do ar, temperatura radiante, velocidade do ar e a umidade relativa, mas é preciso observar que um ambiente, para ser considerado agradável, depende também da atividade física e do vestuário do trabalhador. Também é importante se levar em conta que cada pessoa tem preferências próprias e se possível deve ser regulável.

A temperatura do ar deve ser ajustada ao esforço físico, bem como à umidade relativa, pois se deve evitar o ar muito úmido (acima de 70%) ou muito seco (abaixo de 30%).

As correntes de ar com velocidade acima de 0,1m/s são desconfortáveis, podendo ser ventos naturais ou movimentos de ar provocados por ventiladores. Devem ser evitadas, pois podem afetar o conforto térmico principalmente em trabalhos leves.

São diversos os fatores que alteram condições do ar e de ventilação: impurezas externas que penetram ou são produzidas no ambiente; liberação de calor; formação de vapor de água, entre outros.

*Substâncias químicas*

As substâncias químicas estão presentes no ambiente de trabalho em forma de líquidos, gases, poeiras, e sólidos, sendo que diversas delas podem causar doenças ou mal estar quando ingeridas, inaladas ou em contato com a pele ou os olhos.

Existem limites internacionais de tolerância para substâncias químicas. Para Dull e Weerdmeester (1995), "limite de tolerância é a concentração média de uma substância encontrada no ar, durante oito horas, e que não pode ser ultrapassada em nenhum dia".

Quanto à exposição a substâncias químicas, ressaltam que devem ser aplicado os limites de tolerância, devendo ficar abaixo dos mesmos e evitar as substâncias cancerígenas.

Todas as substâncias químicas devem conter no rótulo um alerta, uma vez que todo fabricante deve fornecer informações de sua toxicidade e os cuidados necessários.

É necessário utilizar um sistema de exaustão eficiente e a extração do ar poluído deve ser feita na região da respiração do trabalhador e não apenas na parte superior da sala. A manutenção dos equipamentos é importante para evitar entupimento dos dutos e filtros.

A ventilação e a exaustão interferem no clima e isso influi no conforto térmico. Mesmo que não contenham fontes de poluição, os ambientes fechados devem ser adequadamente ventilados.

Para reduzir os efeitos prejudiciais das substâncias químicas, é importante o uso dos equipamentos de proteção individuais e limitação do tempo de exposição.

As máscaras devem ser adequadas à poeira ou gases, devem ser usados avental e luvas, e é necessária a higiene pessoal em especial:

– As mãos e braços devem ser lavados regularmente com água e sabão.

– Tratar rapidamente qualquer tipo de lesão da pele.

– O vestuário e os equipamentos de proteção individual devem estar sempre limpos.

## 11.4.1 Segurança no trabalho

**Acidente de trabalho**: é uma ocorrência fortuita tida pelo trabalhador nas relações de trabalho com sua consequente lesão corporal ou perturbação funcional, que cause morte, a perda ou a redução, permanente ou temporária, da capacidade para o processo laboral.

**Doença ocupacional**: é moléstia adquirida ou desencadeada no exercício de trabalho peculiar a determinada atividade ou de condições especiais (relação direta).

**Incidente crítico**: é um evento ou fato negativo que possui potencialidade de ocasionar danos, ao trabalhador ou a máquina e equipamentos.

**Ato inseguro**: é o comportamento inadequado, que possui potencialidade de levar ao acidente de trabalho ou ao incidente crítico.

**Risco:** representa uma ou mais condições de uma variável com o potencial necessário para causar danos.

**Perigo:** expressa uma exposição relativa a um risco, que favorece a materialização de danos.

**Dano:** é a severidade da lesão ou perda física, funcional ou econômica, que pode ocorrer se o controle sobre risco não é efetivo.

NR 17 – Ergonomia

Corresponde à adaptação das condições de trabalho às características psicofisiológicas dos trabalhadores, de modo a proporcionar o máximo de conforto, segurança e desempenho eficiente.

Estabelece parâmetros que permitam a adaptação das condições do posto de trabalho levando em consideração a posição e postura, o transporte manual de carga, o levantamento de pesos, condições visuais e tipos de esforços realizados, procurando proporcionar conforto e segurança com eficiência à atividade do trabalhador (MORAES CRUZ, 2010).

É de fundamental importância dar um passo na apreensão da realidade vivida pelo homem, quer seja no ambiente interno de trabalho, quer seja nas suas outras relações.

*Música e Cores*

Para Grandjean (1998, p. 308), "a música e a cor podem tornar amigável o ambiente de trabalho, bem como criar uma atmosfera que, no campo subjetivo, seja eficaz no sentido do conforto e bem-estar". No que se refere à música, ele recomenda que seja utilizada para os que exercem atividades monótonas ou repetitivas e aqueles com menos exigência relacionados ao uso do intelecto e atenção. Quanto à cor, devem ser observados os graus de reflexão, a simbologia quanto à segurança, contrastes, efeitos psicológicos e ilusões de sentidos.

Pesquisas mostram que um planejamento adequado para o uso das cores no ambiente de trabalho, aplicando cores claras em grandes superfícies, com contrastes adequados para identificar diversos objetos, associado a um planejamento adequado de iluminação, tem resultado em economia de 30% no consumo de energia e aumento de produtividade que chega a 80%.

## 11.4.2 Configuração do espaço de trabalho

De acordo com Grandjean (1998, p. 36-37), a exigência estática dos músculos leva à fadiga dolorosa, ou seja, irracional e exaustiva, motivo pelo qual o "objetivo principal da configuração do local de trabalho deve ser a exigência de exclusão ou pelo menos a máxima diminuição possível de qualquer espécie de trabalho estático". Cita sete regras práticas que descrevemos a seguir.

– Evitar qualquer postura curvada ou não natural do corpo. A curvatura lateral do tronco ou da cabeça força mais do que a curvatura para frente.

– Evitar a imobilidade, para frente ou para o lado, dos braços estendidos. Estas posturas conduzem não só a rápida fadiga, mas também afetam significativamente a precisão e a destreza geral da atividade dos braços ou das mãos.

– Procurar, na medida do possível, sempre trabalhar sentado. Mais recomendável ainda seriam locais de trabalho onde se poderia ter a alternância de trabalho sentado e trabalho em pé.

– O movimento dos braços deve ser em sentido oposto a cada um ou em direção simétrica. O movimento de um braço sozinho origina ações musculares do tronco, que estão ligadas a exigências estáticas. Movimentos em sentidos opostos ou movimentos simétricos facilitam, além disso, o comando nervoso da atividade.

– A altura do campo de trabalho (altura da superfície de trabalho) deve permitir a observação visual ótima com a postura do corpo mais natural possível. Quanto menos a distância visual ótima, mais alto deve ser o campo de trabalho.

– Manoplas, alavancas, ferramentas e materiais de trabalho devem estar ordenados nas máquinas e locais de trabalho de tal forma que os movimentos mais frequentes sejam feitos com os cotovelos dobrados e próximos ao corpo. A maior força e destreza são exercidas quando a distância olho-mão é de 25 a 30cm, com os cotovelos baixados e dobrados em ângulo reto.

– O trabalho manual pode ser elevado, usando apoio para as mãos antebraço e cotovelo. Os apoios devem ser forrados com feltro ou outro material termoisolante e macio. Os apoios devem ser reguláveis, para que possam se adaptar às diferenças antropométricas.

## 11.5 A ergonomia nos diferentes laboratórios

Com o avanço da tecnologia, o trabalho humano muitas vezes se dá em ambientes complexos e de múltiplos riscos. A ergonomia evidencia melhorias para o ambiente no qual o trabalho é realizado, apresentando soluções e propostas. Na ergonomia são comuns processos participativos, nos quais as abordagens comuns objetivam o envolvimento dos trabalhadores nas condições de trabalho, visando maiores e melhores informações (SOARES, 2009).

Um dos aspectos nos quais a ergonomia atua visando a melhoria do trabalho humano é na prevenção de riscos e custos humanos do trabalho. Para a ergonomia, o risco compreende uma percepção multidimensional, envolvendo fatores psicológicos, sociais e culturais (WILLIAM, apud SOARES, 2009).

Já os custos humanos do trabalho se expressam através mortes, mutilações, lesões permanentes e temporárias, doenças e fadiga, decorrentes dos acidentes e incidentes, e da carga de trabalho (MORAES; MONT'ALVÃO, apud SOARES, 2009).

Outra abordagem sobre os tipos e graus de fatores de risco encontra-se na proposta da elaboração de mapa de risco, estabelecida pela NR 5.

O mapa de risco é a representação gráfica do local de trabalho onde são registrados os riscos ambientais, sendo de fundamental importância que as informações sejam verdadeiras, visando um retrato da situação de segurança e higiene do ambiente de trabalho. O estudo dos riscos para elaboração do mapa possibilita à equipe uma reflexão sobre os problemas do trabalho, vinculados direta ou indiretamente ao processo de organização e às condições de trabalho capazes de acarretar prejuízos à saúde dos trabalhadores (NEVES et al., 2006).

Como demonstra a Tabela 11.1, os riscos ambientais são agrupados, sendo diferenciados por cores, tipos e riscos. Dependendo do tipo de laboratório, terão maior intensidade em alguns deles, não isentando, porém dos demais.

**Tabela 11.1** – Classificação dos principais riscos ocupacionais em grupos, de acordo com a sua natureza e a padronização das cores correspondentes.

| Grupo 1: verde | Grupo 2: vermelho | Grupo 3: marrom | Grupo 4: amarelo | Grupo 5: azul |
|---|---|---|---|---|
| Riscos físicos | Riscos químicos | Riscos biológicos | Riscos ergonômicos | Riscos de acidentes |
| Ruídos | Poeiras | Vírus | Esforço físico intenso | Arranjo físico inadequado |
| Vibrações | Fumos | Bactérias | Levantamento e transporte manual de peso | Máquinas e equipamentos sem proteção |
| Radiações ionizantes | Névoas | Protozoários | Exigência de postura inadequada | Ferramentas inadequadas ou defeituosas |
| Radiações não ionizantes | Neblinas | Fungos | Controle rígido de produtividade | Iluminação inadequada |
| Frio | Gases | Parasitas | Imposição de ritmos excessivos | Eletricidade |

*continua...*

*continuação*

| Grupo 1: verde | Grupo 2: vermelho | Grupo 3: marrom | Grupo 4: amarelo | Grupo 5: azul |
|---|---|---|---|---|
| Calor | Vapores | Bacilos | Trabalho em turno e noturno | Probabilidade de incêndio ou explosão |
| Pressões anormais | Substâncias, compostos ou produtos químicos em geral | | Jornadas de trabalho prolongadas | Armazenamento inadequado |
| Umidade | | | Monotonia e repetitividade | Animais peçonhentos |
| | | | Outras situações causadoras de *stress* físico e/ou psíquico | Outras situações de risco que poderão contribuir para a ocorrência de acidentes |

Fonte: Adaptada de UFRGS (2013).

**Tabela 11.2** – Riscos Ambientais do Programa de Prevenção de Riscos Ambientais (PPRA)

| AGENTES FÍSICOS | AGENTES QUÍMICOS | AGENTES BIOLÓGICOS |
|---|---|---|
| ruído | poeiras | bactérias |
| vibrações | fumos | fungos |
| pressões anormais | névoas | bacilos |
| temperaturas extremas | neblinas | parasitas |
| radiações ionizantes | gases | protozoários |
| radiações não ionizantes | vapores | vírus |
| infrassom | | entre outros |
| ultrassom | | |

Fonte: Proposta pelos autores com base na NR 9.

Vale salientar a necessidade de práticas educativas com os trabalhadores sobre riscos e prevenção de acidentes de trabalho em especial do conhecimento das normas regulamentadoras: NR 4 – Serviços Especializados em Engenharia de Segurança e Medicina do Trabalho; NR 5 – Comissão Interna de Prevenção de Acidentes; NR 6 – Equipamento de Proteção Individual; NR 7 – Programa de Controle Médico de Saúde Ocupacional; NR 9 – Programa de Prevenção de Riscos Ambientais; NR 15 – Atividades e Ações Insalubres e NR 17 – Ergonomia. A elaboração dessas e de outras normas com seus respectivos anexos tem como ponto central as questões que envolvem a garantia da saúde e a prevenção de acidentes.

As práticas educativas no Brasil estão previstas em normatizações para garantir a saúde e o desenvolvimento das atividades do trabalhador. Documentos referentes à Política Nacional de Segurança e Saúde do Trabalhador, de 2004 e a 3ª Conferência Nacional de Saúde do Trabalhador, de 2005, destacam as determinações legais do papel da educação.

A Legislação Trabalhista brasileira prevê a regulamentação para cuidados no âmbito da Segurança e Saúde do Trabalho, descritas na Consolidação das Leis Trabalhistas e nas Normas Regulamentadoras (NRs) (OLIVEIRA; SANTOS, 2008).

A ergonomia baseia-se em muitas disciplinas em seu estudo dos seres humanos e seus ambientes de trabalho, desenvolvendo um trabalho interdisciplinar. É regulamentada pela NR 17.

Cabe ressaltar que a Associação Internacional de Ergonomia (IEA) e a Associação Brasileira de Ergonomia (Abergo) dividem a ergonomia em três domínios de especialização: física, organizacional e cognitiva.

Tal definição também é expressa por Abrantes, (2011), apresentada a seguir:

– A ergonomia física lida com as respostas do corpo humano à carga física e psicológica. Inclui manuseio de materiais, condições físicas dos postos de trabalho, demandas do trabalho e fatores como: repetição de tarefas, ruído, temperatura ambiente, cores dos ambientes, vibração, força e posturas estáticas e dinâmicas, relacionadas às lesões musculoesqueléticas e tópicos de segurança, higiene e saúde no trabalho.

– A ergonomia organizacional ou macroergonomia está relacionada com a otimização dos sistemas sociotécnicos, incluindo sua estrutura organizacional, políticas e processos. Abrange arranjo físico das instalações (*layout*), trabalho noturno e em turnos, programação de trabalho, satisfação no trabalho, teoria motivacional, supervisão, liderança e trabalho em equipe, trabalho à distância ou teletrabalho, ética empresarial e responsabilidade socioambiental, cultura organizacional, organizações em rede e gestão da qualidade).

– A ergonomia cognitiva, também conhecida como engenharia psicológica, refere-se aos processos mentais, tais como percepção, atenção, cognição, controle motor e armazenamento e recuperação de memória, como eles afetam as interações entre seres humanos e outros elementos de um sistema. Inclui carga mental de trabalho, vigilância, tomada de decisão, trabalho de precisão, desempenho de habilidades, erro humano, interação entre seres humanos, máquinas e computadores, estresse e fadiga.

Segundo Howard Gardner apud Abrantes (2011), todo ser humano é dotado de múltiplas inteligências, sendo algumas mais fortes que outras, ou seja, cada pessoa tem mais ou menos facilidades de executar determinadas tarefas. Quando um trabalhador é obrigado a usar uma inteligência, que não é um das suas fortes, ele se estressa, ou seja, o trabalho não está sendo adaptado a ele, trazendo-lhe uma série de consequências.

## 11.6 Considerações finais

Em sua acepção mais ampla, um ambiente de trabalho é um complexo de detalhes materiais e subjetivos, resultando e proporcionando o estado de satisfação do trabalhador.

Mesmo que sejam atendidos os requisitos materiais, é de fundamental importância observar os aspectos subjetivos para que o homem se sinta integrado na organização, que haja espírito de equipe e o moral do grupo elevado.

É necessário também que a comunicação seja fluente tanto vertical como horizontalmente e que o trabalhador possa sentir sua importância merecendo a atenção da organização.

O ambiente de trabalho deve, sobretudo, respeitar a dignidade humana do trabalhador.

Para Moraes e Mont'Alvão (2000, p. 12):

> (...) A Ergonomia é uma disciplina ao mesmo tempo muito modesta e muito ambiciosa. Muito modesta porque ela age pouco sobre as grandes evoluções que transformam em profundidade o mundo do trabalho. Mas muito ambiciosa, no entanto, porque pretende forjar instrumentos teóricos precisos que permitam modificar o trabalho.

A proposta é contribuir com os estudos e as ações associadas à saúde do trabalhador, desenvolvendo uma análise que toma os conceitos de ergonomia e trabalho como referência.

Neste capítulo não foram abordadas as relações entre as condições de trabalho e a de vida do trabalhador quer seja transportes, habitação, tarefas familiares e atividades extras ao trabalho ou outras.

Entretanto, de acordo com Wisner (1987), os resultados dos estudos sobre a vida fora do trabalho trazem informações importantes sobre os efeitos do trabalho na vida pessoal e familiar.

# Referências

ABRANTES, J. *A Ergonomia cognitiva e as inteligências de múltiplas* – VIII Simpósio de Excelência em Gestão e Tecnologia 2011.

ABDALLA GOMES, M. R. *Aspectos importantes na elaboração de projetos de laboratórios com inteface na biossegurança*, Anais do VI Congresso Brasileiro de Biossegurança, p. 80, Rio de Janeiro, set. 2009.

ABRAHÃO, J. *Ergonomia: Modelo, Método e Técnicas.* II Congresso Latino--americano e VI Seminário Brasileiro de Ergonomia. Brasília, out. 1993.

ALBORNOZ, S. *O que é trabalho.* 5ª. ed., São Paulo: Brasiliense, 1992.

ARANHA, M. L. A.; MARTINS, M. H. P. *Filosofando: introdução à filosofia.* 2. ed. São Paulo: Moderna, 1998.

ASSIS, M. A. A. et al. *O Futuro da Ergonomia: Preocupações com a Taxionomia e com os Problemas Globais do Próximo Século.* Anais do ENEGEP, 1997.

BARBOSA FILHO, A. N. *Segurança do trabalho & gestão ambiental.* São Paulo: Atlas, 2001.

BARROS, S. R. T. P. ; VIDAL, M. C. R. *A Construção do Projeto de Atenção Domiciliar: contribuição da Ergonomia para a atuação do enfermeiro em contexto domiciliar.* Anais ABERGO 2001. Gramado, RS. 2 a 6 de setembro de 2001.

BATISTA, W. B. *Dilemas da Ergonomia.* I Encontro Pan-americano de Ergonomia e X Congresso Brasileiro de Ergonomia. Anais ABERGO 2000, Rio de Janeiro, 2000.

BENCHKROUN, T. H. Em evolução (entrevista). *Rev. Proteção.* v. 12, p. 08-12, 1999.

CHANLAT, J. F. Por uma antropologia da condição humana nas organizações. In: CHANLAT, J. F. (org.). *O indivíduo na organização*: dimensões esquecidas. 2. ed., São Paulo: Atlas, 1993, v. 1.

CHAPANIS, A. *A engenharia e o relacionamento homem máquina.* São Paulo: Atlas, 1972.

CHAPANIS, A. *Ergonomics products development*: a personalized review. Proceeding of IEA 94. Toronto: IEA, 1994. v. 1, p. 52-54.

CODO, W.; SAMPAIO, J. J. C.; HITOMI, A. H. *Indivíduo, trabalho e sofrimento*. Petrópolis: Vozes, 1993.

COUTO. H. *A Ergonomia aplicada ao trabalho*: o manual técnico da máquina humana. v. 1. Belo Horizonte: Ergo, 1995.

COUTO, H. A.; MORAES, L. F. R. Limites do homem. *Rev. Proteção*, Ano XII, p. 38-44, dez. 1999.

CRUZ, R. M.; LEMOS, J. C.; WELTER, M. M.; GUISSO, L. Saúde docente e condições e carga de trabalho. *Revista electrónica de investigación y docencia*, v. 1, p. 147-160, 2010.

CRUZ, R. M. Trabalho, saúde e ambiente. In: KUHNE, A.; CRUZ R. M.; TAKASE E.(org.). *Interações pessoa-ambiente e saúde*. 1. ed. São Paulo: Casa do Psicólogo, 2009. v. 1, p. 37-60.

DAVIES, D. R.; SHACKLETON, V. J. *Psicologia e trabalho*. Rio de Janeiro: Zahar, 1977.

DEJOURS, C. *A loucura do trabalho*. 5ª. ed., São Paulo: Cortez-Oboré, 1992.

_____. Uma nova visão do sofrimento humano. In: CHANLAT, J. F. (org.). *O indivíduo na organização: dimensões esquecidas*. 2. ed., São Paulo: Atlas, 1993. v. 1.

_____. A carga psíquica do trabalho. In: DEJOURS, C.; ABDOUCHELI, E.; JAYET, C. *Psicodinâmica do trabalho*: contribuições da escola dejouriana à análise da relação prazer, sofrimento e trabalho. São Paulo: Atlas, 1994.

DEJOURS, C.; ABDOUCHELI, E. Desejo ou motivação? A interrogação psicanalítica sobre o trabalho. In: DEJOURS, C.; ABDOUCHELI, E.; JAYET, C. *Psicodinâmica do trabalho*: contribuições da escola dejouriana à análise da relação prazer, sofrimento e trabalho. São Paulo: Atlas, 1994.

DUL, J.; WEERDMEESTER, B. *Ergonomia prática*. São Paulo: Edgard Blücher, 1995. (Tradução: Itiro Iida).

FARIA, N. *Organização do trabalho*. São Paulo: Atlas, 1984.

FIALHO F. A. P.; CRUZ, R. *Psicologia do Trabalho*. Laboratório de Ergonomia – UFSC. Santa Catarina, mar. de 1999. (apostila)

FLORES, C. P.; CRUZ, R. M. A transformação do trabalho: uma questão metodológica. *RPDT*, v. 3, n. 1, jan. jun. 2003, p. 163-168.

FOCAULT, M. *Microfísica do poder*. 9. ed., Rio de Janeiro: Graal, 1990.

FRUTUOSO, J. T.; MORAES CRUZ, R. Mensuração da carga de trabalho e sua relação com a saúde do trabalhador. *Revista Brasileira de Medicina do Trabalho*, v. 3, p. 29-36, 2005.

GONÇALVES, C. F. F. *Ergonomia e qualidade nos serviços*: uma metodologia de avaliação. Londrina: UEL, 1998.

GRANDJEAN, E. *Manual de Ergonomia*: adaptando o trabalho ao homem. Porto Alegre: Artes Médicas, 1998. (Tradução STEIN, J. P.)

GUARESCHI, P.; RAMOS, R. *A máquina capitalista*. 3. ed., Petrópolis: Vozes, 1989.

GUATTARI, F. *Revolução molecular*: pulsações políticas do desejo. 3. ed., São Paulo: Brasiliense, 1987.

GUÉRIN, F. et al. *Compreender o trabalho para transformá-lo*: a prática da Ergonomia. São Paulo: Edgard Blücher, 2001.

IIDA, I. *Ergonomia:* projeto e produção. São Paulo: Edgard Blücher, 1990.

INTERNATIONAL ERGONOMICS ASSOCIATION. Definição internacional de Ergonomia. *Ação Ergonômica – Revista da Associação Brasileira de Ergonomia*. Rio de Janeiro, ano 1, n. 1, v. 1, p. 3-4, 2000.

KANAANE, R. *Comportamento humano nas organizações*: o homem rumo ao século XXI. 2. ed. São Paulo: Atlas, 1999.

KARWOWSKI, W. *IEA Facts and Background*. Louisville: IEA Press, January, 1996. 43 p.

KIRCHHOF, A. L. C. *Tendências temáticas sobre a relação trabalho e saúde*: a contribuição dos estudos acadêmicos brasileiros *(1990-1994)*. Tese (Doutorado em Filosofia de Enfermagem). Centro de Ciências da Saúde. Universidade Federal de Santa Catarina – UFSC. Florianópolis, 1997. 263 p.

LAVILLE, A. *Ergonomia*. São Paulo: Epu/Edusp, 1977.

MASCIA, F. L.; SZENELVAR, L. I. Ergonomia. In: *Gestão de Operações*. São Paulo: Edgar Blücher, 1995.

MEISTER, D. P. Bulletin Human Fators and Ergonomics Society, v. 41, n. 3, mar. 1998. p. 5.

MONTMOLLIN, M. *L'intelligence de la tache, éléments d'ergonomie cognitive*. Berne Peter Lang, 1986.

MORAES, A. In: Seminário Brasileiro de Ergonomia, 4, 1989. Rio de Janeiro. *Anais*. Rio de Janeiro: FVG, 1989.

MORAES, A. Ergonomia: Arte, Ciência ou Tecnologia. In: *I Encontro Pan--americano de Ergonomia e X Congresso Brasileiro de Ergonomia*. Anais ABERGO 2000, Rio de Janeiro, 2000.

MORAES, A.; FRISONI, B. C. (org.). *Ergodesign:* produtos e processos. Rio de Janeiro: 2AB, 2001.

MORAES, A.; MONT'ALVÃO, C. *Ergonomia:* conceitos e aplicações. 2. ed. Ampliada. Rio de Janeiro: 2AB, 2000.

MORAES, A.; SOARES, M. M. *Ergonomia no Brasil e no Mundo*: um quadro, uma fotografia. Rio de Janeiro: Abergo / Uerj - Esdi / Univerta, 1989.

MORAES CRUZ, R.; MACIEL, S. K. Perícia de danos psicológicos em acidentes de trabalho. *Estudos e Pesquisas em Psicologia* (UERJ), v. 5, p. 120-129, 2005.

MORAES CRUZ, R. et al.. Experiência de intervenção em saúde do trabalhador no Ambulatório Universitário da UFSC. *Extensio*, Florianópolis, v. 3, p. 5-10, 2006.

_____. Saúde docente, condições e carga de trabalho. *Revista Electrónica de Investigación y Docencia*, v. 1, p. 147-160, 2010.

OLIVEIRA, M. C. M.; SANTOS, M. E. S. *Educação no trabalho prevenindo acidentes*. Associação Brasileira de Ergonomia, 2008.

PIRES, D. *Reestruturação produtiva e trabalho em saúde no Brasil*. São Paulo: Annablume, 1998.

RIO, R. P.; PIRES, L. *Ergonomia*: fundamentos da prática ergonômica. 2. ed. Belo Horizonte: Health, 1999.

RUAS, R. *Efeitos da modernização sobre o processo de trabalho*. Porto Alegre: FEE, 1985.

SANTOS, C. M. D. Enfoque ergonômico dos postos de trabalho. *Revista Cipa*, v. 12, n. 143, p. 18-28, 1991.

SANTOS, Z. *Segurança no trabalho e meio ambiente*. Disponível em: <http://www.if.ufrgs.br/~mittmann/NR-9_BLOG.pdf>. Acesso em: 30 ago. 2013

SANTOS, N.; FIALHO, F. A. P. *Manual de análise ergonômica do trabalho*. Curitiba: Genesis, 1995.

SANTOS, N.; FIALHO, F. A. P. *Manual de análise ergonômica do trabalho*. 2. ed. Atualizada e revisada. Curitiba: Genesis, 1997.

SANTOS, P. R.; MATTOS, U. A. O.; REIS, R. A. *A organização do sistema de saúde e do trabalho hospitalar frente aos desafios e perspectivas do mundo do trabalho e da política nacional de saúde do trabalhador*. Anais da Abergo 2001. Gramado, RS. 2 a 6 de setembro de 2001.

SILVA FILHO, J. L. F. *Gestão Participativa e Produtividade:* uma abordagem da ergonomia. Tese Universidade Federal de Santa Catarina (Doutor em Engenharia). Florianópolis, 1995.

SLUCHAK, T. J. Ergonomics: origins, focus and implementation considerations. *AAOHNJ*, v. 40, n. 3, p. 105-112, 1992.

SOARES, M. Ergonomia: soluções e propostas para um trabalho melhor. *Produção*, São Paulo, v. 19. n. 3, 2009.

UFRGS. *Mapa de risco*. Disponível em: <http://www.if.ufrgs.br/~mittmann/NR-9_BLOG.pdf.>. Acesso em: 27 nov. 2013.

VILLAR, R. M. S. Produção do conhecimento em ergonomia na Enfermagem. Dissertação (Mestrado em Engenharia de Produção – Ergonomia) Universidade Federal de Santa Catarina (UFSC). Florianópolis, 2002.

WEBER, M. *A ética protestante e o espírito do capitalismo*. 3. ed., São Paulo: Pioneira, 1983.

WISNER, A. *Por dentro do trabalho:* Ergonomia: métodos e técnicas. São Paulo: FTD/Oboré, 1987.

_____. *A Inteligência no Trabalho: textos selecionados de Ergonomia.* São Paulo: Fundacentro, 1994.

ZAVAREZE, T. E.; CRUZ, R. M. Avaliação Crítica do Construto e dos Instrumentos de Medida de Clima de Segurança no Trabalho. *Arquivos Brasileiros de Psicologia* (UFRJ. 2003), v. 62, p. 65-77, 2010.

**Impressão**     Sermograf Artes Gráficas e Editora Ltda.
          Rua São Sebastião, 199
          Petrópolis, RJ

          *Esta obra foi impressa em offset 75g/m² no miolo,*
          *cartão 250g/m² na capa e no formato 16cm x 23cm.*

          Dezembro de 2013